Henrik Kratz

Wege zu einem kompetenzorientierten Mathematikunterricht
Ein Studien- und Praxisbuch für die Sekundarstufe

Klett I **Kallmeyer**

Bibliografische Information der Deutschen Nationalbibliothek
Die Deutsche Nationalbibliothek verzeichnet diese Publikation in der Deutschen Nationalbibliografie;
detaillierte bibliografische Daten sind im Internet über http://dnb.d-nb.de abrufbar.

Impressum

Henrik Kratz
Wege zu einem kompetenzorientierten Mathematikunterricht

1. Auflage 2011

© 2011. Kallmeyer in Verbindung mit Klett
Friedrich Verlag GmbH
D-30926 Seelze
Alle Rechte vorbehalten.
www.friedrich-verlag.de

Redaktion: Dorothee Landwehr, Köln
Realisation: Stefan Zielasko
Druck: Kessler Druck + Medien GmbH & Co. KG, Bobingen
Printed in Germany

ISBN: 978-3-7800-1079-7

Henrik Kratz

Wege zu einem kompetenzorientierten Mathematikunterricht

Ein Studien- und Praxisbuch für die Sekundarstufe

Klett | Kallmeyer

* Kapitel 6.1 und 6.2 stellen jedes für sich abgeschlossene Unterrichtsentwürfe dar. Deshalb haben diese Kapitel eine eigene Nummerierung und ein sich vom übrigen Text abgrenzendes Layout.

Erläuterung der Symbole

 AUFGABE

Diese Aufgaben richten sich an Sie als Lesende.

Diese Aufgaben sind Unterrichtsbeispiele für Schülerinnen und Schüler.

Vorwort

Alle didaktischen Diskussionen kreisen letztlich um die immer wiederkehrende Frage: „Was ist guter Unterricht?" Dementsprechend fragt die Ausbildung und Fortbildung: „Welcher Weg führt Lehrerinnen und Lehrer zu einem guten Unterricht?" Die Kompetenzorientierung ist kein Stein der Weisen, mit dem auf einen Schlag alle didaktischen Probleme gelöst werden könnten. Durch die ihr eigene Perspektive kann die Kompetenzorientierung aber dazu beitragen, Antworten auszuschärfen und Wege zu einem guten Unterricht aufzuzeigen.

So sind im Rahmen der Einführung von Bildungsstandards in Deutschland, Österreich und der Schweiz eine Vielzahl von Aufgaben entwickelt worden, die einen kompetenzorientierten Mathematikunterricht ermöglichen sollen. Stellvertretend sei das Buch „Bildungsstandards Mathematik: konkret" (Blum u.a. 2006) genannt, das zu allen prozessbezogenen mathematischen Kompetenzen systematisch Aufgabenbeispiele vorstellt. Allerdings führt die Veränderung der *Aufgabenkultur*, das heißt die Verwendung kompetenzorientierter Aufgaben, nicht automatisch zu einem guten Mathematikunterricht. Damit kompetenzorientierte Aufgaben ihr Potenzial entfalten können, muss die Perspektive der Kompetenzorientierung in die gesamte Unterrichtsplanung und -gestaltung einbezogen werden. Dies umfasst sowohl die Diagnose von Lernprozessen und der Lernausgangssituation als auch eine methodische und mediale Ausgestaltung des Unterrichts, die die Kompetenzorientierung bewusst in den Blick nimmt. In diesem Sinne muss die veränderte *Aufgabenkultur* in eine veränderte *Unterrichtskultur* eingebettet werden.

Der beste Weg, kompetenzorientiertes Unterrichten zu erlernen, besteht wahrscheinlich darin, zu unterrichten, verschiedene Handlungsmuster zu erproben und die eigenen Erfahrungen vor dem Hintergrund theoretischer Positionen zu reflektieren. Dabei ist es ganz besonders hilfreich, wenn erfahrene Kolleginnen und Kollegen im Unterricht anwesend sind und direkte Rückmeldungen zum Unterrichtsgeschehen und den Lernprozessen der Schülerinnen und Schüler geben. Ein Buch kann dies niemals ersetzen. Dennoch unternimmt das vorliegende Buch den Versuch, Wege zu einem kompetenzorientierten Mathematikunterricht aufzuzeigen. Wie soll das geschehen?

In der Praxis wird Unterricht ganz wesentlich dadurch geprägt, dass Lehrerinnen und Lehrer die jeweilige Situation einschätzen und sich für bestimmte Handlungen entscheiden. Ein Teil der Aufgaben in diesem Buch versucht, solche Einschätzungs- und Entscheidungssituationen zu simulieren, indem konkrete Unterrichtsbeispiele vorgestellt werden, die von Ihnen als Leserin oder Leser im Hinblick auf eine Kompetenzorientierung beurteilt werden sollen. Weitere Aufgaben sollen Ihnen Anhaltspunkte dafür geben, welche persönlichen Überzeugungen zur Mathematik und zum Mathematikunterricht Ihrer Wahrnehmung von Unterricht und Ihren Handlungsmustern zugrunde liegen. Dies kann Ihnen dabei helfen, übergeordnete Zielsetzungen und tatsächlichen Unterricht stärker miteinander in Einklang zu bringen. Schließlich enthält dieses Buch Aufgaben, die eine allgemeine Auseinandersetzung damit anregen möchten, was Kompetenzorientierung im Mathematikunterricht bedeutet. Insgesamt ist das Buch also als Studien- und Praxisbuch konzipiert, im Sinne von Paul Halmos nachdrücklicher Aufforderung „Don´t preach facts – stimulate acts".

In Kapitel 1 wird anhand einer Übung der Kompetenzbegriff eingeführt und das Kompetenzmodell der KMK-Bildungsstandards Mathematik erläutert. Auf der Basis dieses Modells wird aufgezeigt, warum die Formulierung von Unterrichtszielen sowohl von inhalts- als auch von prozessbezogenen Aspekten ausgehen sollte. Als Beispiel wird eine Doppelstunde vorgestellt, in deren Zentrum die Entwicklung prozessbezogener Kompetenzen steht. In einem nächsten Schritt wird gefragt, wie der Gedanke der Kompetenzorientierung auch in mittel- und langfristige Unterrichtsplanungen einbezogen werden kann. Dazu wird zum einen eine Einheit zum Satz des Pythagoras vorgestellt, die durch die Wahl der Methoden und Arbeitsformen in besonderer Weise prozessbezogene Kompetenzen fördern möchte. Zum anderen wird nach Wegen gesucht, wie Modellierungskompetenzen von Schülerinnen und Schülern über viele Schuljahre hinweg kontinuierlich weiterentwickelt werden können.

Kapitel 2 setzt sich damit auseinander, welche persönlichen Überzeugungen (Beliefs) zum Lehren und Lernen von Mathematik dem Planen und Handeln von Lehrerinnen und Lehrern zugrunde liegen. Dabei bieten drei Selbstversuche und ein Fragebogen die Möglichkeit, die eigenen Überzeugungen auf den Prüfstand zu stellen. Insbesondere soll deutlich werden, wie stark die persönlichen Überzeugungen die eigenen Vorlieben für bestimmte Unterrichtsformen und Methoden prägen. Das Kapitel 2 stellt auch Ergebnisse empirischer Untersuchungen zu Überzeugungen vor.

Das 3. Kapitel enthält drei Stundenplanungen von Referendarinnen und Referendaren sowie die von ihnen formulierten Lernziele und Kompetenzen. Die entsprechenden Stunden sind auf Video aufgenommen worden. Mithilfe der Videographien kann diskutiert werden, inwieweit im tatsächlichen Stundenverlauf die Kompetenzorientierung geglückt ist bzw. noch nicht geglückt ist und welche methodischen Alternativen es gegebenenfalls gibt. Gleichzeitig wird hinterfragt, welche Überzeugungen der Unterrichtenden für die jeweilige Planung und Durchführung ausschlaggebend waren.

Im 4. Kapitel werden Kriterien für eine kompetenzorientierte Diagnostik der Lernausgangssituation und des Lernprozesses entwickelt. An Beispielen von Schüleraufzeichnungen wird diagnostiziert, welche prozessbezogenen Kompetenzen in der Bearbeitung einer Aufgabe sichtbar werden. Außerdem bieten zwei Videographien von Gruppenarbeiten die Möglichkeit, den jeweiligen Arbeits- und Lernprozess der Schülerinnen und Schüler zu analysieren.

Kapitel 5 stellt ein Schema vor, das aufzeigt, wie die Kompetenzorientierung in die Planung von Mathematikunterricht einfließen kann. Da die Kompetenzorientierung ganz wesentlich von der konkreten Ausgestaltung des Unterrichts abhängt, enthält Kapitel 5 auch Überlegungen zu Darstellungsebenen, Medien und Methoden im Mathematikunterricht.

Abschließend werden Sie aufgefordert, eine Stunde zu planen, die sich an die Gruppenarbeiten aus Kapitel 4 anschließt. Dazu wird eine mögliche Stundenkonzeption vorgestellt, mit der Sie Ihre eigene Planung vergleichen können.

In Kapitel 6 finden Sie zwei Unterrichtsentwürfe, in denen die Kompetenzorientierung in besonderer Weise gelungen ist.

Ein roter Faden, der sich durch fast alle Kapitel dieses Buches zieht, ist die Kompetenz *Modellieren*. Viele Grundgedanken zur Kompetenzorientierung werden insbesondere anhand von Beispielen zur Kompetenz Modellieren verdeutlicht. Dadurch kann für Sie als Leserin oder Leser deutlich werden, wie eine bestimmte prozessbezogene Kompetenz im Rahmen einer Schulstunde, einer Einheit oder über die gesamte Schulzeit hinweg gefördert werden kann. Gleichwohl sind in diesem Buch alle prozessbezogenen Kompetenzen der Bildungsstandards Mathematik vertreten.

An wen richtet sich dieses Buch und wie kann mit diesem Buch gearbeitet werden?

Dieses Buch richtet sich sowohl an Lehramtsstudenten und Referendare als auch an aktive und erfahrene Lehrerinnen und Lehrer, die sich mit dem Gedanken der Kompetenzorientierung im Mathematikunterricht vertraut machen möchten. Für künftige Lehrerinnen und Lehrer in der ersten oder zweiten Phase ihrer Ausbildung sind die fachdidaktischen Theorien und Modelle durch die Einführung der Bildungsstandards anspruchsvoller geworden. Von ihnen wird jetzt erwartet, Mathematikunterricht nicht nur von den Inhalten des Faches, sondern auch von den prozessbezogenen Kompetenzen her zu planen. Auch für erfahrene Unterrichtspraktiker entstehen durch die Bildungsstandards neue Anforderungen. Vielerorts werden die bisherigen Lehrpläne durch Kerncurricula ersetzt und die Fachschaften der Schulen dazu aufgefordert, schuleigene Curricula zu entwerfen, die der Kompetenzorientierung gerecht werden. All dies sind komplexe Entwicklungsprozesse, für die dieses Buch Anregungen und Orientierungshilfen geben möchte.

Die Besonderheit dieses Buches besteht darin, dass die grundsätzlichen Überlegungen zu kompetenzorientiertem Mathematikunterricht von vielen Aufgaben begleitet werden, die Ihnen sehr konkrete Materialien und Entscheidungssituationen anbieten. Deshalb möchte ich Ihnen empfehlen, das Buch nicht nur zu lesen, sondern sich tatsächlich etwas Zeit zu nehmen, um die verschiedenen Aufgabenstellungen zu durchdenken und zu eigenen Positionen zu gelangen, bevor Sie sich mit den Kommentaren und Anmerkungen des Buches auseinandersetzen.

Es ist gut möglich, sich alleine mit dem Buch zu befassen. Wahrscheinlich entfalten die Aufgaben aber eine noch größere Wirkung, wenn Sie sie zusammen mit Kolleginnen und Kollegen der Mathematik-Fachschaft Ihrer Schule oder mit einer Gruppe von Mitstudenten bzw. Mitreferendaren bearbeiten und diskutieren. Gerade die Aufgaben zum Selbsterleben in Kapitel 1 und 2, die Analysen der Videographien in Kapitel 3 und die Diagnosen und Planungen in Kapitel 4 und 5 eignen sich in besonderem Maße für eine gemeinsame Fortbildung oder Bearbeitung. Wenn Sie sich mit anderen darüber verständigen, wie sie eine bestimmte Unterrichtssituation beurteilen oder warum sie in einer bestimmten Form reagieren, kann dies Ihr persönliches Planungs- und Handlungsrepertoire deutlich erweitern.

Auf der beigefügten DVD finden Sie die Videographien, die vorgestellten Aufgabenbeispiele und weitere Materialien. Anhang 1 gibt einen Überblick über die Inhalte der DVD.

Dank

Mein erster Dank gehört den Schülerinnen und Schülern, die durch ihre Zustimmung die Verwendung der Unterrichtsvideographien in diesem Buch ermöglicht haben.

Des Weiteren danke ich …

… allen Kolleginnen und Kollegen, die dieses Buch mit ihren Unterrichtsmaterialien, Videographien, Stundenentwürfen und vielem mehr haben lebendig werden lassen:

Sandra Dorfard, Iris Goldbeck, Helen Gutermann, Sebastian Henß, Jörn Kämpken und Susanne Müller.

… den Kollegen, die sich mit Ideen dieses Buches auseinandergesetzt und mich bei vielen großen und kleinen Details beraten haben:

Reinhard Oldenburg und Jürgen Poloczek.

… den Referendarinnen und Referendaren, die die Aufgaben und Übungen erprobt und weiter verbessert haben.

… allen Kolleginnen und Kollegen an der Humboldtschule in Bad Homburg, am Studienseminar Oberursel und am Amt für Lehrerbildung in Frankfurt für zahlreiche Impulse.

Last but not least möchte ich denjenigen danken, durch deren Können aus dem Manuskript überhaupt erst ein Buch geworden ist:

Anne Hilgers, Gabriela Holzmann und Dorothee Landwehr.

1 Kompetenzorientierung im Mathematikunterricht

1.1 Eine Übung als Einstieg

Dieses Buch möchte Sie dazu einladen, sich in vielfältiger Weise mit Mathematikunterricht auseinanderzusetzen. Dazu bietet es Ihnen an vielen Stellen Aufgaben zur Planung, Durchführung und Reflexion von Unterricht an, die von konkreten Situationen ausgehen und von Ihnen eine Analyse oder Beurteilung verlangen. Nehmen Sie sich stets einen Moment Zeit, um die Aufgaben zu bearbeiten. Die Beschäftigung damit ist jeweils für sich lohnend, sie bildet aber auch die Basis für die sich anschließenden theoretischen Überlegungen.

In diesem Sinne erfolgt der Einstieg in dieses Buch mit einer kleinen Übung, die von Ziener (2008, S. 17) entwickelt wurde. Die Übung enthält den Grundgedanken der Kompetenzorientierung und zeigt in eindrücklicher Weise, wie umfassend der Kompetenzbegriff ist.

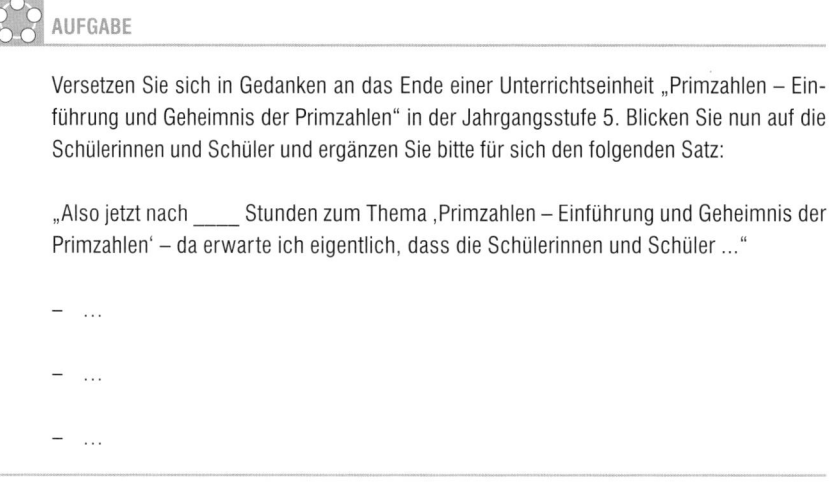

AUFGABE

Versetzen Sie sich in Gedanken an das Ende einer Unterrichtseinheit „Primzahlen – Einführung und Geheimnis der Primzahlen" in der Jahrgangsstufe 5. Blicken Sie nun auf die Schülerinnen und Schüler und ergänzen Sie bitte für sich den folgenden Satz:

„Also jetzt nach _____ Stunden zum Thema ‚Primzahlen – Einführung und Geheimnis der Primzahlen' – da erwarte ich eigentlich, dass die Schülerinnen und Schüler ..."

- ...

- ...

- ...

Bitte lesen Sie nicht weiter, bevor Sie die Übung für sich abgeschlossen haben.

Die Übung wurde von einer Gruppe von Referendarinnen und Referendaren durchgeführt, die am Beginn ihrer Ausbildung standen. Die unten stehenden Satzergänzungen stammen von dieser Gruppe und wurden zunächst ungeordnet gesammelt:

▸ die Primfaktorzerlegung (kgV; ggT) anwenden können.
▸ erfahren haben, dass sich gewisse Zahlen voneinander unterscheiden.
▸ die Zahlen aus dem ihnen bekannten Zahlenbereich als Produkt von Primzahlen darstellen können.
▸ die Regeln nennen können, durch die man Primzahlen bestimmt.
▸ Interesse an dem Thema haben.
▸ Primzahlen mithilfe einer Anleitung im Sinne des Eratosthenes sieben können.

▸ ein Gefühl dafür haben, mit welcher Mühe Primzahlen auch schon in der Vergangenheit erforscht wurden.

▸ entscheiden können, ob eine vorgegebene Zahl eine Primzahl ist.

▸ es spannend finden, dass man immer wieder neue, größere Primzahlen finden kann.

▸ die ersten zwölf Primzahlen auswendig aufsagen können.

▸ die Potenzschreibweise kennen und verwenden können.

▸ die Motivation entwickelt haben, über die Primzahleigenschaft hinaus Zahlen auf ihre Eigenschaften hin zu untersuchen.

▸ wissen, was eine Primzahl ist.

▸ wissen, dass man Botschaften mit Primzahlen verschlüsseln kann.

 **AUFGABE**

Bitte ergänzen Sie die Liste um Ihre eigenen Formulierungen. Versuchen Sie anschließend, die Formulierungen zu „clustern", das heißt, die beschriebenen Erwartungen charakteristischen Bereichen zuzuordnen. Welche Bezeichnung könnte man dem jeweiligen Bereich geben?

In Tab. 1 finden Sie die Aufteilungen und Bezeichnungen, die aus den Beiträgen der Referendarinnen und Referendare entwickelt wurden.

1. Kenntnisse (Sachwissen, Faktenwissen)	2. Fähigkeiten und Fertigkeiten (Handlungswissen, Anwendungswissen)	3. Einstellungen (Haltungen)
▸ wissen, was eine Primzahl ist. ▸ die Regeln nennen können, durch die man Primzahlen bestimmt. ▸ die ersten zwölf Primzahlen auswendig aufsagen können. ▸ wissen, dass man Botschaften mit Primzahlen verschlüsseln kann. ▸ erfahren haben, dass sich gewisse Zahlen voneinander unterscheiden.	▸ die Primfaktorzerlegung (kgV; ggT) anwenden können. ▸ entscheiden können, ob eine vorgegebene Zahl eine Primzahl ist. ▸ die Zahlen aus dem ihnen bekannten Zahlenbereich als Produkt von Primzahlen darstellen können. ▸ Primzahlen mithilfe einer Anleitung im Sinne des Eratosthenes sieben können. ▸ die Potenzschreibweise kennen und verwenden können.	▸ Interesse an dem Thema haben. ▸ es spannend finden, dass man immer wieder neue, größere Primzahlen finden kann. ▸ die Motivation entwickelt haben, über die Primzahleigenschaft hinaus Zahlen auf ihre Eigenschaften hin zu untersuchen. ▸ ein Gefühl dafür haben, mit welcher Mühe Primzahlen auch schon in der Vergangenheit erforscht wurden.

Tab. 1: Aufgliederung der Lernerwartungen in drei Bereiche

All das, was die Schülerinnen und Schüler innerhalb der Einheit lernen können, lässt sich in dieser Weise drei Bereichen zuordnen (Ziener 2008, S. 20):

1. Kenntnisse (Sachwissen, Faktenwissen)
   Wer unterrichtet wird, soll anschließend in irgendeiner Form mehr wissen als vorher, mehr Informationen haben, über mehr Kenntnisse verfügen.
2. Fähigkeiten und Fertigkeiten (Handlungswissen, Anwendungswissen)
   Wer unterrichtet wird, soll dadurch in die Lage versetzt werden, mit Gegenständen, Aufgaben und Problemen auf eine bestimmte Art und Weise umgehen zu können, das heißt, Gegenstände handhaben, Aufgaben bearbeiten oder Probleme lösen zu können.
3. Einstellungen (Haltungen)
   Wer unterrichtet wird, soll im Anschluss seine Einstellungen und Haltungen zum gerade Gelernten und dem Lernbereich insgesamt in einem positiven Sinn weiterentwickelt haben. Beispielsweise soll er die Bereitschaft entwickelt haben, das Gelernte anzuwenden oder zu vertiefen.

Erst wenn man diese drei Bereiche zusammen in den Blick nimmt, kann die Entwicklung der Schülerinnen und Schüler umfassend beschrieben werden. Deshalb machen diese drei Aspekte zusammengenommen die Kompetenz der Schülerinnen und Schüler aus. Dabei wird ein Kompetenzbegriff zugrunde gelegt, den Weinert (2001) definiert hat: Kompetenzen sind „die bei Individuen verfügbaren oder durch sie erlernbaren kognitiven Fähigkeiten und Fertigkeiten, um bestimmte Probleme zu lösen, sowie die damit verbundenen motivationalen, volitionalen [das heißt die Motivation und die Willenseinstellungen betreffenden; Anm. des Autors] und sozialen Bereitschaften und Fähigkeiten, die Problemlösungen in variablen Situationen erfolgreich und verantwortungsvoll nutzen zu können".

Die Übergänge zwischen den einzelnen Kompetenzbereichen sind natürlich fließend. Beispielsweise gehört es zum Faktenwissen, dass Primzahlen dazu verwendet werden, Botschaften zu verschlüsseln. Andererseits ist dieses Wissen notwendig, um die Bedeutung von Primzahlen, etwa beim Internetbanking, einschätzen zu können. Dies wiederum kann dazu führen, dass Schülerinnen und Schüler eine Verbindung zwischen Mathematik und ihrem Lebensalltag erkennen und dadurch eine größere Bereitschaft entwickeln, sich mit Mathematik auseinanderzusetzen. In diesem Sinne stehen Faktenwissen, Handlungswissen und Einstellungen in einer ständigen Wechselwirkung miteinander. In der obigen Aufgabe hat der Titel der Unterrichtseinheit „Geheimnis der Primzahlen" statt nur „Primzahlen" in besonderer Weise Aussagen zur Haltung der Schülerinnen und Schüler zum Thema provoziert. Im Unterrichtsalltag und auch in Schulbüchern werden Unterrichtseinheiten in der Regel nüchterner, sachorientierter benannt: „Gleichungen und Terme" oder „Darstellen und Berechnen von Körpern". Wenn Mathematikunterricht die Einstellungen und Haltungen der Schülerinnen und Schüler positiv verändern möchte, müssen Lehrerinnen und Lehrer in die Unterrichtsgestaltung aber auch emotionale Aspekte einbeziehen.

1.2 Das Kompetenzmodell der KMK-Bildungsstandards

Deutschland, Österreich und die Schweiz haben in den vergangenen Jahren Bildungs-standards für das Fach Mathematik eingeführt. Da diese Bildungsstandards trotz der etwas unterschiedlichen Form vom selben Grundgedanken geprägt sind, beschränkt sich die Darstellung hier auf die von der deutschen Kultusministerkonferenz (KMK) eingeführten Bildungsstandards (2003). Anmerkungen zu Unterschieden zwischen den drei Ländern finden sich im Ausblick dieses Buches. Wie die österreichischen und die schweizerischen Bildungsstandards vertreten die KMK-Bildungsstandards den An-spruch, dass Mathematikunterricht in einem sehr umfassenden Sinn zur Allgemeinbil-dung beitragen soll. Sie beziehen sich dabei auf die drei Grunderfahrungen des Ma-thematikunterrichts, die Winter (1995) formuliert hat:

„(1) Erscheinungen der Welt um uns, die uns alle angehen oder angehen sollten, aus Natur, Gesell-schaft und Kultur, in einer spezifischen Art wahrzunehmen und zu verstehen,

(2) mathematische Gegenstände und Sachverhalte, repräsentiert in Sprache, Symbolen, Bildern und Formeln, als geistige Schöpfungen, als eine deduktiv geordnete Welt eigener Art kennen zu lernen und zu begreifen,

(3) in der Auseinandersetzung mit Aufgaben Problemlösefähigkeiten, die über die Mathematik hi-nausgehen, (heuristische Fähigkeiten) zu erwerben."

Ausgehend von den Grunderfahrungen unterscheiden die Bildungsstandards drei Dimensionen, mit denen mathematische Kompetenzen erfasst werden können:
1. allgemeine mathematische Kompetenzen
2. inhaltsbezogene mathematische Kompetenzen, geordnet nach Leitideen
3. Anforderungsbereiche

In diesem Buch wird statt der Bezeichnung *allgemeine mathematische Kompetenzen* der Begriff *prozessbezogene Kompetenzen* verwendet, da er deutlicher zum Ausdruck bringt, dass nicht Sach- und Faktenwissen gemeint sind, sondern Fähigkeiten und Fertigkeiten und die damit verbundenen Einstellungen (vgl. Bruder/Leuders/Büchter 2008). Beispielsweise umfasst die Kompetenz Problemlösen sowohl heuristische Fähig-keiten und Fertigkeiten (Fragen nach dem Gesuchten, Betrachtung von Spezialfällen, Suche nach analogen Problemen, Erstellung einer Skizze etc.) als auch die Bereitschaft von Schülerinnen und Schülern, sich auf Problemlöseprozesse einzulassen, die viel-leicht zunächst mühselig sind.

Insgesamt unterscheiden die Bildungsstandards sechs allgemeine bzw. prozessbe-zogene mathematische Kompetenzen, die immer gleichzeitig die jeweiligen Fähig-keiten und Fertigkeiten sowie die dazu erforderlichen Einstellungen und Haltungen beinhalten:

Allgemeine (prozessbezogene) mathematische Kompetenzen

K1 Argumentieren
K2 Problemlösen
K3 Modellieren
K4 Mathematische Darstellungen verwenden
K5 Mit symbolischen, formalen und technischen Elementen der Mathematik umgehen
K6 Kommunizieren

Die Bildungsstandards stellen die allgemeinen mathematischen Kompetenzen an die erste Stelle, in bewusster Abgrenzung zu herkömmlichen Lehrplänen, in deren Zentrum zumeist die zu behandelnden Inhalte stehen. Unterricht soll nicht wie bisher in erster Linie von der Fachsystematik bestimmt werden, sondern gleichermaßen von den Lernenden, ihren Erfordernissen und ihren weiterzuentwickelnden Fähigkeiten.

Die Bildungsstandards grenzen die prozessbezogenen Kompetenzen nicht streng voneinander ab, sondern betrachten sie als einen „Verbund" (ebd. S. 7). Wenn Schülerinnen und Schüler Aufgaben bearbeiten, müssen sie in der Regel verschiedene dieser sechs Kompetenzen in einem stetigen Wechselspiel aktivieren. Allerdings lassen sich die sechs Kompetenzen in drei Gruppen zu je zwei Kompetenzen ordnen, die gewissermaßen als „Zwillingskompetenzen" eine besondere Nähe zueinander haben. So besitzen Argumentieren und Kommunizieren eine enge Verwandtschaft, da jedes Argumentieren nur in einer Mitteilung, das heißt in einer Kommunikation wirksam wird. Umgekehrt bedeutet eine Kommunikation in der Regel, dass der Kommunizierende für sich die Gültigkeit seiner Aussagen in Anspruch nimmt. Bei Nachfragen oder Zweifeln sollte er bereit sein, das von ihm Kommunizierte argumentativ zu begründen. In diesem Sinne ist für Habermas (1981) der *Geltungsanspruch*, den ein Sprechender mit seiner Aussage implizit erhebt, eine Grundbedingung jeder Kommunikation. In gleicher Weise lassen sich Problemlösen und Modellieren als Zwillingskompetenzen auffassen. Sofern eine Modellierungsaufgabe nicht schon zur Routine geworden ist, fordert sie von den Schülerinnen und Schülern ähnliche Aktivitäten wie eine Problemlöseaufgabe (vgl. Abschnitt 1.6).

Schließlich gibt es eine große Nähe zwischen den Kompetenzen K4 (Mathematische Darstellungen verwenden) und K5 (Mit symbolischen, formalen und technischen Elementen der Mathematik umgehen). Wer mit Termen, Gleichungen, Funktionen, Diagrammen und Tabellen arbeitet (K5), muss selbstverständlich Beziehungen zwischen diesen verschiedenen Darstellungsformen herstellen können (K4).

Als zweite Dimension zur Erfassung mathematischer Kompetenzen unterscheiden die KMK-Bildungsstandards fünf inhaltliche Leitideen:

Inhaltliche Leitideen

L1 Zahl
L2 Messen
L3 Raum und Form

L4   Funktionaler Zusammenhang

L5   Daten und Zufall

Die inhaltlichen Leitideen finden sich in den grundlegenden Teilgebieten der Mathematik wieder: Arithmetik, Größen, Geometrie, Algebra/Analysis und Stochastik. Im Unterricht und in Aufgabenstellungen sind die Leitideen aber in vielfacher Weise miteinander verwoben. So berührt die scheinbar einfache Frage „Wie ändert sich das Volumen eines Würfels, wenn seine Kantenlänge verdoppelt wird?" bereits drei Leitideen: Der Würfel ist ein räumliches Objekt (L3), dessen Volumeninhalt gemessen wird (L2), wobei nach der Abhängigkeit dieses Inhalts von der Kantenlänge gefragt wird (L4).

Die Bildungsstandards betonen, dass der Erwerb mathematischer Fähigkeiten und Fertigkeiten und das Lernen von mathematischen Inhalten komplementär zueinander sind. Die Bildungsforscherin Stern stellt dazu fest: „Lern- und Denkstrategien sind nämlich untrennbar an den jeweiligen Inhaltsbereich gebunden, und alle Versuche, solche Kompetenzen losgelöst von anspruchsvollen Inhalten zu trainieren, müssen als gescheitert betrachtet werden." (Stern 2009) Inhalts- und prozessbezogene Kompetenzen stehen also in einer unauflöslichen, dialektischen Wechselbeziehung miteinander.

Einerseits können Schülerinnen und Schüler prozessbezogene Kompetenzen nur in der Auseinandersetzung mit mathematischen Inhalten erwerben. Andererseits können sie mathematische Inhalte nur erwerben, wenn sie über prozessbezogene Kompetenzen verfügen.

Als dritte Dimension nennen die Bildungsstandards drei Anforderungsbereiche (AFB), mit denen erfasst werden soll, wie gut Schülerinnen und Schüler bestimmte mathematische Tätigkeiten ausüben können. AFB I: Reproduzieren, AFB II: Zusammenhänge herstellen, AFB III: Verallgemeinern und Reflektieren. Die Anforderungsbereiche werden für die Kompetenzen K1 bis K6 jeweils einzeln ausdifferenziert.

Zu den Beispielaufgaben, die die Bildungsstandards vorstellen, werden jeweils die damit verbundenen Kompetenzen und Anforderungsbereiche aufgeführt. Bei der Klassifikation einer Aufgabe ist jedoch zu beachten, dass die Angabe des Anforderungsbereichs zunächst nur auf einer theoretischen

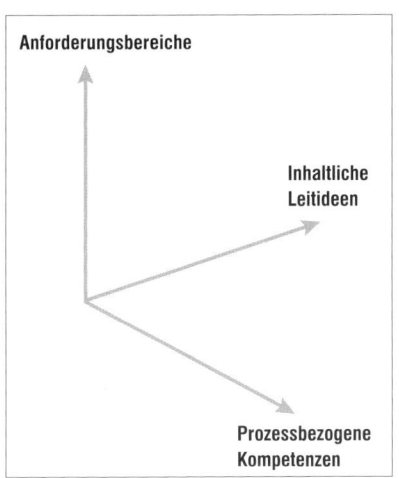

Abb. 1: Dreidimensionales Kompetenzmodell

Analyse der Aufgabe basiert, das heißt, die kognitive Komplexität der Aufgabe wird von ihrer inneren Sachstruktur her eingeschätzt. Wie schwierig eine Aufgabe für eine bestimmte Schülergruppe tatsächlich ist, hängt aber entscheidend von den Lernvoraussetzungen dieser Gruppe ab, also davon, wie der vorangegangene Unterricht die Schülerinnen und Schüler auf die Bewältigung der Aufgabe vorbereitet hat. Insofern gibt der Anforderungsbereich nur eine ungefähre Tendenz für die Schwierigkeit einer Aufgabe an.

Abb. 1 stellt die drei Dimensionen des Kompetenzmodells der Bildungsstandards Mathematik zusammenfassend dar (nach Blum u. a. 2006, S. 19).

Die KMK-Bildungsstandards formulieren die Kompetenzen, die die Schülerinnen und Schüler bis zu ihrem Abschluss erworben haben sollen, als sogenannte *Regelstandards*. Regelstandards drücken Leistungserwartungen aus, die für das jeweilige Alter und die jeweilige Schulform als realistisch und zumutbar angesehen werden und die in der Regel erreicht werden sollten. Damit beschreiben Regelstandards ein mittleres Niveau, das einzelne Schülerinnen und Schüler sowohl unter- als auch überschreiten werden. In Abgrenzung dazu sind *Mindeststandards* und *Expertenstandards* zu sehen. Ein Mindeststandard drückt eine Leistungserwartung aus, die alle Schülerinnen und Schüler erreicht haben sollten. Ein Expertenstandard beschreibt ein Höchstniveau, also Kompetenzen, die Schülerinnen und Schüler unter optimalen Bedingungen theoretisch erreichen könnten.

Schließlich betonen die KMK-Bildungsstandards Mathematik: „Der Auftrag der schulischen Bildung geht über den Erwerb fachspezifischer Kompetenzen hinaus. Zusammen mit anderen Fächern zielt Mathematikunterricht auch auf Persönlichkeitsentwicklung und Wertorientierung." (ebd. S. 6) Insbesondere geht es um die Entwicklung der Schülerinnen und Schüler zu Menschen, die einerseits Eigenständigkeit besitzen, andererseits sich innerhalb unserer Gesellschaft bewegen können. Dafür müssen überfachliche Kompetenzen entwickelt werden, die oft als *personale* und *soziale Kompetenzen* oder auch als *Selbst-* und *Sozialkompetenzen* bezeichnet werden. Beispiele für solche Kompetenzen sind Selbstständigkeit, Kritikfähigkeit, Kooperationsvermögen und die Bereitschaft, sich für andere einzusetzen. Klafki (1985) hat diese übergeordneten Ziele aller Bildungsanstrengungen in den drei Begriffen *„Selbstbestimmung, Mitbestimmung und Solidarität"* zusammengefasst. Die personalen und sozialen Kompetenzen bilden die Voraussetzung dafür, dass fachliches Lernen überhaupt stattfinden kann. Beispielsweise ist ein Mindestmaß an Kooperationsvermögen und Toleranz erforderlich, damit eine Klasse arbeitsfähig ist. Allerdings sollten diese Kompetenzen nicht nur neben dem Fachunterricht, etwa in Klassenlehrerstunden, sondern auch innerhalb des Fachunterrichts weiterentwickelt werden. Der Mathematikunterricht kann dazu in vielfältiger Weise beitragen, zum Beispiel indem kooperative Arbeitsformen gewählt werden oder ein Helfer-System etabliert wird. In diesem Sinne sind personale und soziale Kompetenzen wiederum komplementär zu den inhalts- und prozessbezogenen Kompetenzen des Mathematikunterrichts und aller übrigen Fächer.

Die Autoren der Bildungsstandards sehen eine wesentliche Stärke der Standards darin, dass Lehrerinnen und Lehrer aus übergeordneten, in hohem Maße konsensfähigen Bildungszielen in pädagogischer Eigenverantwortung Lernwege ableiten können, die für ihre Schülerinnen und Schüler geeignet sind. Die folgenden Teile dieses Buches möchten praktische Orientierungshilfen geben, wie eine solche Ableitung von Zielsetzungen für einzelne Stunden, für eine Unterrichtseinheit und für noch längere Zeiträume erfolgen kann. Gleichzeitig soll danach gefragt werden, wie sich die Kompetenzorientierung in der methodischen Ausgestaltung von Unterricht niederschlagen kann.

Eine Gruppe hessischer Mathematikausbilder hat dazu ausgehend von Überlegungen von Blum und Biermann (2001) allgemeine Merkmale formuliert, die in der konkreten Ausgestaltung des Unterrichts wesentlich zur Kompetenzorientierung beitragen können (Gründer u.a. 2009). Dabei sind alle aufgeführten Merkmale gleichberechtigt und ergeben nur als Gesamtheit das Bild eines kompetenzorientierten Mathematikunterrichts.

Allgemeine Merkmale für einen kompetenzorientierten Mathematikunterricht

▸ Einbeziehung offener Aufgaben mit breitem Differenzierungspotenzial
▸ Erarbeiten vielfältiger Lösungen, Vergleichen und Bewerten von Lösungen
▸ Einsatz von Methoden und Materialien, die zur Binnendifferenzierung geeignet sind und der Heterogenität der Lernenden gerecht werden
▸ Inner- und außermathematische Vernetzungen
▸ Vorstellungsaktivierung, Problemlösen, Modellieren, Argumentieren und Begründen
▸ Durchgängige Stimulierung von Eigenaktivitäten, Stärkung der Eigenverantwortung für den Lernprozess, sowohl in Erarbeitungs- als auch in Übungsphasen (intelligentes Üben)
▸ Methodenvariation im Rahmen einer klaren Unterrichtsstruktur mit vielen Schüler-Kooperationsphasen
▸ Erkennbar beurteilungsfreie Arbeitsatmosphäre, wo Fehler Lernanlässe sind
▸ Reflexionen über das Vorgehen und über Mathematik
▸ Einsatz digitaler Werkzeuge zum Entdecken, zur Begriffsbildung, zur Visualisierung und zur Entlastung von Kalkülen an geeigneten Stellen

---

Eine ähnliche Charakterisierung von kompetenzorientiertem Unterricht findet sich auch in den Fortbildungshandreichungen zu den Bildungsstandards Mathematik (Hessisches Kultusministerium (Hrsg.) 2008, S. 168 f.).

Abschließend soll ausdrücklich angemerkt werden, dass guter Mathematikunterricht seit jeher viele dieser Merkmale aufweist. Anders gesagt: Guter Mathematikunterricht war schon immer kompetenzorientiert!

1.3 Lernziele oder Kompetenzen?

Der Begriff „Lernziele" wurde in den Sechzigerjahren von der sogenannten „Berliner Schule" (Heimann, Otto und Schulz) geprägt. Er war in den letzten Jahrzehnten ein unangefochtener und zentraler Begriff für die Unterrichtsplanung. Unterrichtende sollten darlegen, in welcher Hinsicht sie von ihrem Unterricht einen Lernzuwachs erwarten. Mager (1971) versuchte Zielsetzungen nach dem zeitlichen Rahmen zu unterscheiden, in dem sie wahrscheinlich erreichbar sind. In seiner „Lehrzieltaxonomie" unterschied er drei Kategorien von Zielen:

▸ Richtziele, die sich auf einen längerfristigen Zeitraum beziehen (z. B. ein Schuljahr);
▸ Grobziele, die sich auf einen mittleren Zeitrahmen beziehen (mehrere Unterrichtsstunden, die zusammen eine Einheit bilden);
▸ Feinziele, die sich auf eine Stunde oder eine Doppelstunde beziehen.

In der Diskussion um kompetenzorientierten Unterricht wird nun auch danach gefragt, ob der Begriff „Lernziel" durch andere Begriffe ersetzt werden soll, die besser das Anliegen der Kompetenzorientierung zum Ausdruck bringen, neben inhaltsbezogenem Wissen auch Handlungswissen und Einstellungen, also prozessbezogene Kompetenzen, in den Blick zu nehmen. So wird beispielsweise vorgeschlagen, dass Referendare in ihren Unterrichtsentwürfen nicht mehr Lernziele, sondern „Kompetenzen" formulieren oder das „didaktische Zentrum" ihrer Stunde beschreiben. Da der Begriff „Kompetenz" so umfassend ist, dass er alle Entwicklungsaspekte der Schülerinnen und Schüler berücksichtigt, wäre dies ohne Weiteres möglich. Der Begriff „Kompetenz" würde dann alle zeitlichen Dimensionen der Zielsetzungen, also in der Benennung der Lehrzieltaxonomie sowohl Fein- und Grobziele als auch Richtziele, umfassen. Gerade weil der Begriff „Kompetenz" so weitreichend ist, droht dann aber die Gefahr, dass der Überblick verloren geht, welche Aspekte in einer Stunde in erster Linie gefördert werden sollen. Im gleichen Sinne betont Drieschner (2009, S. 65): „So sind Bildungsstandards als Kompetenzziele übergreifenden und langfristigen Lernens formuliert und damit für die Gestaltung einzelner Unterrichtsstunden oder Lernsequenzen zu komplex." Andererseits kann eine kompetenzbezogene Zielperspektive auch nicht allein durch die Angabe von Inhalten erfolgen, da ein und derselbe Lerngegenstand sehr unterschiedliche Lernarrangements zulässt, die im Unterricht jeweils andere Aspekte fördern. Dies ist der Grund für die Kritik an den klassischen Lehrplänen, die sich in erster Linie darauf beschränken, Inhalte aufzuzählen, die den Input des Unterrichts festlegen.

Wenn die klassischen Lehrpläne eines Bundeslandes durch die KMK-Bildungsstandards (2003) oder durch eine für ein Bundesland spezifizierte Form der Bildungsstandards ersetzt werden, kommt auf die Lehrkräfte die Aufgabe zu, für die jeweilige Stunde konkrete Zielsetzungen aus den Standards abzuleiten. Beispielsweise formulieren die Bildungsstandards der KMK (2003) für die Kompetenz Problemlösen innerhalb des Anforderungsbereichs II (S. 14):

„Probleme bearbeiten, deren Lösung die Anwendung von heuristischen Hilfsmitteln, Strategien und Prinzipien erfordert."

Eine Lehrkraft, die die Fähigkeit des Problemlösens fördern möchte, muss dies noch konkretisieren, das heißt, sie muss die allgemein beschriebene Kompetenz auslegen. Insbesondere muss die Lehrkraft für sich folgende Fragen beantworten (vgl. Ziener 2008, S. 46 und S. 147):

„Was können die Schülerinnen und Schüler, wenn sie über diese Kompetenz verfügen?" bzw.
„Was kann ein Kind, wenn es das kann – und was kann ein Kind, wenn es das ‚gut' kann?"

In den KMK-Bildungsstandards (2003) und auch in Blum u.a. (2006) werden prozessbezogene Kompetenzen konkretisiert, indem dazu Beispielaufgaben vorgestellt werden. Um die Frage nach dem „Wie gut?" zu beantworten, werden die Aufgaben den Anforderungsbereichen I, II oder III zugeordnet.

Aufbauend auf der Auslegung der Kompetenzen muss die Lehrkraft sich dann für ein bestimmtes Unterrichtsarrangement entscheiden, in dem die Schülerinnen und Schüler problemlösend arbeiten sollen. Insbesondere muss sie entscheiden, welche Probleme sie auswählt, wie die Probleme vorgestellt werden, welche Hilfsmittel den Schülerinnen und Schülern sofort zur Verfügung gestellt werden sollen, welche Hilfen die Lehrkraft sukzessive ausgeben möchte etc. Bei all diesen Entscheidungen muss die Lehrkraft natürlich berücksichtigen, über welche Kompetenzen ihre Lerngruppe schon verfügt. Sie muss also Aufgaben und Tätigkeiten auswählen, die in gut ausbalancierter Weise zwischen dem schon Gekonnten und den neu zu lernenden Inhalten und Fähigkeiten vermitteln. Insgesamt muss die Lehrkraft im Hinblick auf die geplanten Inhalte eine **Kompetenzanalyse** (vgl. Kap. 5) durchführen:

„Welche Kompetenzen können die Schülerinnen und Schüler in der Auseinandersetzung mit den geplanten Inhalten anwenden bzw. erwerben?"

In der bisher üblichen Praxis der Unterrichtsplanung konzentrierten sich Lernziele häufig auf die inhaltsbezogenen Lernfortschritte. Dagegen wurden prozessbezogene Fähigkeiten und Einstellungen eher stiefmütterlich behandelt. Um in der Zielformulierung auch die prozessbezogenen Kompetenzen explizit in den Blick zu nehmen, soll deshalb hier dafür plädiert werden, statt der bisherigen „Lernziele" nun erweitert „Lernziele und Kompetenzen" oder „Kompetenzen und Lernziele" zu formulieren. Statt des Begriffs „Lernziele" könnte man natürlich auch den Begriff „inhaltsbezogene Kompetenzen" verwenden und statt von „Lernzielen" nun von „Zielsetzungen im Bereich inhaltsbezogener und prozessbezogener Kompetenzen" sprechen. Aus Sicht des Autors besteht aber kein Grund, unnötig mit der Tradition zu brechen und ganz auf den einprägsamen Begriff „Lernziel" zu verzichten. Einen ähnlichen Vorschlag unterbreiten Bonsen und Hey (2008), nach deren Vorstellung inhaltsbezogene Lernziele gleichzeitig immer auch Schritte für einen langfristig zu denkenden Aufbau von Kompetenzen darstellen: „Indem bestimmte, sehr konkrete

Abb. 2: Das Verhältnis von Lernzielen und Kompetenzen (Bonsen und Hey 2008)

und überprüfbare Ergebnisse angestrebt werden, wird ein Beitrag zur langfristigen Förderung einer Kompetenz erreicht." In Abb. 2 wird dieses Verhältnis von Lernzielen und Kompetenzen dargestellt.

Bonsen und Hey betonen deshalb (ebd., S. 7):

> *„Wir brauchen für die genaue Unterrichtsplanung die Beschreibung von Zielen,*
> ▸ *deren Erreichen innerhalb des Zeitraumes einer Unterrichtsstunde möglich und überprüfbar ist,*
> ▸ *die den angestrebten Zuwachs an Kenntnissen und an ganz speziellen Fertigkeiten artikulieren,*
> ▸ *die die systematische Abfolge einzelner Lernschritte transparent machen."*

Insbesondere kann die Formulierung von Lernzielen für eine Stunde den Unterrichtenden helfen, sich über die wesentliche Ausrichtung der Stunde klar zu werden und die Stunde effektiv zu planen. Eine empirische Untersuchung von Esslinger-Hinz hat dies bestätigt: Es gibt einen deutlichen Zusammenhang zwischen der Klarheit der Zielvorstellungen der Unterrichtenden und der Qualität der Unterrichtsergebnisse (Esslinger-Hinz u.a. 2008). Auch Ziener (2008, S. 53) plädiert „ausdrücklich dafür […], weiterhin von Lern- und Stundenzielen zu sprechen".

Wie können nun neben den inhaltsbezogenen Kompetenzen, die sich in der Formulierung von Lernzielen niederschlagen, gleichermaßen auch prozessbezogene Kompetenzen in die Planungsüberlegungen einbezogen werden? Für den Mathematikunterricht ergibt sich insbesondere die Schwierigkeit, dass in fast allen Mathematikstunden mehrere prozessbezogene Kompetenzen angesprochen werden. Beispielsweise wird in allen Stunden in irgendeiner Form kommuniziert und es werden immer mathematische Darstellungen verwendet. Streng genommen müssten alle prozessbezogenen Kompetenzen in den Planungsüberlegungen reflektiert werden. Dies können aber weder angehende noch erfahrene Lehrkräfte in realistischer Weise leisten. Um die Planungsüberlegungen nicht zu überfrachten, plädiert der Autor dafür, sich in der Unterrichtsplanung nur mit einer oder zwei prozessbezogenen Kompetenzen auseinanderzusetzen, die in der Stunde in besonderer Weise gefördert werden sollen.

Dabei sind zwei Denkrichtungen möglich, die die Komplementarität von inhalts- und prozessbezogenen Kompetenzen widerspiegeln. Modell 1: Es wird mit den Inhalten begonnen und in einem zweiten Schritt analysiert, welche prozessbezogenen Kompetenzen mit diesen Inhalten besonders entwickelt werden können. Oder Modell 2: Ausgangspunkt sind bestimmte prozessbezogene Kompetenzen, und es werden Inhalte gesucht, mit denen diese Kompetenzen besonders gefördert werden können (vgl. Ziener 2008, S. 147).

Im Folgenden werden für beide Modelle Fragen aufgeführt, die bei der Formulierung von Lernzielen und Kompetenzen für eine Unterrichtsstunde helfen können.

Modell 1: Lernziele und Kompetenzen (von den Inhalten zu den Prozessen)

▸ Welche inhaltsbezogenen Lernziele sollen die Schülerinnen und Schüler in der Stunde erreichen?
▸ Zu welcher Leitidee trägt die Stunde bei?
▸ Welche prozessbezogenen Kompetenzen (maximal 2!) sollen in der Stunde zusammen mit den gewählten Inhalten maßgeblich gefördert werden? Welche beobachtbaren Schülertätigkeiten tragen dazu bei?
 (Beispiel: Die Schülerinnen und Schüler schulen ihre Argumentationsfähigkeit, indem sie schriftlich begründen, warum das aufgestellte lineare Gleichungssystem der Textfassung des Problems entspricht.)

Modell 2: Kompetenzen und Lernziele (von den Prozessen zu den Inhalten)

▸ Welche prozessbezogenen Kompetenzen sollen in der Stunde besonders entwickelt werden (maximal 2!)?
▸ Durch welche Inhalte und beobachtbaren Schülertätigkeiten kann die Entwicklung dieser prozessbezogenen Kompetenzen erreicht werden?
▸ Welche inhaltsbezogenen Lernziele ergeben sich aufgrund der ausgewählten Inhalte und geplanten Tätigkeiten für diese Stunde?
▸ Zu welcher Leitidee trägt die Stunde bei?

Bis zu einem gewissen Grad entspricht das Modell 1 der Art und Weise, wie Unterricht die letzten Jahrzehnte über geplant wurde, aber die früher meist ausschließlich inhaltsbezogenen Überlegungen werden jetzt bewusst ergänzt durch den Blick auf die prozessbezogenen Kompetenzen. Dies ist ganz wichtig, da durch diese erweiterte Perspektive viele den Unterricht betreffende Entscheidungen, insbesondere die Wahl der Methoden und Medien wesentlich beeinflusst werden können. Beispielsweise wird sich eine Lehrkraft, die in einer Stunde zur Einführung des Prozentwerts gleichzeitig in besonderer Weise das Kommunizieren fördern möchte, vielleicht dafür entscheiden, eine Merkregel zum Prozentwert nicht vorzugeben, sondern von den Schülerinnen und Schülern selbst formulieren und diskutieren zu lassen. Aus der früheren, rein inhaltsorientierten Sicht heraus wären vielleicht Zweifel entstanden, ob eine solche Diskussionsphase nicht zu viel Zeit in Anspruch nimmt. Generell lässt sich feststellen, dass in der Unterrichtsplanung früher oft auf Diskussions- und Reflexionsphasen verzichtet wurde, weil Fortschritte der Schülerinnen und Schüler im Bereich des Kommunizierens viel schwerer erfassbar und nachweisbar sind als einzelne inhaltliche Fortschritte.

Beide Modelle fordern dazu auf, die angestrebten Lernziele und Kompetenzen mit *beobachtbaren Schülertätigkeiten* (sogenannten „Indikatoren") zu verknüpfen. Dabei helfen Formulierungen, in denen aktive Verben die konkreten Handlungen der Schülerinnen und Schüler ausdrücken, also: „Die Schülerinnen und Schüler *beschreiben* das Problem mit ihren Worten." oder „Die Schülerinnen und Schüler *stellen* den Zusammenhang graphisch *dar*." Dies soll allerdings nicht als strikte Operationalisierung im Sinne von Mager (1971) verstanden werden. Die Operationalisierung im Sinne Magers beruht auf einem zu technologischen Verständnis von Unterricht als einem vollständig rational planbaren Vorgang, der die Unterrichtenden in der Praxis sehr stark einengt. Es ist nicht sinnvoll, „Messoperationen" zu formulieren, an denen ein Erreichen von Zielen direkt abgelesen werden könnte. Lehrkräfte sollten vielmehr im Unterricht ihre Zielsetzungen im Auge behalten, aber flexibel auf die Dynamik des tatsächlichen Unterrichtsgeschehens eingehen. Insbesondere gehört dazu eine Offenheit für unterschiedliche und eventuell unerwartete Bearbeitungswege.

Die Videosequenz 3 (siehe Kapitel 3) stellt die Planung und Durchführung einer Unterrichtsstunde vor, die sich am Modell 1 orientiert. Das inhaltsbezogene Lernziel dieser Stunde besteht darin, die Eigenschaften von Wendestellen zu entdecken und die notwendige Bedingung zur Berechnung von Wendestellen zu entwickeln. Gleichzeitig werden bei dieser Stunde prozessbezogene Kompetenzen durch die Wahl der Methode des Gruppenpuzzles in hohem Maße berücksichtigt.

Das Planungsmodell 2 stellt eine neue Sichtweise dar. Ausgangspunkt sind hier prozessbezogene Kompetenzen, die gefördert werden sollen. Beispielsweise nimmt eine Lehrkraft in ihrem Mathematikleistungskurs wahr, dass ihre Schülerinnen und Schüler Defizite im Bereich des Modellierens besitzen, und sie möchte in einer Stunde diese Kompetenz explizit fördern. Im Zentrum ihrer Unterrichtsplanung sollte dann zunächst eine Diagnose des bisherigen Standes ihres Kurses im Hinblick auf die Kompetenz Modellieren stehen. Aus den Beobachtungen der Lehrkraft im Unterricht könnte sich etwa ergeben, dass ihr Kurs Schwierigkeiten im Bereich des Validierens hat. Deshalb wird sie nach Modellierungsaufgaben suchen, bei denen dieser Teilschritt im Modellierungskreislauf eine besondere Rolle spielt. In einem zweiten Schritt muss die Lehrkraft die Inhaltsbereiche festlegen, aus denen sie die Aufgaben wählen möchte. Sie würde dann vielleicht eine Analysisaufgabe auswählen, in der der Begriff der lokalen Änderungsrate eine Rolle spielt, weil sie auch beobachtet hat, dass ihre Schülerinnen und Schüler noch Schwierigkeiten mit diesem Begriff haben, und sie ihn weiter festigen möchte.

Kompetenzorientierung bedeutet nun aber *nicht*, dass das Modell 2 das ausschließliche oder deutlich zu favorisierende Modell der Unterrichtsplanung werden soll. Die **Kompetenzanalyse** kann nicht alleine den Ausgangspunkt der Unterrichtsplanung bilden, sondern steht im Wechselspiel mit den inhaltlichen Leitideen des Faches Mathematik. Daher kann die Unterrichtsplanung auch mit einer **Sachanalyse** beginnen, die die inhaltliche Struktur eines bestimmten Themenbereichs erschließt (vgl. Kap. 5). Das Modell 1 mit seiner Denkrichtung von den Inhalten zu den Kompetenzen betont diesen Zugang und ist deshalb nach wie vor eine wichtige Form der Unterrichtsplanung. Auch Bruder stellt fest: „Zunächst werden Lernangebote benötigt, in denen wissensbasiert eine Art Fundament für die weitere Kompetenzentwicklung gelegt wird." (in Blum u.a. 2006, S. 147) Die beiden Planungsmodelle besitzen insofern eine gewisse Nähe zur oben erwähnten Taxonomie von Unterrichtszielen als sie eine doppelte Zeitperspektive fordern. Zum einen sollten eher kurzfristige inhaltsbezogene Zielsetzungen in Form von Lernzielen formuliert werden, zum anderen aber auch der Beitrag einer Stunde zur Entwicklung von prozessbezogenen Kompetenzen aufgezeigt werden, die immer langfristig zu denken sind.

Unabhängig davon, ob inhaltsbezogene oder prozessbezogene Aspekte den Ausgangspunkt bilden, gilt: Jede Planung muss zwischen dem Sach- und dem Kompetenzaspekt vermitteln. Diese Vermittlung stellt die wesentliche Aufgabe der **didaktischen Analyse** im Rahmen der Unterrichtsplanung dar (vgl. Kap. 5).

1.4 Beispiel für die prozessbezogene Unterrichtsplanung einer Doppelstunde

Da das Planungsmodell 2 ungewohnt ist, soll dazu hier ein Beispiel vorgestellt werden. In einer Doppelstunde bearbeiten die Schülerinnen und Schüler in Gruppen die auf Seite 26 folgende Aufgabe (Kratz 2009a und Kratz 2009b), in deren Zentrum die beiden prozessbezogenen Kompetenzen *Mathematische Darstellungen verwenden* und *Modellieren* stehen. Aus dem vorangegangenen Unterricht sollten die Schülerinnen und Schüler mit exponentiellen Wachstumsprozessen vertraut sein und diese auch sicher graphisch und symbolisch darstellen können. Die in der Aufgabe verwendeten Daten stammen von der Wikipedia-Seite zum Thema Festplatten (http://de.wikipedia.org/wiki/Festplatte, letzter Zugriff 29.03.2011).

Inhaltlich zielt diese Aufgabe auf den Bereich logarithmische Darstellungen und logarithmische Regression. Dieses inhaltliche Ziel könnte vielleicht schneller erreicht werden, wenn die Lehrkraft den Schülerinnen und Schülern zunächst das Prinzip der logarithmischen Skaleneinteilung erläutern und die Schülerinnen und Schüler dies anschließend in einer Übungsphase umsetzen würden. Ein solches Vorgehen würde dem

Speicherkapazität von Festplatten

Die folgende Tabelle zeigt, wie sich die Speicherkapazität von Festplattenlaufwerken für PC seit 1981 erhöht hat.

Jahr	Speicherkapazität von Festplattenlaufwerken
1981	10 MB
1988	360 MB
1990	676 MB
1992	2 GB
1995	9,1 GB
1997	16,8 GB
2001	73 GB
2002	320 GB
2005	500 GB
2006	750 GB
2007	1 TB
2008	1,5 TB

Aufgabe:

Erstellt in eurer Gruppe ein Plakat, das über die Entwicklung der Speicherkapazität von Festplatten seit 1981 bis heute informiert. Das Plakat sollte:

a) kurz erläutern, was die Angaben in der Tabelle bedeuten.

b) die Entwicklung der Speicherkapazität graphisch so darstellen, dass alle Werte möglichst gut abgelesen werden können. Zeichnet den Graphen zuerst probeweise auf einem normalen Blatt und übertragt ihn dann auf das Plakat. Beschreibt auf einem weiteren Blatt, welche Schwierigkeiten ihr beim Erstellen einer solchen graphischen Darstellung hattet.

c) eine Voraussage machen, welche Festplattengröße für das Jahr 2013 zu erwarten ist, wenn sich die Entwicklung in der gleichen Form fortsetzt. Dabei sollt ihr auch erklären, wie ihr zu eurer Voraussage gekommen seid.

Speicherkapazität.pdf

traditionellen Unterrichtsskript entsprechen, das im deutschen Mathematikunterricht noch immer stark überwiegt (vgl. Leuders 2003, S. 265):

▸ Die Lehrkraft führt das neue Verfahren in einem fragend-entwickelnden Unterrichtsgespräch oder in einem Lehrervortrag ein.
▸ Ein Aufgabenbeispiel wird gemeinsam im Plenum bearbeitet.
▸ Die Schülerinnen und Schüler üben den neuen Inhalt ein, indem sie weitere Aufgaben bearbeiten, die mit dem neuen Verfahren gelöst werden können.
▸ Die Lehrkraft gibt eine Hausaufgabe ähnlichen Typs.

Für manche Inhalte und Situationen stellt ein solches Vorgehen durchaus eine angemessene Form der Erarbeitung dar. Allerdings werden dabei die prozessbezogenen Kompetenzen *Mathematische Darstellungen verwenden* und *Modellieren* nur in geringerem Umfang gefördert. Dagegen unterstützt das hier gewählte Skript zur Bearbeitung der Aufgabe die Entwicklung dieser Kompetenzen dadurch, dass die zeitlichen Schwerpunkte der Lehrer- und Schüleraktivitiäten gerade umgekehrt werden:

▸ Die Schülerinnen und Schüler bearbeiten die Aufgabe in Gruppen-, Partner- oder Einzelarbeit (mit Austauschmöglichkeiten). Die Lehrkraft unterstützt nach dem Prinzip der minimalen Hilfe. Dabei gibt die Lehrkraft gestufte Hilfen: 1. Motivations- und Rückmeldungshilfen, 2. strategische Hilfen, 3. inhaltliche Hilfen. (Zech 1998, S. 309)
▸ Die Schülerinnen und Schüler präsentieren ihre Ergebnisse.
▸ Schwierigkeiten und verschiedene Lösungswege werden im Plenum diskutiert.
▸ Die Lehrkraft führt neue Fachbezeichnungen ein und weist auf weitere Zusammenhänge hin.

Welche Schwierigkeiten müssen die Schülerinnen und Schüler bei der Bearbeitung der Aufgabe überwinden?
Schülerinnen und Schüler sind es in der Regel gewöhnt, Funktionen und Daten in überschaubaren Bereichen darzustellen. Bei sperrigen Daten geben Lehrkräfte oft schnell Hilfen, indem sie Achseneinteilungen oder Maximalwerte von Achsen vorgeben. Die obige Datenreihe bricht mit diesen Gewohnheiten und stellt die Schülerinnen und Schüler absichtlich vor zwei große Schwierigkeiten:

▸ Bei der gewohnten Einteilung der 2. Achse entspricht jedem Schritt ein additiver Zuwachs. Die Entwicklung verläuft aber so schnell, dass diese Einteilung nicht mehr zu einem Koordinatensystem führt, in das sich alle Daten übersichtlich eintragen lassen.
▸ Die Festplattengrößen werden nicht für jedes Jahr angegeben, sondern in unregelmäßigen Zeitabständen.

Wie könnten in der Planung die Kompetenzen und Lernziele für eine solche Stunde formuliert werden?
Wenn eine Lehrkraft beabsichtigt, mit der Aufgabe prozessbezogene Tätigkeiten in den Vordergrund zu stellen, könnten im Sinne des Modells 2 folgende Zielsetzungen formuliert werden:

Kompetenzen und Lernziele: Im Zentrum der Doppelstunde steht die Förderung der prozessbezogenen Kompetenzen *Mathematische Darstellungen verwenden* und *Modellieren*.

Die Schülerinnen und Schüler erweitern die Kompetenz *Mathematische Darstellungen verwenden*, indem sie

▸ die sperrigen Festplattendaten graphisch darstellen,

▸ dabei Entscheidungen über die Einteilung der Achsen treffen,

▸ vertraute und neue Darstellungsformen miteinander vergleichen.

Die Schülerinnen und Schüler erweitern die Kompetenz *Modellieren*, indem sie

▸ selbstständig einen Modellierungsansatz für die Fortschreibung der Daten ins Jahr 2013 entwickeln,

▸ die in der Regel mehrschrittige Modellierung durchführen,

▸ verschiedene Modellierungen reflektieren und vergleichen.

Inhaltsbezogenes Lernziel: Die Schülerinnen und Schüler entdecken logarithmische Darstellungen und logarithmische Regression als neue Verfahrensweisen. (Leitideen: Funktionaler Zusammenhang/Daten und Zufall)

Wie ist die Bearbeitung der Aufgabe verlaufen?

In der 10. Klasse, die die Aufgabe bearbeitet hat, entschied sich etwa die Hälfte der Gruppen für eine gewohnte Einteilung der 2. Achse. Dabei haben diese Gruppen in Kauf genommen, dass sich nicht alle Datenpunkte übersichtlich eintragen lassen. Beispielsweise entschied sich eine Gruppe aus diesem Grund dafür, auf die Daten der Jahre 1981, 1988 und 1990 zu verzichten, obwohl diese eine Zeitspanne von einem Jahrzehnt umfassen (siehe Abb. 3). Die andere Hälfte wählte nach einer anfänglichen Phase des Probierens intuitiv eine logarithmische Einteilung der 2. Achse, bei der jeder Schritt einer Verzehnfachung der Speichergröße entspricht (Abb. 4).

Im Sinn der Piaget'schen Entwicklungspsychologie führten die Schwierigkeiten, mit denen die Schülerinnen und Schüler konfrontiert waren, zu einer gedanklichen Akkomodation (Anpassung), in diesem Fall zur Wahl einer neuen Darstellungsform, die die Schülerinnen und Schüler vorher noch nie verwendet hatten. Diese Gruppen standen dann vor der Schwierigkeit, wie Speichergrößen eingetragen werden sollen, die keine ganze Zehnerpotenz treffen. An dieser Stelle waren Lehrerhilfen sinnvoll, die den Schülerinnen und Schülern bewusst machen, dass bei der neuen Einteilung jeder Schritt einem multiplikativen Zuwachs entspricht. Abb. 5 zeigt eine Operatordarstellung, die den Schülerinnen und Schülern helfen kann, das neue Konzept zu durchdringen. Die zugehörige Frage lautet: Wenn einem ganzen Schritt eine Multiplikation mit dem Faktor 10 entspricht, welche Multiplikation gehört dann zu einem halben Schritt? Mit dieser Technik konnten die Schülerinnen und Schüler die Unterteilungen der 2. Achse weiter verfeinern.

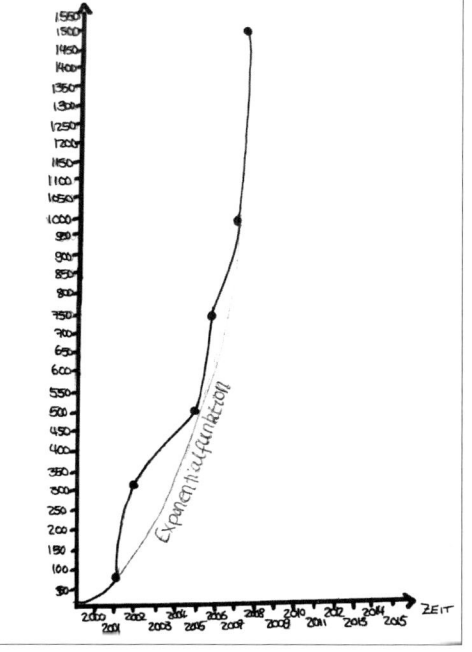

Abb. 3: Gewöhnliche Darstellung des
Wachstums der Speicherkapazität

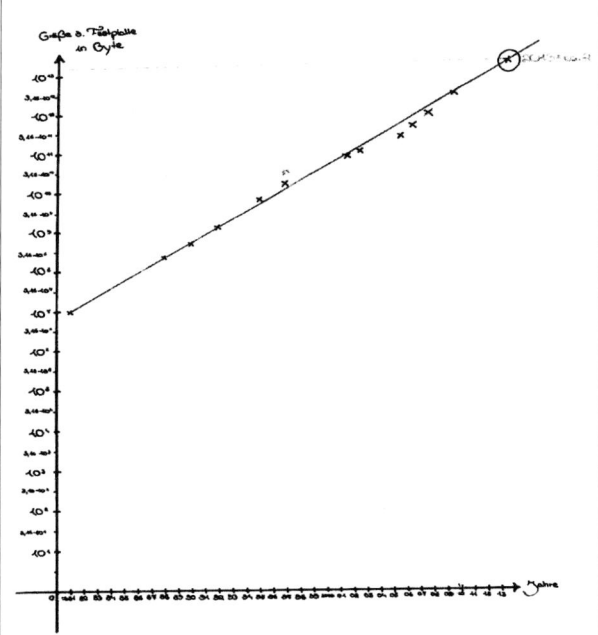

Abb. 4: Logarithmische Darstellung des Wachstums
der Speicherkapazität

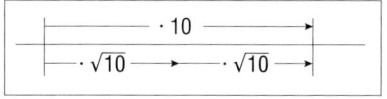

Abb. 5: Operatordarstellung der
logarithmischen Skalierung

Dass einige Gruppen die gewohnte Darstellung verwendeten, während andere Gruppen eine neue Darstellung entwickelten, konnte in der Präsentationsphase gut genutzt werden, um die Vor- und Nachteile der jeweiligen Darstellungsform zu reflektieren:

▸ In der gewohnten Darstellungsform erhält man ein graphisches Bild, an dem unmittelbar zu erkennen ist, dass die Festplattengrößen annähernd exponentiell wachsen. Allerdings lassen sich bei dieser Form nicht alle Datenpunkte übersichtlich eintragen.

▸ Dagegen können bei der neuen Einteilung der 2. Achse alle Datenpunkte übersichtlich eingetragen werden. Die Datenpunkte liegen nun annähernd auf einer Geraden. Für die Schülerinnen und Schüler war es zunächst äußerst verwirrend, dass die Gerade in diesem Fall keinem linearen Wachstumsprozess entspricht. Aber genau die Darstellung mit einer Geraden erweist sich für die Prognose für das Jahr 2013 als entscheidender Vorteil.

Um eine Voraussage für das Jahr 2013 machen zu können, mussten die Schülerinnen und Schüler den Wachstumsprozess modellieren. Dabei zeigte sich, dass eine Entscheidung für die jeweilige Einteilung der 2. Achse auch Weichen für die Modellierung stellt. Gruppen, die die gewohnte Einteilung der 2. Achse gewählt hatten, konnten die Datenreihe graphisch praktisch nicht fortsetzen und versuchten deshalb, die Daten algebraisch auszuwerten. Dabei wurden von diesen Gruppen verschiedene Strategien entwickelt:

▶ Lineare Fortschreibung der Daten: Der Zuwachs von +0,5 TB vom Jahr 2007 auf das Jahr 2008 wird linear fortgesetzt (siehe Abb. 6). Dies führt zunächst zu einer Speicherkapazität von 4 TB im Jahr 2013. Da sich die Gruppe bewusst war, dass die lineare Fortsetzung zu einem zu kleinen Wert führt, hat sie zur Korrektur die 4 TB ad hoc auf 8 TB verdoppelt.

▶ Bestimmung eines durchschnittlichen Wachstumsfaktors: Es wird ein mittlerer Wachstumsfaktor bestimmt, wobei die Gruppe nur die Daten der vergangenen drei Jahre einbezieht (Abb. 7) und zu einem mittleren Wachstumsfaktor von 1,4 gelangt. Damit ergeben sich etwa 8 TB für das Jahr 2013.

▶ Bestimmung einer exponentiellen Wachstumsfunktion: Es wird die Exponentialfunktion bestimmt, die durch zwei der vorgegebenen Datenpunkte verläuft (Abb. 8). Der zugehörige Funktionswert für das Jahr 2013 liefert als Voraussage 88,42 TB.

Dagegen nutzten alle Gruppen, die eine logarithmische Einteilung der 2. Achse gewählt hatten, ihre graphische Darstellung für die Voraussage, indem sie die Datenreihe durch eine Gerade fortsetzten. Dabei wurde nach Augenmaß eine Gerade gewählt,

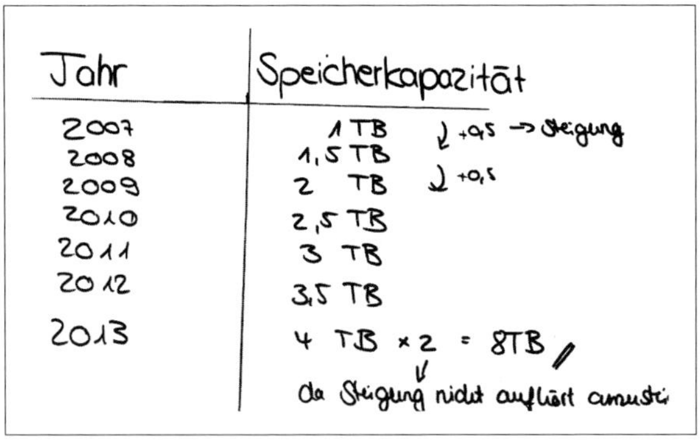

Abb. 6: Lineare Fortschreibung der Daten

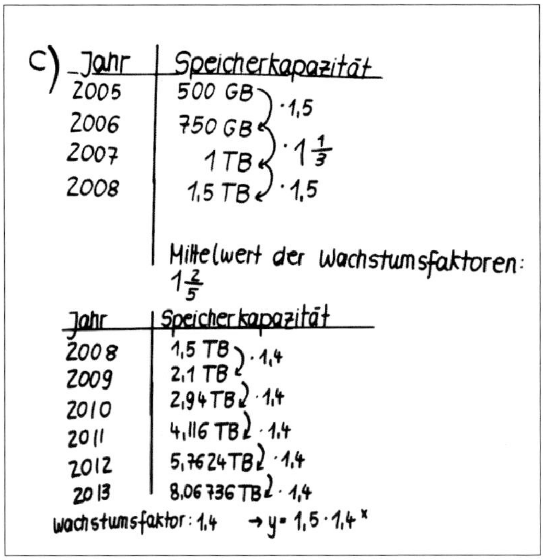

Abb. 7: Bestimmung eines durchschnittlichen Wachstumsfaktors

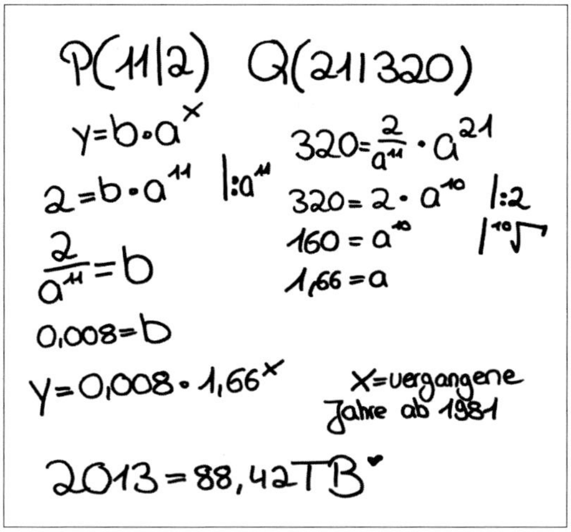

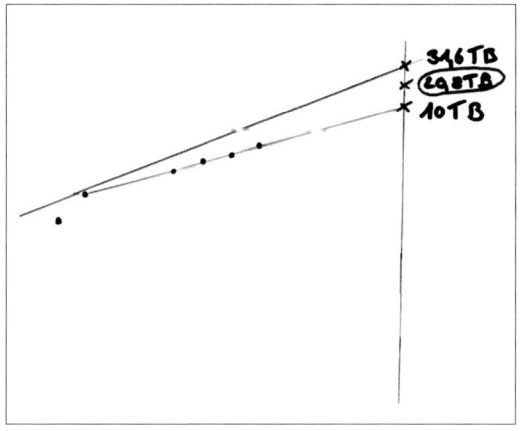

$$P(11|2) \quad Q(21|320)$$

$$y = b \cdot a^x \qquad 320 = \frac{2}{a^{11}} \cdot a^{21}$$

$$2 = b \cdot a^{11} \quad |:a^{11} \qquad 320 = 2 \cdot a^{10} \quad |:2$$

$$\frac{2}{a^{11}} = b \qquad 160 = a^{10} \quad |\sqrt[10]{\;}$$

$$\qquad\qquad\qquad 1{,}66 = a$$

$$0{,}008 = b$$

$$y = 0{,}008 \cdot 1{,}66^x \qquad x = \text{vergangene Jahre ab 1981}$$

$$2013 = 88{,}42\,TB$$

Abb. 8: Bestimmung einer exponentiellen Wachstumsfunktion

Abb. 9: Zwei Ausgleichsgeraden führen zur Angabe eines Bereichs

die die Datenreihe gut annähert, und anschließend der Wert für das Jahr 2013 abgelesen. Es gab wiederum unterschiedliche Teilstrategien:

▸ Alle Datenpunkte werden für die Ausgleichsgerade herangezogen (Abb. 4). Diese Gruppe gelangte zu einer Voraussage von 2,25 TB, wobei dieser niedrige Wert auf falsch eingetragene Datenpunkte zurückzuführen ist.

▸ Es werden nur die letzten fünf Datenpunkte verwendet, die deutlich auf einer Geraden zu liegen scheinen. Dies führte eine Gruppe zu einer Voraussage von 10 TB.

▸ Für den Gesamttrend der Datenreihe und den Trend der letzten fünf Datenpunkte werden jeweils eigene Geraden eingezeichnet, sodass die Gruppe für ihre Voraussage einen Bereich von 10 TB bis 31,6 TB angibt (Abb. 9).

In der Diskussion konnten die verschiedenen Modellierungsansätze verglichen werden. Dadurch wurde den Schülerinnen und Schülern vor Augen geführt, dass beim Modellieren Annahmen getroffen werden, die zu unterschiedlichen Ergebnissen führen können. Beispielsweise fiel der Klasse schnell auf, dass die Voraussage von 88,42 TB deutlich höher liegt als alle anderen Voraussagen. In der weiteren Auseinandersetzung wurde deutlich, dass die Exponentialfunktion, die für diese Voraussage aus zwei Datenpunkten bestimmt worden war, die übrigen Datenpunkte nur sehr schlecht annähert, sodass ihre Voraussagekraft in Zweifel gezogen wurde. Der Ansatz dieser Gruppe kann aber sehr gut die Basis für einen Einstieg in das Thema Regression bilden, das heißt, zu der Frage führen, wie man eine Vielzahl von Datenpunkten sinnvoll zur Bestimmung einer Ausgleichsfunktion verwendet.

Nach dem Vergleich der Modellierungsansätze einigte sich die Klasse darauf, eine Prognose von 9–10 TB für das Jahr 2013 als realistisch anzunehmen.

Fazit

Insgesamt hat die obige Aufgabe den Schülerinnen und Schülern eine Vielzahl prozessbezogener Tätigkeiten ermöglicht: Sie mussten zwischen verschiedenen Darstellungen der Daten wechseln bzw. sogar eine neue Darstellungsform entwickeln, um die Daten aller Jahre in einer Graphik erfassen zu können. Die Wahl einer neuen Darstellung war keine Vorgabe der Lehrkraft, sondern das Ergebnis einer aktiven Auseinandersetzung der Schülerinnen und Schüler mit einem Darstellungsproblem. Im Rahmen der Anforderungsniveaus für die Kompetenz *Mathematische Darstellungen verwenden* entspricht dies den Anforderungsbereichen II und III.

Um eine Prognose für das Jahr 2013 zu erhalten, mussten die Schülerinnen und Schüler die Situation mehrschrittig modellieren, das Ergebnis ihrer Modellierung interpretieren und schließlich verschiedene Modellierungen kritisch vergleichen. Diese Anforderungen an die Kompetenz *Modellieren* liegen ebenfalls im Bereich II und III.

Logarithmische Darstellungen und logarithmische Regression als neuer Inhalt wurden in der beschriebenen Stunde von der Hälfte der Gruppen entdeckt, die andere Hälfte hat diese neuen Inhalte erst innerhalb der Plenumsphase kennengelernt. Natürlich sind sogar noch extremere Stundenverläufe denkbar, insbesondere ist es möglich, dass *keine* Gruppe die neue Darstellungsform wählt. Aus Sicht des Autors spricht dies aber keinesfalls gegen den hier vorgestellten Zugang, denn auch bei einem solchen Verlauf wird die Kompetenz *Mathematische Darstellungen verwenden* gefördert, indem die Grenzen der gewohnten Darstellungsform aufgezeigt werden. In der Plenumsphase können dann alle Gruppen davon berichten, warum es ihnen nicht gelungen ist, alle Daten in einer Graphik darzustellen. Die Lehrperson kann dann sehr gut, ausgehend von diesen Schwierigkeiten, darlegen, welches Lösungsangebot die Mathematik in Form der logarithmischen Darstellung bereithält.

Die Doppelstunde beschäftigt sich mit einem Themenbereich, der für Schülerinnen und Schüler wichtig und mit alltäglichen Fragen verbunden ist: Welche Speicherkapazität hat mein PC zu Hause, welche mein USB-Stick, was bedeuten die Übertragungsraten beim Download, wie viele Lieder passen noch auf den MP3-Player, was bedeutet es, wenn in der Werbung ein Laptop mit einer bestimmten Speicherkapazität angeboten wird etc.?

Wenn diese Zusammenhänge im Unterricht hergestellt werden, kann die Aufgabe den Schülerinnen und Schülern vor Augen führen, dass Mathematik eine Bedeutung für ihre Lebenswelt besitzt, und ihre Einstellung zur Mathematik verändern. Insofern zielt die Stunde auch auf die *personale Kompetenz* der Schülerinnen und Schüler.

Darüber hinaus besteht durch die Wahl der Methode Gruppenarbeit die Möglichkeit, die *Sozialkompetenz* der Schülerinnen und Schüler weiterzuentwickeln. Insbesondere geschieht dies, wenn die Gruppenarbeit bewusst gestaltet wird, etwa durch die Verteilung von Rollenkarten (Moderator, Zeitwächter, Protokollant etc.). Diese *methodische Kompetenz* (als besondere *soziale Kompetenz*) kann auch dadurch gezielt gefördert werden, dass die Schülerinnen und Schüler nach Abschluss der Gruppenarbeit einschätzen, inwieweit ihnen ihre Zusammenarbeit als Gruppe gelungen ist, und überlegen, welche Verbesserungsmöglichkeiten es gäbe. Solche Aspekte der *Selbst- und Sozialkompetenz* sollten in den Zielsetzungen immer dann zusammen mit prozess- und inhaltsbezogenen Kompetenzen aufgeführt werden, wenn sie bewusst in die unterrichtsmethodische Planung einbezogen werden.

1.5 Kompetenzorientierung im Rahmen einer Unterrichtseinheit

In einer Schulstunde können bestimmte Facetten prozessbezogener Kompetenzen angesprochen werden. Eine wirkliche Entwicklung dieser Kompetenzen findet aber nur über längere Zeiträume, letztlich über viele (Schul-)Jahre hinweg, statt. Man spricht deshalb auch von *kumulativ* zu erwerbenden Kompetenzen. Aus diesem Grund sollten prozessbezogene Kompetenzen bewusst in mittel- und langfristige Planungsüberlegungen einbezogen werden.

In Tab. 2 wird die Grobplanung einer Unterrichtseinheit zum Satz des Pythagoras vorgestellt, die von ihrem inhaltlichen Aufbau her einen klassischen Zugang zu diesem Themengebiet darstellt. Bei der Auswahl der Aufgabenstellungen und dem darauf abgestimmten Wechsel der methodischen Formen wurden aber jeweils verschiedene prozessbezogene Kompetenzen betont, gemäß der grundsätzlichen Frage: „Welche Kompetenzen können an welchen Inhalten erworben werden?" (Ziener 2008, S. 41)

Die Übersicht in Tab. 2 gibt auch eine Einschätzung, welcher Anforderungsbereich mit der jeweiligen Kompetenz verbunden ist. Die Grobplanung nennt nur die wichtigsten Bausteine der Unterrichtsstunden, andere Elemente, wie zum Beispiel kurzfristige Hausaufgaben bis zur nächsten Stunde, sind nicht aufgeführt. Es wird auch nicht genauer beschrieben, welche Rolle die Lehrkraft in Schülerarbeitsphasen einnimmt, das heißt, in welcher Form sie Hilfestellungen geben könnte.

Unterrichtsgeschehen	Methoden, Medien und Sozialformen	Zentrale prozessbezogene Kompetenzen
1./2. Stunde: Auftakt: L gibt eine Übersicht über die bevorstehende Unterrichtseinheit.	Advance Organizer (Vorschau in Form eines Lehrervortrags)	Kommunizieren (Verstehen mathematikbezogener Sachverhalte, AFB I und II)
Vorbereitung: Entdeckende Lernumgebung zu Scherungen von Dreiecken und Rechtecken in einer DGS (dynamische Geometrie-Software)	Partnerarbeit, DGS	Mathematische Darstellungen verwenden (eine gegebene Zeichnung in einer DGS interpretieren und verändern, AFB I und II)
Systematisierung der Ergebnisse: Warum bleiben Flächen bei Scherungen invariant?	Schülervorträge, Diskussion im Plenum	Argumentieren und Kommunizieren (eine mehrschrittige Argumentation entwickeln und erläutern, AFB II)
3./4. Stunde: L demonstriert die Folge der Abbildungen, die dem Kathetensatz zugrunde liegen.	Lehrerdemonstration mit DGS	Kommunizieren (Nachvollziehen einer Demonstration, AFB I)
SuS begründen, warum die Flächengröße bei den einzelnen Abbildungsschritten unverändert bleibt, und formulieren, welche Folgerungen sich ergeben.	Partnerarbeit	Argumentieren (eine mehrschrittige Begründung entwickeln, AFB II)
5./6. Stunde: L führt den Beweis des Satzes von Pythagoras mithilfe des Kathetensatzes vor.	Lehrervortrag	Kommunizieren (Verstehen eines formalen Beweises, AFB II)
Automatisierende und flexibilisierende Übungen zum Satz des Pythagoras (sichere Zuordnung der Seitenbenennung und Formulierung des Satzes, Berechnung fehlender Seiten in rechtwinkligen Dreiecken)	Partnerarbeit	Mit den symbolischen, formalen und technischen Elementen der Mathematik umgehen (AFB I und II)

L = Lehrkraft; SuS = Schülerinnen und Schüler

Unterrichtsgeschehen	Methoden, Medien und Sozialformen	Zentrale prozessbezogene Kompetenzen
7./8. Stunde: Gruppenpuzzle: SuS erarbeiten verschiedene weitere Beweise des Satzes des Pythagoras in Expertengruppen. Die Beweise werden auf einem selbst gewählten Medium (Plakat, OH-Folie, Powerpoint) für eine Präsentation vorbereitet.	Gruppenarbeit, verschiedene Medien	Argumentieren (einen komplexen Beweisgang nachvollziehen und für die Mitschüler als Adressaten verständlich darstellen, AFB II)
Gegenseitige Präsentation der Beweise in gemischten Gruppen	SuS-Präsentationen in gemischten Gruppen	Präsentieren (AFB II)
Reflexion der verschiedenen Beweise: Lehrerimpuls: Welcher Beweis erscheint euch am einfachsten/schwierigsten? Warum?	Diskussion im Plenum	Argumentieren (verschiedene Beweise im Hinblick auf ihre subjektive Überzeugungskraft vergleichen, AFB III)
Hausaufgabe: Lernprotokoll zu den bisherigen Inhalten der Unterrichtseinheit (Einen selbst gewählten Beweis des Satzes von Pythagoras erläutern. Eine Grundaufgabe und ihre Umkehrung vorstellen.)		Kommunizieren (Auswahl der wichtigsten bisher gelernten Inhalte und deren verständliche Darlegung, AFB II)
9./10./11./12. Stunde: Bearbeitung verschiedener Modellierungsprobleme, die ▸ eine Anwendung des Satzes des Pythagoras zulassen, z. B. Feuerwehrleiter, Entfernung zum Horizont, Zuckerhut (siehe Hessisches Kultusministerium 2008, S. 173), ▸ mit anderen Mitteln gelöst werden müssen.	Gruppenarbeit im Wechsel mit Plenumsphasen, insbesondere führt die Lehrkraft an einem typischen Problem die Modellierungsschritte selbst vor	Modellieren (Die Aufgaben sollten die AFB I, II und III umfassen.)

Unterrichtsgeschehen	Methoden, Medien und Sozialformen	Zentrale prozessbezogene Kompetenzen
Präsentation und Reflexion der Ergebnisse: Lehrerimpulse, beispielsweise: Wie habt ihr die Probleme gelöst? Welche Annahmen und Vereinfachungen musstet ihr machen? Erscheint euch das Ergebnis plausibel?		Modellieren (Reflexion der Modellierungstätigkeiten: Überprüfen und Vergleichen verschiedener Modellierungen, AFB II und III)
Jeweils zu Stundenbeginn: Vermischte Kopfübungen zum Satz des Pythagoras, Wurzelziehen und früheren Themen		Mit den symbolischen, formalen und technischen Elementen der Mathematik umgehen (AFB I und II)
Parallel als Wochenhausaufgabe: Produktive Übungen/einfache Problemlöseaufgaben zum Satz des Pythagoras		Mit den symbolischen, formalen und technischen Elementen der Mathematik umgehen (AFB I und II), Problemlösen (AFB I)
13./14. Stunde: Selbst- oder Partnerdiagnosebogen zur bisherigen Einheit, der alle Lernaspekte anspricht (z. B. Aussage des Satzes von Pythagoras, Berechnungen und Begründungen an geometrischen Figuren, Modellierungen)	Einzel- oder Partnerarbeit	Selbstkompetenz (Einschätzung der persönlichen Lernerfolge)
15./16. Stationenarbeit an Stationen, die die SuS auf der Basis des Selbst- bzw. Partnerdiagnosebogens selbst auswählen	Einzel- oder Partnerarbeit mit der Möglichkeit des Austauschs an den Stationen	Kommunizieren (AFB I und II)
17./18. Stunde: Klassenarbeit, abschließende Leistungssituation		

Tab. 2: Grobplanung einer Unterrichtseinheit unter Berücksichtigung prozessbezogener Kompetenzen

 AUFGABE

Entwerfen Sie in analoger Weise für eine andere Unterrichtseinheit eine Grobplanung. Arbeiten Sie heraus, welche prozessbezogenen Kompetenzen jeweils durch welche Inhalte, Aufgaben und Methoden besonders gut gefördert werden können.

1.6 Langfristige Kompetenzentwicklung am Beispiel Modellieren

Die oben skizzierte Einheit zum Satz des Pythagoras zeigt, dass in einer Unterrichts-einheit durchaus verschiedene Kompetenzen gefördert werden können, allerdings nicht alle im gleichen Umfang. In der Regel besitzt ein bestimmter Inhaltsbereich eine besondere Affinität zu bestimmten Kompetenzen. Beispielsweise setzt die obige Ein-heit zum Satz des Pythagoras Schwerpunkte in den Bereichen Modellieren und Argu-mentieren. Damit im Aufbau befindliche Kompetenzen langfristig entwickelt werden, müssen sie im Rahmen vieler Leitideen gefördert werden. In diesem Abschnitt soll auf-gezeigt werden, wie die Kompetenz Modellieren langfristig entwickelt werden kann.

Der Modellierungskreislauf

Beim Modellieren wird eine reale Situation mithilfe von Mathematik verstanden, strukturiert oder gedeutet, also im allerweitesten Sinne „gelöst". Prinzipiell lassen sich zwei Arten mathematischer Modelle unterscheiden. Zum einen kann ein Modell dazu dienen, ein schon bestehendes Phänomen aus Natur oder Gesellschaft zu beschreiben (deskriptives Modell). Die Lösung kann dabei sehr verschiedene Formen annehmen, beispielsweise wird die reale Situation beurteilt oder es wird eine Aussage zu ihrer zu-künftigen Entwicklung getroffen – man denke etwa an eine Modellierung des Bevöl-kerungswachstums.

   Zum anderen können Modelle dazu verwendet werden, um bestimmte Absichten in einer tatsächlichen Situation zu verwirklichen (normative Modelle). Ein normati-

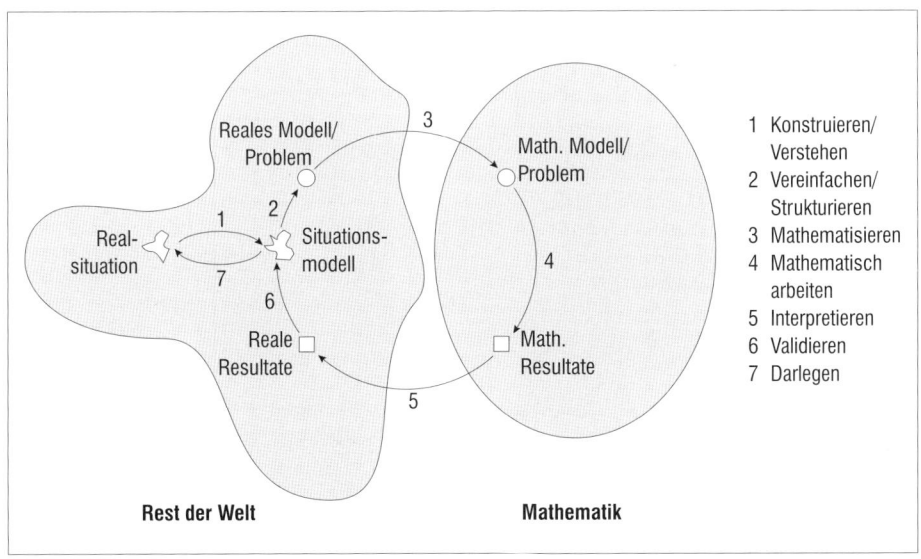

Abb. 10: Modellierungskreislauf nach Blum und Leiß

ves Modell liegt beispielsweise vor, wenn ein bestimmtes Wahlverfahren angewendet wird, wenn Preise aufgrund mathematischer Berechnungen festgelegt werden oder auch wenn Zinsen nach einem bestimmten Schema berechnet werden.

Der in Abb. 10 dargestellte Modellierungskreislauf wurde von Blum und Leiß entwickelt, um die einzelnen Schritte von Schülerinnen und Schülern beim Modellieren zu beschreiben (siehe z. B. Blum 2006).

Bei jeder Modellierung müssen die Schülerinnen und Schüler die reale Situation zunächst verstehen und in irgendeiner Form zu einer Vorstellung der Situation gelangen, dem sogenannten Situationsmodell. Damit die Situation mathematisch erfassbar wird, muss sie strukturiert und vereinfacht werden, wobei eventuell auch zusätzliche Annahmen erforderlich sind. Dadurch wird aus einer realen Situation ein vereinfachtes reales Modell, das in ein mathematisches Modell übersetzt werden kann. Nach dem mathematischen Arbeiten in diesem Modell müssen die Schülerinnen und Schüler die mathematischen Resultate rückübersetzen und im realen Kontext interpretieren. Dabei müssen sie die Resultate auch validieren, das heißt auf ihre Plausibilität hin prüfen und einschätzen, inwieweit die Resultate von den anfangs getroffenen Vereinfachungen und Annahmen abhängen. Abschließend stellen die Schülerinnen und Schüler das Ergebnis für den realen Kontext dar.

Lehrerinnen und Lehrern sollte allerdings bewusst sein, dass der Modellierungskreislauf selbst nur ein prototypisches Modell ist. Beim Lösen von Modellierungsaufgaben springen Schülerinnen und Schüler (genauso wie gestandene Mathematiker!) meistens zwischen den verschiedenen Tätigkeiten des Modellierungskreislaufs hin- und her. Borromeo-Ferri (2010) hat die kognitiven Vorgänge von Schülerinnen und Schülern bei der Bearbeitung von Modellierungsaufgaben sehr detailliert untersucht und festgestellt, dass die Bearbeitung stark vom Denkstil der jeweiligen Schülerinnen und Schüler abhängt.

Modellieren fällt Schülerinnen und Schülern oft schwer! Aufgrund der vielen Teilschritte des Modellierungskreislaufs werden sie beim Lösen einer Modellierungsaufgabe nämlich mit einer Vielzahl von Stolpersteinen konfrontiert. Maaß (2004, S. 160 f.) beschreibt, welche Schwierigkeiten bei den einzelnen Schritten auftreten können. Beispielsweise kann in den ersten Schritten des Kreislaufs die Realsituation falsch verstanden werden oder es werden falsche Annahmen getroffen. Der Mathematisierungsschritt kann misslingen, wenn ein ungeeignetes Mathematisierungsmuster gewählt oder überhaupt keins gefunden wird. Auch beim Interpretieren und Validieren des mathematischen Modells fehlen häufig angemessene Bewertungskriterien. Um Schülerinnen und Schüler sukzessive an das Modellieren heranzuführen, gibt es aber folgende Vereinfachungsmöglichkeiten.

▸ I. Schülerinnen und Schüler durchlaufen den *vollständigen* Modellierungskreislauf bei einer Modellierungsaufgabe, die einen *einfachen bis mittleren* Schwierigkeitsgrad besitzt.

▸ II. Schülerinnen und Schüler entwickeln Teilkompetenzen des Modellierens, indem sie eine Aufgabe bearbeiten, die nur *Teilschritte* des Modellierungskreislaufs verlangt.

Vereinfachungen in der Form I und II sind wichtig, damit Schülerinnen und Schüler mit dem Modellieren auch tatsächlich Erfolgserlebnisse verbinden. Nur so entsteht langfristig die Bereitschaft, sich auf Modellierungsaufgaben einzulassen. Schülerinnen und Schüler sollten aber noch auf zwei weiteren Ebenen beim Aufbau von Modellierungskompetenzen unterstützt werden. Zum einen können sie lernen, welche Typen von Modellierungsaufgaben es gibt, zum anderen welche Heurismen (Hilfsstrategien) bei ihrer Lösung nützlich sein können. In den folgenden Abschnitten werden zunächst Modellierungsaufgaben anhand typischer Mathematisierungsmuster unterschieden und anschließend zu verschiedenen Mathematisierungsmustern Beispielaufgaben vorgestellt. Im Anschluss werden den Mathematisierungsmustern und den übrigen Schritten im Modellierungskreislauf heuristische Fragen zugeordnet (siehe S. 46).

Verschiedene Formen der Mathematisierung

Damit Schülerinnen und Schüler über die Schuljahre hinweg Gemeinsamkeiten und Unterschiede von Modellierungsaufgaben unterscheiden lernen, sollten ihnen die zugrunde liegenden Mathematisierungsmuster bewusst werden. Bruder (2009) unterscheidet folgende typische Muster, wobei die Mathematisierungsmuster 5 und 6 ergänzt wurden.

Mathematisierungsmuster

1. Eine *unzugängliche Strecke* wird berechnet, indem
   der Satz des Pythagoras, ein Strahlensatz, eine trigonometrische Beziehung, ein Skalarprodukt, ... angewendet wird.
2. Ein *Datensatz* oder eine *Änderung* wird beschrieben, indem
   eine geeignete Funktion ausgewählt, eine Regression durchgeführt, eine Linearisierung gewählt, eine Ableitung gebildet, ... wird.
3. Eine *reale ebene* oder *räumliche Situation* wird durch eine geometrische Figur oder ein Muster nachgebildet, indem
   eine Grundkonstruktion durchgeführt, eine Kongruenz- oder Ähnlichkeitsabbildung angewendet, eine Symmetrie aufgezeigt, ... wird.
4. Ein *Gegenstand* oder ein *Vorgang* wird optimiert, indem
   ein Extremalprinzip, eine Ungleichung, ein Symmetrieprinzip, eine Methode der Differenzialrechnung, ... angewendet wird.
5. Eine *Größenordnung* oder ein *Verhältnis in einer realen Situation* wird bestimmt, indem
   relevante Teilgrößen ausgewählt, Teilgrößen bestimmt oder geschätzt, die Beziehung der Teilgrößen durch mathematische Operationen dargestellt, ... werden.
6. Ein *realer Zufallsvorgang* wird nachgebildet, indem
   ein Ergebnisraum und eine Zufallsvariable festgelegt werden, ein Urnenmodell ausgewählt, eine Simulation durchgeführt, ... wird.

Im Folgenden werden zu verschiedenen Mathematisierungsmustern exemplarisch Modellierungsaufgaben vorgestellt. Dabei wird auch unterschieden, ob die Aufgaben ein vollständiges Durchlaufen des Modellierungskreislaufs erfordern (I) oder nur Teilschritte verlangen (II).

Beispiele für Aufgaben, die einen vollständigen Modelllierungskreislauf erfordern (I)

Nachthimmel

Wenn man in einer klaren Nacht eine Kamera entlang der Drehachse der Erde auf den Sternenhimmel ausrichtet und für eine längere Zeit belichtet, entstehen ganz besondere Aufnahmen.

a) Erkläre, was auf der Aufnahme zu sehen ist bzw. wie das Bild entstanden ist.
b) Wie lange war die Kamera für diese Aufnahme auf den Sternenhimmel gerichtet?
c) Wenn du die Aufgabe gelöst hast, überlege noch mal: Welche Informationen hast du aus dem Bild entnommen? Welche Mathematik hat dir geholfen?

In der Beispielaufgabe „Nachthimmel" müssen die Schülerinnen und Schüler eine reale ebene Situation mathematisieren, indem sie in die gegebene Situation einen oder mehrere Kreise als geometrische Figuren einbeschreiben. Dies kann rein gedanklich erfolgen, die Schülerinnen und Schüler können aber auch ganz konkret mithilfe eines Zirkels auf der Abbildung des Nachthimmels Kreise einzeichnen. Anschließend müs-

 Nachthimmel.pdf

sen sie den Winkel messen, der zur Strichspur eines Sterns gehört. Die Schülerinnen und Schüler können dann die Belichtungszeit berechnen, indem sie den gemessenen Winkel zur vollen Umdrehung und die Belichtungszeit zu einem Tag mit 24 Stunden in Beziehung setzen.

Um die Aufgabe lösen zu können, müssen die Schülerinnen und Schüler die zugrunde liegenden astronomischen Zusammenhänge kennen oder erarbeiten. Gerade diese Zusammenhänge und ihre Verbindung zur Mathematik bilden in diesem Fall das didaktische Ziel der Modellierung. Die Berechnung der Belichtungszeit ist dafür nur ein Anlass. Dies sollte im Unterricht auch betont werden.

Phototrope Reaktion von Haferkeimlingen

Bei Pflanzen, die am Fenster stehen, kann man beobachten, dass ihr Wachstum vom Licht beeinflusst wird. In der Regel krümmen sich Pflanzen zum Licht hin. Dieses Phänomen wird phototrope Reaktion genannt. Es beruht auf einem ungleichen Wachstum der gegenüberliegenden Seiten der Pflanze, das scheinbar paradox ist: Die lichtzugewandte Seite wächst langsamer als die lichtabgewandte Seite. Ein fächerübergreifendes Jugend-forscht-Projekt hat sich mit dem Thema Phototropismus beschäftigt und die phototrope Wachstumsreaktion von Haferkeimlingen im Hinblick auf die Art des Wachstums untersucht. Die Jugend-forscht-Gruppe hat die Haferkeimlinge zunächst im Dunkeln angezogen und anschließend in einem abgeschlossenen Kasten mit einem Diaprojektor von einer Seite beleuchtet. Der Wachstumsprozess wurde mithilfe einer Videokamera festgehalten (1), Ament u.a. (2004).

Bei der Auswertung zeigte sich, dass sich überhaupt nur kleine Keimlinge krümmen (2). Den Krümmungswinkel eines Keimlings hatten die Schüler des Jugend-forscht-Projekts als Winkel zwischen der Vertikalen und einer (gedachten) Strecke zwischen Fußpunkt und Spitze des Keimlings festgelegt. Die Abbildungen unten (3) zeigen eine Messtabelle und die graphische Darstellung des Krümmungswinkels in Abhängigkeit von der Belichtungszeit.

(1) Haferkeimlinge vor der Belichtung   (2) Haferkeimlinge nach der Belichtung

 Haferkeimlinge.pdf

Belichtungszeit t (in min)	Winkel w (in Grad)
0	1,2
23	2
40	4
55	11
70	20
85	28
100	34
115	39
130	43
146	45,5

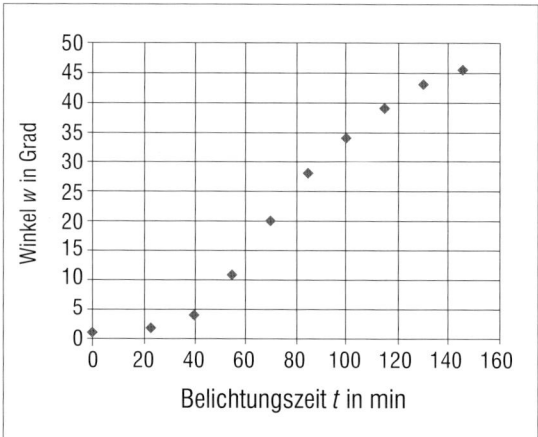

(3) Winkel in Abhängigkeit von der Belichtungszeit

a) Beschreiben Sie anschaulich, wie sich der Krümmungswinkel w während des Versuchs ändert. Welcher weitere Verlauf des Graphen wäre bei einer Belichtung über 160 Minuten hinaus zu erwarten?

b) Versuchen Sie, Ihre Beschreibungen und Vermutungen aus a) zu begründen, indem Sie die Messdaten quantitativ (also „zahlenmäßig") auswerten. Wie lässt sich die Änderung des Krümmungswinkels mathematisch charakterisieren?

c) Entwickeln Sie eine Vermutung, warum die Pflanze dieses Wachstumsverhalten zeigt.

Die Aufgabe „Reaktion von Haferkeimlingen" fordert dazu auf, einen Datensatz und seine Bedeutung mathematisch zu erforschen. Dazu sollen die Daten zunächst anschaulich beschrieben und in einem zweiten Schritt mithilfe eines funktionalen Zusammenhangs mathematisiert werden. Dabei sind verschiedene Vorgehensweisen denkbar. Beispielsweise kann eine geeignete Funktion, in diesem Fall etwa eine logistische Wachstumsfunktion, ausgewählt und angepasst werden. Der Wachstumsprozess kann aber auch ohne Kenntnis einer solchen Funktion mithilfe von Differenzenquotienten und einem Tabellenkalkulationsprogramm modelliert werden (Euler-Verfahren, vgl. Kratz 2006a).

Insgesamt sind die Schülerinnen und Schüler dazu aufgefordert, im Sinne von I einen vollständigen Modellierungskreislauf zu durchlaufen und dabei ein deskriptives Modell des Naturphänomens zu entwickeln. In didaktischer Hinsicht zielt der Kreislauf darauf ab, mithilfe des Modells zum Verständnis beizutragen, warum der Krümmungswinkel nach einer Belichtungszeit von etwa 150 Minuten fast gar nicht mehr zunimmt: „Die Pflanze will nicht umfallen." Innerhalb der Pflanze muss es also einen Steuerungsmechanismus geben, der das Wachstum der Pflanze ab einem bestimmten Winkel verlangsamt. In der Biologie wird dies als „photogravitropisches Äquilibrium" bezeichnet. Verantwortlich für die Steuerung im Haferkeimling ist das Phytohormon Auxin. Dies kann Ausgangspunkt für einen fächerübergreifenden Unterricht sein, in dem mathematische Modellierung und biologische Deutung sich wechselseitig erhellen (ebd.).

Aktienkurse

Die beiden Abbildungen unten zeigen die Kursdaten der Aktie der Deutschen Bank und der Aktie des Chipherstellers Infineon aus dem Jahr 2004.

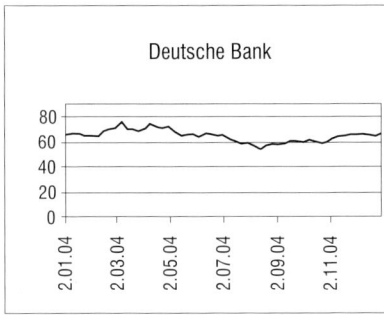
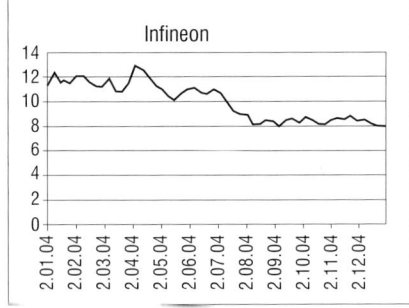

Kursdaten von Deutsche-Bank- und Infineon-Aktie im Jahr 2004

a) Skizziere per Hand zu jeder der beiden Aktien einen Kursverlauf im kommenden Jahr, der deiner Ansicht nach realistisch ist.
b) Vergleiche deine Fortsetzung mit der deines Nachbarn. Diskutiert, an welchen Prinzipien ihr euch orientiert habt, um eine möglichst realistische Fortsetzung des bisherigen Verlaufs zu erhalten.
c) Wie könnte man mithilfe von Zufallsgeräten den weiteren Verlauf der Aktie simulieren?

In diesem Beispiel werden die Schülerinnen und Schüler dazu aufgefordert, sich mit einem realen Zufallsvorgang auseinanderzusetzen, der durch einen Datensatz vorgegeben ist. Für die erste Aufgabe müssen die Schülerinnen und Schüler wesentliche Merkmale der Daten, die mittlere Höhe des Kurses und die Schwankungsbreite, auf einer anschaulichen Ebene erfassen. Schon das Skizzieren einer Fortsetzung des Kursverlaufs stellt eine elementare Mathematisierung (Auswahl einer Funktion) dar, die noch ganz auf einer präformalen Ebene bleibt. Für Schülerinnen und Schüler sind in der Regel diejenigen Fortsetzungen überzeugend, die eine ungefähre Kopie des Vorjahresverlaufs darstellen und keine allzu großen Schwankungen aufweisen. Während man sich bei der Deutsche-Bank-Aktie am Mittelwert von ungefähr 65 € orientieren kann, um den der Kurs pendelt, lässt sich bei der Infineon-Aktie ein weiterer Abwärtstrend erwarten.

Aktienkurse.pdf

Beim dritten Aufgabenteil greifen Schülerinnen und Schüler gerne auf die vertrauten Zufallsgeräte Münze und Spielwürfel zurück. Beispielsweise wird folgende Zuordnung vorgenommen:

Münze: Kopf → Kurs steigt

    Zahl → Kurs fällt

Würfel: Die Zahl gibt an, um wie viel Euro der Kurs steigt bzw. fällt.

Obwohl hier reale Geräte als Hilfsmittel herangezogen werden, stellt eine solche Simulation ebenfalls eine Form der Mathematisierung dar: Der unbekannte Zufallsprozess wird durch einen vertrauten und mathematisch kontrollierbaren Prozess ersetzt. Wenn die Simulation tatsächlich durchgeführt und die Resultate mit dem Vorjahresverlauf verglichen werden, zeigen sich deutliche Abweichungen. Bei der Deutschen-Bank-Aktie entspricht die Augenzahl eines Würfels in etwa der Größenordnung der Kurssprünge, bei der Infineon-Aktie trifft dies überhaupt nicht zu. Außerdem wird der Abwärtstrend der Infineon-Aktie nicht berücksichtigt. Eine solche Validierung, die die Schwächen des Modells aufzeigt, kann dann den Ausgangspunkt für eine Verbesserung der Modellierung bilden: Welcher Zufallsprozess stellt die typischen Kurssprünge einer bestimmten Aktie angemessen dar? Dies führt zur Einführung von Kenngrößen wie Rendite und Volatilität, mit denen durch Unterstützung einer Tabellenkalkulation oder der Stochastik-Software Fathom die Aktienkurse realistischer simuliert werden können (vgl. Kratz 2006b).

Beispiele für Aufgaben, die nur Teilschritte des Modellierungskreislaufs verlangen (II)

Eine dynamische Geometrie-Software (DGS) erlaubt in der Regel das Einfügen von Hintergrundbildern, auf denen geometrische Konstruktionen durchgeführt werden können. Für die folgende Aufgabe wurden den Schülerinnen und Schülern außerdem Makros für Drehungen zur Verfügung gestellt, mit denen ein geometrisches Grundobjekt (Dreieck, Viereck oder Kreis) jeweils wiederholt um einen veränderbaren Winkel gedreht werden kann, sodass insgesamt eine drehsymmetrische Figur entsteht (Kratz 2009c).

Drehsymmetrien im Alltag

Öffnet die Bilddateien und konstruiert mithilfe der dynamischen Geometrie-Software in die Bilder drehsymmetrische Figuren. Untersucht, wie gut man die Bilder „nachbauen" kann.

Die Abb. 11 zeigt Ergebnisse dieser geometrischen Modellierung. Die beiden Hintergrundbilder, Mitsubishi-Logo und Blume, stammen von Karl Handschuh. Bei beiden Bildern wird jeweils eine reale ebene Situation durch eine geometrische Figur nachgebildet, indem eine drehsymmetrische Konstruktion durchgeführt wird. Dabei ist die Form der Mathematisierung bereits in der Aufgabenstellung vorgegeben, die Schü-

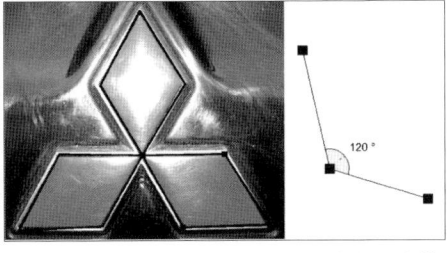 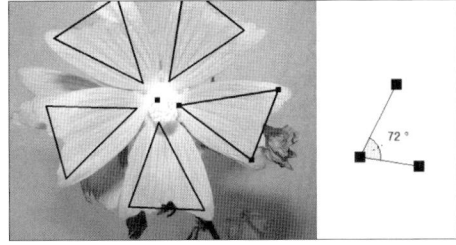

Abb. 11: Logo und Blume werden geometrisch modelliert

lerinnen und Schüler müssen im Modell nur den Drehwinkel und die Form des Dreiecks bzw. Vierecks anpassen – was eine leichte Aufgabe ist. Entscheidend ist in diesem Fall der Schritt der *Validierung*. Während das Mitsubishi-Logo eine vollkommene 120-Grad-Drehsymmetrie aufweist, kann die Blume nur annähernd als drehsymmetrische Figur begriffen werden. Auffällig ist insbesondere, dass das Drehzentrum nicht in der Mitte der Blüte sitzt und dass die einzelnen Blütenblätter nicht identisch sind. Anhand dieses Beispiels lernen die Schülerinnen und Schüler, dass es Unterschiede zwischen realen Gegenständen und den geometrischen Figuren geben kann, die diese Gegenstände annähern. Damit führen sie auf einer elementaren Ebene eine Validierung durch. Dies ist ein Schritt, dem innerhalb des Modellierungskreislaufs oft zu wenig Aufmerksamkeit geschenkt wird (vgl. Marxer 2005). In dieser Aufgabe kann die Teilkompetenz des Validierens gerade deshalb gut in den Fokus rücken, weil die übrigen Modellierungsschritte unproblematisch bzw. in Teilen vorgegeben sind.

Käuferverhalten

Die Wirtschaftsmathematik beschäftigt sich unter anderem damit, das Kaufverhalten mit mathematischen Mitteln zu beschreiben. Im vorliegenden Beispiel bieten zwei Firmen das gleiche Produkt an und legen dafür den Preis x (Firma 1) bzw. den Preis y (Firma 2) fest. Die folgenden Funktionen werden Nachfragefunktionen genannt und sollen angeben, wie viele Exemplare des Produkts die Firmen in Abhängigkeit der Preise x und y verkaufen.

Nachfragefunktion für die Firma 1: $f(x,y) = 70 - x + 0{,}5y$
Nachfragefunktion für die Firma 2: $g(x,y) = 70 - y + 0{,}5x$

a) Erläutern Sie Aufbau und Sinn der Funktionsterme $f(x,y)$ und $g(x,y)$.
b) Inwieweit kann durch die Funktionen das Käuferverhalten realistisch beschrieben werden? Begründen Sie, warum eine Modellierung des Käuferverhaltens mit diesen Funktionen die Realität nur sehr grob beschreibt.

Käuferverhalten.pdf

In diesem Aufgabenbeispiel wird die Änderung des Käuferverhaltens durch eine lineare Funktion beschrieben. Dabei soll die vorgegebene Mathematisierung im realen Kontext gedeutet und im Hinblick auf ihre Gültigkeit beurteilt werden. Insbesondere müssen die Schülerinnen und Schüler formulieren, wie sich Veränderungen der Preise auswirken:

▸ Wenn Firma 1 ihren Preis um einen Euro erhöht, verkauft sie ein Exemplar weniger.
▸ Wenn Firma 2 ihren Preis um zwei Euro erhöht, verkauft Firma 1 ein Exemplar mehr.
▸ Im Grenzfall bei Preisen von $x = y = 0$ Euro würden 70 Exemplare je Firma verkauft. (Dies ist die sogenannte Grundnachfrage.)

Die Schülerinnen und Schüler sollten einerseits erkennen, dass die Nachfragefunktion die Abhängigkeit zwischen Preis und Nachfrage im Ansatz richtig widerspiegelt, andererseits aber nur einen sehr eingeschränkten Gültigkeitsbereich besitzt. Widersprüche treten insbesondere dann auf, wenn die beiden Firmen stark unterschiedliche Preise wählen, zum Beispiel $x = 30$ Euro und $y = 220$ Euro. Firma 1 verkauft dann 150 Exemplare, während Firma 2 kein Exemplar verkauft bzw. die Nachfrage rechnerisch negativ würde, was nicht möglich ist. Damit übersteigt die Anzahl der verkauften Exemplare die Summe der Grundnachfragen beider Firmen von 140 Exemplaren bei einer kostenlosen Abgabe der Produkte.

Dies führt zu Fragen, wie die einfache lineare Modellierung der Marktsituation variiert oder verbessert werden kann. Eine erste Möglichkeit besteht darin, die Preis-Nachfrage-Kopplung zu variieren, etwa über einen Parameter a für die Nachfragefunktion $f(x,y,a) = 70 - x + a \cdot y$. Dies initiiert viele weitere Modellierungstätigkeiten, z. B.: Welche Werte für a sind sinnvoll? Was bedeutet die jeweilige Wahl? Weitergehend kann gefragt werden, was nicht-lineare Modellierungen ausdrücken würden und wie man eine entsprechende Nachfragefunktion formuliert. Im Kleinen sind all dies Überlegungen, wie sie auch Wirtschaftstheoretiker durchführen.

Die Problemstellung kann zu einem Optimierungsproblem erweitert werden, wenn man danach fragt, bei welchen Preisen die beiden Firmen jeweils einen maximalen Gewinn erzielen würden (vgl. Carmesin 2004 und Kratz 2009d).

Das 5. Mathematisierungsmuster, bei der eine Größenordnung oder ein Verhältnis in einer realen Situation bestimmt werden soll, findet beispielsweise bei der Stau-Aufgabe (vgl. z. B. Maaß 2007) oder auch bei sogenannten Fermi-Aufgaben Anwendung. Bei einer Fermi-Aufgabe muss eine unbekannte Größe abgeschätzt werden, indem relevante Teilgrößen ausgewählt und bestimmt werden.

Heurismen bei der Lösung von Modellierungsproblemen

Wenn Schülerinnen und Schülern ein bestimmter Typ von Modellierungsaufgaben schon gut bekannt ist, können sie diese routinemäßig bearbeiten. Beispielsweise sollte die Aufgabe, einen Datensatz, dem offenbar ein linearer Zusammenhang zugrunde liegt, mithilfe einer linearen Funktion anzunähern, am Ende der Sekundarstufe I zu einer Standardaufgabe geworden sein. Jede komplexe Modellierungsaufgabe, die von den Schülerinnen und Schülern noch nicht routinemäßig bearbeitet werden kann, erfordert jedoch ein Problemlösen. Generell ist Problemlösen immer dann erforderlich, wenn die Lösung für eine Aufgabe nicht offensichtlich ist. Deshalb steht die Kompetenz *Modellieren* in einer sehr engen Beziehung zur Kompetenz *Problemlösen* (vgl. Greefrath 2010, S. 58 und Bruder/Collet 2011, S. 15f.). Abb. 12 stellt diese Beziehung dar.

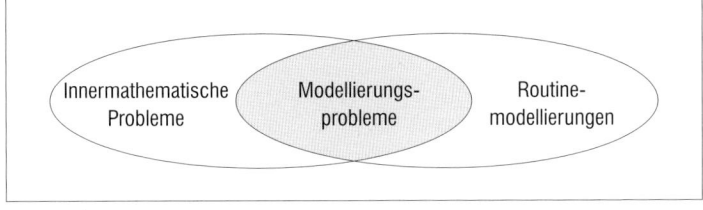

Abb. 12: Überschneidung von Problemlöse- und Modellierungsaufgaben

Zu den innermathematischen Problemlöseaufgaben, die keine Modellierung einer realen Situation verlangen, gehören beispielsweise die folgenden Aufgaben (vgl. Roth 2002 für b)):

Produkte natürlicher Zahlen
Jan behauptet:
a) „Wenn man eine natürliche Zahl mit der um zwei größeren Zahl multipliziert und noch 1 dazuzählt, erhält man stets eine Quadratzahl."
b) „Wenn man zum Produkt von vier aufeinanderfolgenden natürlichen Zahlen noch 1 dazuzählt, erhält man stets eine Quadratzahl."
Überprüfe, ob beide Aussagen von Jan richtig sind, und begründe deine Antwort.

Dass Modellieren und Problemlösen Zwillingskompetenzen sind, spiegelt sich insbesondere darin wider, dass die Bearbeitung eines Modellierungsproblems von den Schülerinnen und Schülern heuristische Tätigkeiten verlangt, die denen des Problemlösens ähnlich sind. Dabei kann man verschiedene Typen von Heurismen unterscheiden, die bei den einzelnen Schritten des Modellierungskreislaufs erforderlich sind. Um den Schülerinnen und Schülern das Lernen und Anwenden der Heurismen zu erleichtern, hat es sich bewährt, die Heurismen als Fragen in der Ich-Form zu formulieren. Insbesondere kann die Lehrkraft die Schülerinnen und Schüler unterstützen, indem sie zu schwierigen Teilschritten einer bestimmten Modellierungsaufgabe entsprechende Fragen in Ich-Form auf einem Arbeitsblatt oder auf Hilfekarten vorbereitet.

Zunächst gibt es Heurismen, die das Verstehen der Realsituation unterstützen:

▸ Was weiß ich alles über die reale Situation?
▸ Kann ich zur realen Situation eine Skizze zeichnen oder eine informative Figur erstellen?
▸ Kann ich die gegebenen Daten in einer bestimmten Weise ordnen?
▸ Bin ich im Alltag schon mal auf eine vergleichbare Situation gestoßen?

Die Schritte des Vereinfachens und des Mathematisierens sind oft eng miteinander verknüpft. Übergeordnete heuristische Fragen lauten:

▸ Welche der gegebenen Informationen sind wichtig?
▸ Welche Vereinfachungen legt die reale Situation nahe?
▸ Welche Mathematik könnte mir helfen?
▸ Welche mathematische Struktur ist in der realen Situation enthalten?
▸ Welche Annahmen muss ich treffen, damit ein bestimmtes Mathematisierungsmuster „passt"?
▸ Kann ich die reale Situation in Teile zerlegen, die einzeln mathematisiert werden können?

Im Anschluss an die Entscheidung für ein bestimmtes Muster wird die Durchführung der Mathematisierung durch weitere heuristische Fragen begleitet. Im Folgenden werden zu den sechs auf Seite 39 aufgeführten Mathematisierungsmustern einige (von vielen möglichen) Fragen genannt.

Beispiele heuristischer Fragen zu den grundlegenden Mathematisierungsmustern

1. Kann ich die unzugängliche Strecke mithilfe einer mir bekannten Beziehung direkt berechnen?
   Gibt es Hilfslinien, die eine sukzessive oder näherungsweise Berechnung der unzugänglichen Strecke möglich machen?

2. Welche Eigenschaften besitzt der Datensatz?
   Welche Funktionen haben analoge Eigenschaften?
   Gibt es Funktionen, die aufgrund des realen Kontexts naheliegen?
   Welche Güte hat die Anpassung der Daten durch eine Funktion?

3. Welche geometrische Figur nähert die reale Situation am besten an oder welche geometrische Figur nähert die reale Situation noch recht gut an und erlaubt mir weitere Berechnungen und Betrachtungen durchzuführen?

4. In welcher Hinsicht soll der Gegenstand optimiert werden?
   Welche mathematische Beziehung drückt die Optimierung aus?

5. Welche Teilgrößen sind mir bekannt? Welche kann ich schätzen?
   Durch welche mathematischen Operationen erhalte ich die Gesamtgröße oder das Verhältnis?

6. Kann ich den Zufallsvorgang als eine Urnenziehung auffassen?
   Ist mir eine Simulation bekannt, die den Zufallsvorgang nachbildet?

Falls die Mathematisierung zu einem unvertrauten oder schwer handhabbaren mathematischen Modell führt, benötigen die Schülerinnen und Schüler für das Arbeiten im Modell ebenfalls Heurismen für innermathematisches Problemlösen. Eine Übersicht solcher Heurismen hat Bruder zusammengestellt (Bruder/Leuders/Büchter 2008, S. 46).

Beim Schritt des Interpretierens müssen Schülerinnen und Schüler die Bedeutungszuweisungen zwischen dem Realmodell und dem mathematischen Modell aus dem Mathematisierungsschritt wieder aufgreifen:

▸ Welches reale Gegenstück entspricht meinem mathematischen Resultat?
▸ Welche Folgerungen ergeben sich aus meinem Ergebnis für die reale Situation?

Schließlich kann auch das Validieren und Darlegen des Resultats von heuristischen Fragen unterstützt werden, zum Beispiel:

▸ Besitzt mein reales Resultat eine Größenordnung, die intuitiv oder durch eine grobe Abschätzung zu erwarten wäre?
▸ Ergeben sich insgesamt stimmige Folgerungen?
▸ Wie stark hängt mein Resultat von Vereinfachungen oder Annahmen ab?
▸ Gibt es eine alternative Modellierung für die gleiche reale Situation? Inwiefern unterscheiden sich die Resultate verschiedener Modellierungen?

Mathematisierungsmuster und Heurismen bewusst machen

Für ein langfristiges Lernen des Problemlösens wird von Bruder (2002) und Bruder/ Collet (2011, S. 114) ein Unterrichtskonzept in mehreren Phasen vorgeschlagen. Dieses Konzept lässt sich auf die Kompetenz *Modellieren* in folgender Weise übertragen:

1. *Reflexion der Lösungen:* Die Lehrkraft gewöhnt die Schülerinnen und Schüler an Mathematisierungsmuster und heuristische Methoden beim Modellieren, indem sie im Anschluss an die Lösung einer Aufgabe fragt: „Welche mathematische Struktur habt ihr gewählt, um die reale Situation zu beschreiben? Was hat euch noch geholfen, die Aufgabe zu lösen?"
2. *Bewusstmachen von Mustern und Strategien:* Die Lehrkraft macht den Schülerinnen und Schülern die Mathematisierungsmuster bzw. die heuristischen Methoden bewusst, der der Aufgabe zugrunde liegen. Dazu verwendet sie weitere markante Beispiele, die die Schülerinnen und Schüler in ähnlicher Weise lösen können.
3. *Einübung:* Die Schülerinnen und Schüler üben Mathematisierungsmuster und heuristische Methoden ein, indem sie selbstständig Beispiele mit unterschiedlichem Schwierigkeitsgrad bearbeiten.
4. *Kontexterweiterung:* Die Schülerinnen und Schüler suchen Beispiele anderer realer Situationen, in denen das neue Mathematisierungsmuster *und/oder* die neue heuristische Methode angewendet werden kann.
5. *Metareflexion:* Die Schülerinnen und Schüler schreiben das eigene Vorgehen beim Modellieren auf: „Wie kann ich vorgehen, wenn ich eine reale Situation modellieren möchte?"

Den letzten Schritt kann die Lehrkraft auch dadurch unterstützen, dass sie in den oberen Jahrgängen der Sekundarstufe I den Modellierungskreislauf als abstraktes Schema einführt. Dabei sollte allerdings ein vereinfachtes Schema des Modellierungskreislaufs gewählt werden. Abb. 13 zeigt ein solches Schema, das im Rahmen des DISUM-Projekts (Didaktische Interventionsformen für einen selbstständigkeitsorientierten aufgabengesteuerten Unterricht) an der Universität Kassel entwickelt wurde.

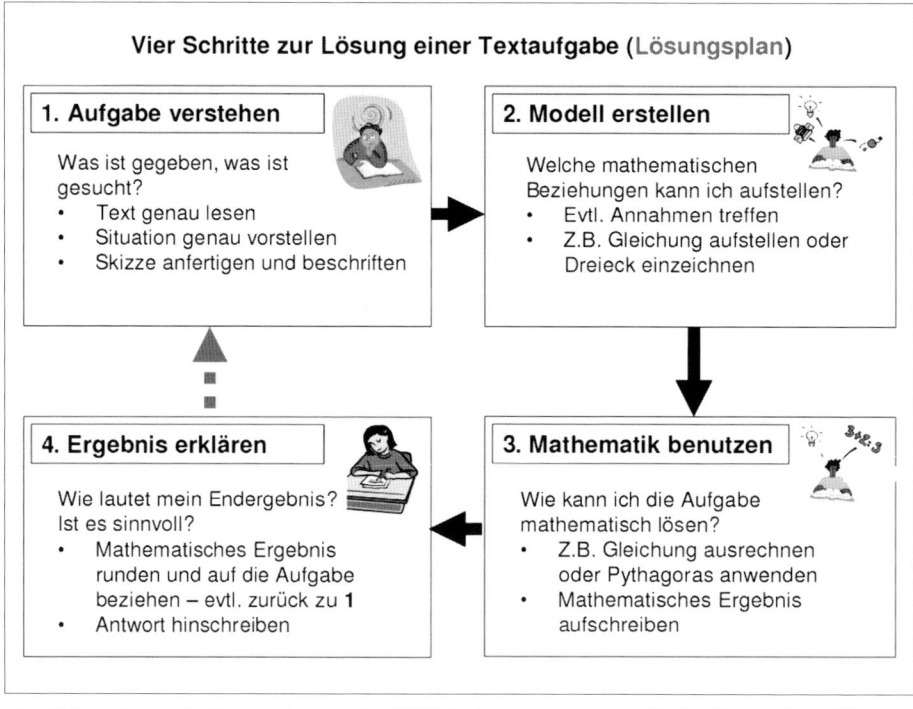

Abb. 13: Vereinfachter Modellierungskreislauf des DISUM-Projekts als „Lösungsplan" in Schülerhand (Blum 2006)

Die Lehrkraft sollte auch betonen, dass es sich um ein prinzipielles Schema handelt, das die Schülerinnen und Schüler nicht im Sinne eines Schritt für Schritt abzuarbeitenden Lösungsrezepts sehen dürfen. Im wirklichen Lösen von Modellierungsproblemen springen Schülerinnen und Schüler nämlich oft schnell zwischen den einzelnen Schritten hin- und her. Außerdem werden viele Schritte zunächst intuitiv durchgeführt. Gerade bei leistungsschwächeren Schülerinnen und Schülern besteht die Gefahr, dass sie in ihrem Lösen gehemmt werden, wenn sie den Eindruck haben, die einzelnen Schritte streng nacheinander abarbeiten zu müssen. Außerdem betonen Schuljakow/Blum/Krämer (2011): „Der Lösungsplan soll und kann [...] die Lehrperson keineswegs ersetzen. Die individuelle Passung der Interventionen bleibt nach wie vor ein wichtiges Prinzip, das allein durch die Lehrperson gewährleistet werden kann."

Es kann auch hilfreich sein, die verschiedenen Mathematisierungsmuster und heuristischen Methoden, die im Unterricht nach und nach auftreten, systematisch zu sammeln. Neben die klassische Formelsammlung kann so ein *Modellierungs- und Problemlöse-Heft* mit Mathematisierungsmustern und Heurismen treten. Damit sich solch eine Sammlung wirklich etabliert, muss sie natürlich von den Kolleginnen und Kollegen fortgeführt werden, die die Klasse in den weiteren Schuljahren unterrichten.

Mittlerweile gibt es fachdidaktische Literatur, die sich speziell mit der Kompetenz Modellieren beschäftigt: Greefrath (2006, 2010), Maaß (2007) und Hinrichs (2008). Außerdem seien hier die Aufgabensammlung von Büchter u.a. (2007) sowie die ISTRON-Bände (Franzbecker Verlag, Hildesheim) genannt, in denen sich zahlreiche realitätsbezogene Aufgaben zu vielfältigen Themenbereichen und Altersstufen finden.

 AUFGABE

Suchen Sie aus der angegebenen Literatur eine komplexe Modellierungsaufgabe heraus und reduzieren Sie die Aufgabe soweit, dass nicht mehr der vollständige Modellierungskreislauf, sondern nur noch ein Teil durchlaufen werden muss. Beschreiben Sie die dafür erforderlichen Teilkompetenzen.

Vernetzung von Modellierungstätigkeiten über viele Schuljahre hinweg

Ein langfristiger Aufbau der Kompetenz Modellieren erfolgt, wenn Lerngelegenheiten zum Modellieren über viele Schuljahre hinweg konsequent genutzt werden. Die folgende Sternfigur zeigt zusammenfassend Schülertätigkeiten, die dazu beitragen, Modellierungskompetenzen kumulativ zu entwickeln. Spezifisch für das Modellieren sind Tätigkeiten, bei denen Schülerinnen und Schüler mathematisieren, interpretieren und validieren. In die Sternfigur wurden aber auch Tätigkeiten aufgenommen, die sich auf die übrigen Teilschritte des Modellierungskreislaufs und auf das Erlernen von Heurismen beziehen. Alle diese Tätigkeiten sollten Schülerinnen und Schüler regelmäßig innerhalb der verschiedenen Leitideen durchführen. Gleichzeitig sollte die Lehrerin oder der Lehrer den Schülerinnen und Schülern bewusst machen, dass es sich um immer wiederkehrende Tätigkeiten handelt. Auf diese Weise wird die spiralförmige Vernetzung der curricularen Inhalte ergänzt durch eine gleichermaßen spiralförmige Vernetzung aller Tätigkeiten, die zusammengenommen eine prozessbezogene Kompetenz ausmachen (Abb. 14).

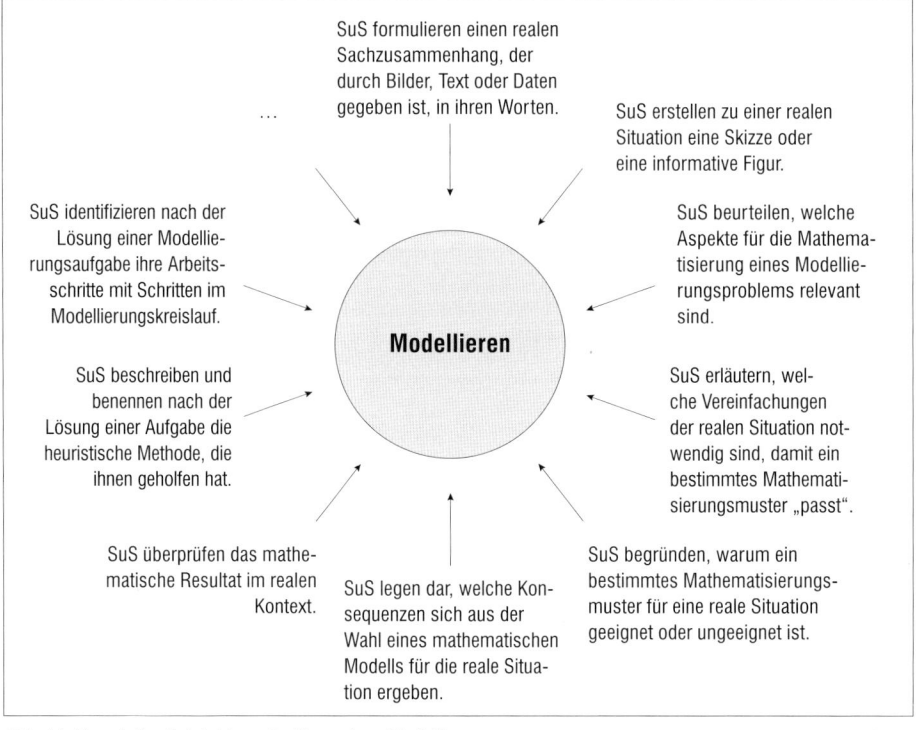

Abb. 14: Kumulative Entwicklung der Kompetenz Modellieren

 AUFGABE

Entwerfen Sie eine analoge Sternfigur für die kumulative Entwicklung einer anderen prozessbezogenen Kompetenz, indem Sie Schülertätigkeiten benennen, die diese Kompetenz von verschiedenen Seiten her über viele Schuljahre hinweg fördern.

2 Überzeugungen zum Lehren und Lernen von Mathematik

„Es gibt nichts Praktischeres als eine gute Theorie."
Kurt Lewin

2.1 Was steuert unterrichtliches Planen und Handeln?

In Kapitel 1 wurde deutlich, dass eine kompetenzorientierte Unterrichtsplanung und -durchführung eine mehrfache Zielperspektive erfordert. Neben den inhaltsbezogenen Kompetenzen muss eine Lehrkraft die prozessbezogenen, sozialen und personalen Kompetenzen im Auge behalten und alle Zielperspektiven in ein ausgewogenes Verhältnis bringen. Dies stellt einen hohen Anspruch dar im Vergleich zu einer rein fachlichen Sichtweise, bei der die mathematischen Inhalte die wesentliche Richtschnur für die Unterrichtsgestaltung bilden.

Dieser Anspruch steht nun in einem eklatanten Widerspruch dazu, wie Lehrkräfte tatsächlich im Alltag Unterricht planen und durchführen. Der Schulforscher Haas (1998 und 2005) hat das Planungshandeln von Lehrerinnen und Lehrern aller Schultypen untersucht, indem er sie bei der Planung von Unterricht in ihre Arbeitszimmer zu Hause und in die Schule begleitete. Dabei bat er die Lehrkräfte bei der Vorbereitung „laut zu denken", um die Planungsüberlegungen nachvollziehbar werden zu lassen. Außerdem untersuchte er, welche Schulbücher und Vorlagen Lehrkräfte verwenden. Haas stellte fest, dass die meisten Lehrerinnen und Lehrer während der Vorbereitung fast keinen Bezug auf didaktisch-methodische Theorien nehmen, obwohl sie sehr wohl mit diesen vertraut sind. Der Planungsprozess konzentriert sich überwiegend darauf, sich die Unterrichtsinhalte zu vergegenwärtigen und deren Abfolge im Unterricht intuitiv festzulegen. Lernziele und Kompetenzen werden kaum reflektiert.

Auch auf die Durchführung von Unterricht haben didaktisch-methodische Theorien einen überraschend geringen Einfluss. Es gibt eine Vielzahl von Beispielen, dass für die Beurteilung von Unterrichtssituationen und die Entscheidung für eine bestimmte Handlung die pädagogische Ausbildung oder gerade besuchte Fortbildungen eine untergeordnete Rolle spielen. So stellte bereits Mutzeck (1988) für Lehrerfortbildungen fest, „dass nur wenige Lehrer ihre in der Veranstaltung erarbeiteten und selbst als problemlösend bezeichneten Verhaltensweisen ganz oder nur zum Teil in den Schulalltag umgesetzt hatten", obwohl sie im Anschluss an die Fortbildungen die Absicht formuliert hatten, ihr Handeln im Unterricht zu verändern.

Theoretisches Wissen beeinflusst laufende Denk- und Handlungsprozesse offensichtlich nur zu einem sehr geringen Teil, obwohl es im Gedächtnis vorhanden ist. Wie ist das zu erklären?

Die mathematikdidaktische Forschung verwendet dafür den Begriff der *Beliefs*, mit dem grundlegende Überzeugungen von Lehrenden gemeint sind. Kaiser und Maaß (2006) definieren Beliefs in Anlehnung an Pehkonen und Törner (1996) wie folgt:

> *„Beliefs setzen sich aus relativ überdauerndem subjektivem Wissen von bestimmten Objekten oder Angelegenheiten sowie damit verbundenen Emotionen und Haltungen zusammen. Beliefs können bewusst oder unbewusst sein; bei unbewussten Beliefs stehen häufig die affektiven Komponenten (Einstellungen) im Vordergrund."*

Wenn in diesem Kapitel und in den übrigen Teilen des Buchs der deutsche Begriff Überzeugungen verwendet wird, sind damit Beliefs im Sinne der obigen Definition gemeint.

Zunächst können Mathematiklehrer sehr unterschiedliche Grundüberzeugungen besitzen, was Mathematik überhaupt bedeutet. Die folgende Unterscheidung der Mathematikauffassungen geht auf Grigutsch (1996) und Grigutsch, Raatz und Törner (1998) zurück.

▸ Mathematik zu betreiben, bedeutet, über Probleme nachzudenken. (*Prozessaspekt*)
▸ Mathematik ist als Anwendung in vielen Bereichen relevant. (*Anwendungsaspekt*)
▸ Mathematik ist streng logisch und deduktiv aufgebaut. (*Formalismusaspekt*)
▸ Mathematik ist eine Anhäufung von Begriffen und Regeln. (*Schemaaspekt*)

Alle diese Aspekte gehören zur Mathematik und zum Mathematikunterricht. Sie finden sich auch in den Grunderfahrungen wieder, die Winter (1995) in seinem grundlegenden Aufsatz zu Mathematikunterricht und Allgemeinbildung beschrieben hat (siehe Kapitel 1.2), wobei die Grunderfahrung (2) von Winter in den *Formalismus*- und *Schemaaspekt* aufgespalten wurde.

Wenn eine Lehrkraft zu einer bestimmten Grundüberzeugung tendiert, wirkt sich dies unmittelbar auf ihre Entscheidungen bei der Unterrichtsplanung und -durchführung aus. Beispielsweise wird eine Lehrkraft, die überzeugt ist, dass Mathematik in vielen Lebensbereichen relevant ist, öfter anwendungsorientierte Aufgaben auswählen. Dagegen wird eine Lehrkraft, für die Mathematiktreiben untrennbar mit logischer Strenge verbunden ist, im Unterricht verstärkt auf schlüssige Beweise achten. Die Gefahr einer Verengung droht, wenn ein bestimmter Aspekt im Unterricht so stark dominiert, dass er andere Aspekte verdrängt. Beispielsweise haben TIMS- und PISA-Studien der vergangenen Jahre gezeigt, dass im deutschen Mathematikunterricht oft der Schemaaspekt in zu starker Weise überwiegt. Lehrkräfte verwenden dann so viel Zeit für das Festigen von Routinen, dass nicht mehr ausreichend Raum für Problemlösen oder Anwenden von Mathematik bleibt.

Die oben aufgeführten Grundüberzeugungen sind übergeordneter Natur und wirken sich auf viele Bereiche der Unterrichtsgestaltung aus. Es gibt auch Überzeugungen, die sich direkt auf einzelne Aspekte der *Unterrichtsmethodik* und des *Medieneinsatzes* beziehen, zum Beispiel:

▸ Jede Unterrichtsstunde sollte mit einer intensiven Kontrolle der Hausaufgaben beginnen.
▸ Schülerergebnisse sollten am besten im Plenum besprochen werden.
▸ Eine Unterrichtsstunde sollte immer einen gewissen Anteil fragend-entwickelnden Unterricht enthalten.
▸ Neue mathematische Begriffe sollten der ganzen Klasse von der Lehrkraft erklärt werden.
▸ Die Schülerinnen und Schüler sollten häufig in kleinen Gruppen arbeiten.
▸ Die Lehrkraft sollte die Schülerinnen und Schüler selbstständig an mathematischen Problemen arbeiten lassen.

▸ Die Lehrkraft sollte die Schülerinnen und Schüler dazu anregen, über ihren Lösungsweg zu reflektieren.
▸ Die Lehrkraft sollte vorab über das Stundenthema informieren.
▸ Die Tafel ist das wichtigste Medium zum Unterrichten von Mathematik.

Genauso gibt es Überzeugungen zum *Umgang mit Fehlern* im Unterricht, etwa:
▸ Eine Lehrperson sollte auf falsche Antworten hinweisen und die Schülerinnen und Schüler bitten, diese nach Möglichkeit selbst zu korrigieren.
▸ Eine Lehrperson sollte Fehler selbst korrigieren, damit durch missverständliche Schülerformulierungen keine neuen Unklarheiten entstehen.
▸ Eine Lehrperson sollte bei einem Fehler gezielt nachfragen, um herauszufinden, welche Denkkonzepte hinter dem Fehler stecken.
▸ Eine Lehrperson sollte den Schülerinnen und Schülern signalisieren, dass Fehler Lerngelegenheiten sind.
▸ Eine Lehrperson sollte darauf achten, dass möglichst keine Fehler an der Tafel stehen.
▸ Eine Lehrperson sollte bei der Rückgabe von Klassenarbeiten in der Regel die Aufgaben selbst richtig an der Tafel vorführen.

Auch der *Einsatz von Taschenrechnern und weiteren digitalen Werkzeugen* (graphikfähige Taschenrechner, dynamische Geometrie-Software, Tabellenkalkulation und Computeralgebrasysteme) ist mit Überzeugungen verbunden, zum Beispiel:
▸ Es ist sehr wichtig, dass Schülerinnen und Schüler lernen, wie man einen Taschenrechner und weitere digitale Werkzeuge benutzt.
▸ Der Einsatz von Taschenrechnern gefährdet die Kopfrechenfertigkeiten.
▸ Wenn Schülerinnen und Schüler eine dynamische Geometrie-Software verwenden, werden sie grundlegende mathematische Fertigkeiten im Umgang mit Geodreieck und Lineal nur unzureichend erwerben.
▸ Zum Erlernen der Bedienung von Computerprogrammen muss man zu viel Unterrichtszeit investieren.
▸ Schülerinnen und Schüler können mathematische Inhalte besser lernen, wenn ihnen digitale Werkzeuge zur Verfügung stehen.
▸ Digitale Werkzeuge entlasten den Unterricht von Routinetätigkeiten und eröffnen mehr Raum für Argumentieren, Problemlösen und Modellieren.
▸ Digitale Werkzeuge sollten auch in zentralen Prüfungen eingesetzt werden.

Überzeugungen unterscheiden sich von theoretischem Wissen darin, dass sie persönlich und subjektiv sind. In der Regel sind Überzeugungen so tief in einer Person verankert, dass sie im Alltag nicht kritisch hinterfragt werden. Einen ganz ähnlichen Begriff hat die pädagogische Psychologie entwickelt. So stellen Scheele und Groeben fest: „Auch das Alltagsdenken […] erfüllt die Funktion der (subjektiven) Erklärung, Prognose und Wissensanwendung […], wie sie für wissenschaftliche Theorien" gelten.

Dementsprechend bezeichnen Scheele und Groeben die Art, wie ein Mensch seine Umgebung wahrnimmt und beurteilt, „als intuitive, implizite" oder „subjektive Theorie" (Scheele und Groeben 1988).

Wahl hat untersucht (1991), was das Handeln von Lehrkräften im Unterricht beeinflusst. Er studierte, wie Lehrkräfte auf Unterrichtsstörungen und auf auffällig gute bzw. schlechte Leistungen reagieren. Dabei stellte Wahl fest, dass es „hochgradig individuelle, unverwechselbare subjektive Theorien" waren, die den Reaktionen der Lehrkräfte zugrunde lagen. Die subjektiven Theorien erlaubten es ihm vorauszusagen, wie Lehrerinnen und Lehrer in zukünftigen Situationen, zum Beispiel bei einer Unterrichtsstörung in einer neuen Klasse, handeln würden. Subjektive Theorien sind also in hohem Maße handlungsleitend und erweisen sich „über viele Jahre hinweg als außerordentlich stabil" (ebd.).

Mithilfe der Begriffe Beliefs bzw. subjektive Theorien lässt sich erklären, warum theoretisches Wissen und praktisches Handeln von Lehrkräften auseinanderklaffen. Lehrerinnen und Lehrer müssen sehr komplexe Planungs- und Handlungssituationen bewältigen, die sie in vielfacher Hinsicht fordern. Insbesondere im Unterricht müssen oft sekundenschnell Entscheidungen getroffen werden. Während des Handelns unter Druck wird nicht geprüft, ob diese mit theoretischen Positionen im Einklang stehen oder nicht. Anders könnten Lehrerinnen und Lehrer die komplexen Anforderungen ihres Berufs gar nicht bewältigen. Ähnliches gilt für alle Berufsfelder, in denen schnell Entscheidungen getroffen werden müssen, stellvertretend seien hier Krankenpfleger oder Piloten genannt. Um handlungsfähig zu sein, greifen Menschen dabei intuitiv auf persönliche Überzeugungen, Wahrnehmungsmuster und Handlungs- bzw. Interaktionsformen zurück, die sich im Laufe ihres Lebens herausgebildet haben. Die pädagogische Psychologie spricht in diesem Zusammenhang auch von „Handlungs-Prototypen", die in bestimmten Situationen aktiviert werden. Wahl stellte in einer Studie fest (Wahl 1991), dass Lehrkräfte in typischen Unterrichtssituationen in der Regel nur ein oder zwei Handlungsalternativen sehen, zwischen denen sie eine Auswahl treffen.

Zusammenfassend soll in Form einer These festgehalten werden:

These 1

Im Alltag stützen sich Lehrerinnen und Lehrer im Wesentlichen auf ihre individuellen Überzeugungen und subjektiven Theorien.

2.2 Wie entstehen subjektive Überzeugungen zum Unterrichten von Mathematik?

Lehrkräfte erwerben ihr theoretisches Wissen in erster Linie in ihrer Ausbildung, das heißt im Studium und Referendariat. Demgegenüber stützen sich Überzeugungen und subjektive Theorien auf die gesamte Biografie einer Lehrkraft. Natürlich werden Überzeugungen von Unterrichtsbeobachtungen beeinflusst, die angehende Lehrkräfte während des Referendariats oder im Rahmen von Schulpraktika während des Studiums machen. Diese Beobachtungen werden in der Regel reflektiert, das heißt, nach der Beobachtung des Unterrichts erfolgt ein Austausch mit der unterrichtenden Lehrkraft, Mitreferendaren oder einem Ausbilder.

Einen prägenden Einfluss auf die Überzeugungen besitzen aber auch die Erfahrungen, die während der eigenen Schulzeit gesammelt werden. In dieser Zeit entstehen grundsätzliche Vorstellungen, wie sich Lehrer und Schüler im Unterricht verhalten bzw. verhalten sollten, welche Interaktionen und Methoden üblich sind, was „guter Unterricht" ist. In der Regel sind dies unreflektierte, aber tief verwurzelte Vorstellungen. Felix Klein hat schon zu Beginn des vergangenen Jahrhunderts darauf hingewiesen, Überzeugungen könnten der Grund dafür sein, dass sich Mathematikunterricht über Jahrzehnte hinweg nicht verändert:

> „Der junge Student sieht sich am Beginn seines Studiums vor Probleme gestellt, die ihn in keinem Punkte mehr an die Dinge erinnern, mit denen er sich auf der Schule beschäftigt hat; […] Tritt er aber nach der Absolvierung des Studiums ins Lehramt über, so soll er plötzlich eben diese herkömmliche Elementarmathematik schulmäßig unterrichten; da er diese Aufgabe kaum selbständig mit der Hochschulmathematik in Zusammenhang bringen kann, so wird er in den meisten Fällen recht bald die althergebrachte Unterrichtstradition aufnehmen." (Klein 1924)

Felix Klein beschreibt, warum die Gefahr besteht, dass Überzeugungen aus der eigenen Schulzeit im Rahmen des Lehramtsstudiums nicht kritisch reflektiert werden und dann unverändert weiter wirken. Neue Überzeugungen zum Unterrichten von Mathematik bilden sich insbesondere, wenn angehende Lehrkräfte während ihres Studiums beobachten, wie Hochschullehrer Mathematik betreiben und lehren und welches methodische Repertoire dabei verwendet wird. Die Überzeugungen, die sich aus solchen Beobachtungen ergeben, können mit dem theoretischen didaktisch-methodischen Wissen, das die Hochschulen lehren möchten, übereinstimmen, sie können aber auch davon abweichen. Schließlich werden Überzeugungen und subjektive Theorien dadurch beeinflusst, welche Bilder von Mathematik und Mathematikunterricht in Alltagsdiskursen, etwa in den Medien und in politischen Diskussionen entworfen werden.

Obwohl es eine gewisse Wechselwirkung zwischen Überzeugungen und theoretischem Wissen gibt, bleiben gerade unbewusste Überzeugungen erstaunlich konstant. So kann es geschehen, dass eine Lehrkraft weiter ein Handlungsmuster praktiziert, das einer bestimmten Überzeugung entspringt, auch wenn sie es „eigentlich besser weiß". Beispielsweise entscheidet sich eine Lehrkraft aus einer tief sitzenden Gewohnheit dafür, zu Beginn jeder Stunde einen einzelnen Schüler an der Tafel seine Hausaufgaben vorführen zu lassen, obwohl sie im Rahmen von Fortbildungen methodische Alternativen kennengelernt hat, die effektiver sein können (z.B. Hausaufgaben-Folien, Ich-Du-Wir-Prinzip, selbstständiges Vergleichen in Kleingruppen etc., vgl. Bruder/Komorek 2007).

These 2
Überzeugungen bzw. subjektive Theorien stehen häufig nicht mit dem theoretischen Wissen einer Lehrkraft im Einklang.

Das Spannungsfeld zwischen theoretischem Wissen auf der einen Seite und Überzeugungen bzw. tatsächlichem Handeln auf der anderen Seite, soll auch in den Videoanalysen in Kapitel 3 beleuchtet werden. Abb. 1 veranschaulicht zusammenfassend die Entstehung von Überzeugungen und die Wechselwirkung mit didaktisch-methodischem Wissen.

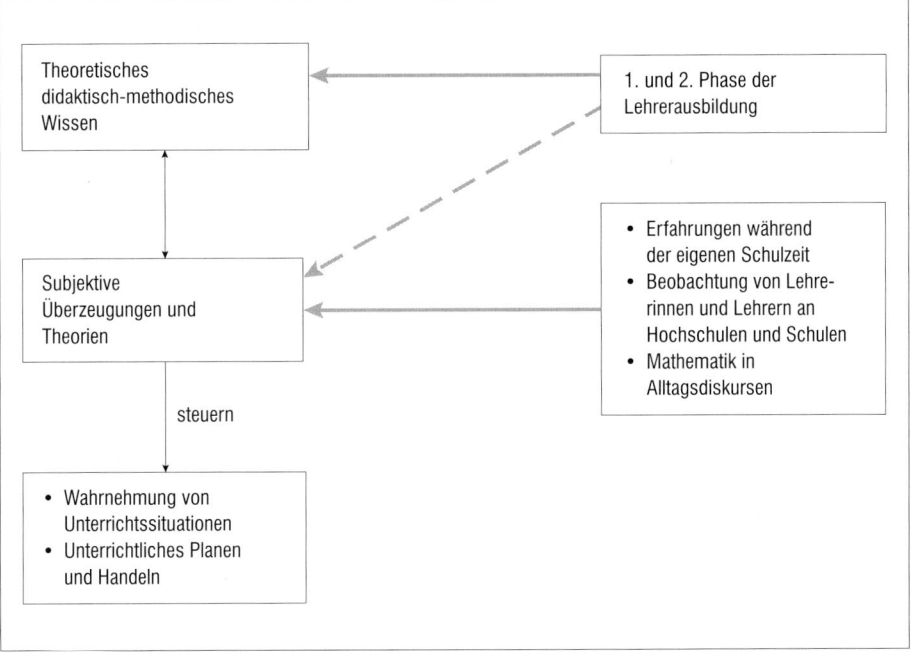

Abb. 1: Entstehung von subjektiven Überzeugungen und Wechselwirkung mit theoretischem Wissen

Da Überzeugungen Wahrnehmungen und Handlungen steuern, kann es leicht geschehen, dass sie im Widerspruch zu einer guten, ausgewogenen Unterrichtsgestaltung stehen. Deshalb ist es wichtig, die eigenen Überzeugungen systematisch zu reflektieren.

2.3. Welche Überzeugungen liegen meinem eigenen Planen und Handeln zugrunde?

Im Folgenden finden Sie drei Übungen als Selbstversuche. Die Selbstversuche können Ihnen Anhaltspunkte dafür geben, welche Überzeugungen Ihrem eigenen Planen und Handeln zugrunde liegen. Der 1. Selbstversuch möchte Sie dazu anregen, Ihre theoretischen Überzeugungen zu hinterfragen.

1. Selbstversuch: Wie entstehen mathematisches Wissen und mathematische Fähigkeiten?

Die Vorstellungen dazu, wie mathematisches Wissen und mathematische Fähigkeiten bei Schülerinnen und Schülern entstehen, sind durchaus konträr. Dies spiegelt sich in den beiden folgenden Zitaten wider:

> D. P. Ausubel: *„Das meiste von dem, was man wirklich weiß, besteht aus Einsichten, die von anderen entdeckt wurden und auf sinnvolle Weise kommuniziert worden sind.“*

> J. Bruner: *„Meiner Meinung nach kann man nur durch Üben des Problemlösens und dadurch, dass man sich um Entdeckung bemüht, die heuristischen Methoden zur Entdeckung lernen.“*

Die Thesen von Ausubel und Bruner wurden zitiert nach Führer (1997, S. 62), der die beiden Positionen in seiner Diskussion zum entdeckenden Lernen gegenübergestellt.

 AUFGABE

Bereiten Sie eine kurze Stellungnahme zu den Zitaten vor, die Ihre eigene Position zum Ausdruck bringt. Ordnen Sie anschließend Ihre eigene Position mithilfe des nachfolgenden Kommentars ein.

Kommentar: Die beiden Zitate drücken zwei unterschiedliche Positionen zum Lernen aus. Ausubel begreift das Lernen in erster Linie als einen Vorgang der *Instruktion* (Transmission). Das Lernen vollzieht sich dabei durch direkte Vermittlung einer Lehrkraft, die etwas sprachlich oder bildlich mitteilt bzw. vormacht. Dagegen betont Bruner den Aspekt des Selbst-Entdeckens bzw. der *Konstruktion* des Lernenden. Der Lehrkraft kommt dabei in erster Linie die Rolle eines Anregers zu, der Lerngelegenheiten zur Verfügung stellt und den Vorgang des Selbstentdeckens als Helfer begleitet.

Beide Positionen stellen das Spannungsfeld von Instruktion und Konstruktion dar, in dem sich jeder Mathematikunterricht bewegt. Bezeichnend ist, dass sich Bruner explizit auf das *Problemlösen* als eine prozessbezogene Kompetenz bezieht, die ohne heuristische Methoden als Metakompetenz nicht vorstellbar ist. Dagegen spricht Ausubel von Wissen und bezieht sich offenbar eher auf Faktenwissen. Verfolgt man diesen Gedanken weiter, deutet sich eine Vermittlung beider Positionen an. Einfachere mathematische Zusammenhänge und Verfahren lassen sich sehr wohl durch direkte Mitteilung kommunizieren. Dazu gehören auch mathematische Konventionen, etwa die Verwendung bestimmter mathematischer Zeichen, die nicht entdeckt werden können, sondern mitgeteilt werden müssen. Dagegen können sich Schülerinnen und Schüler die meisten Formen des Handlungswissens nur durch eigenes Tun aneignen. In ähnlichem Sinne hat Weinert einen Zusammenhang zwischen den Zielen einer Unterrichtsphase und den jeweiligen Methoden hergestellt. So ist für Weinert die lehrergesteuerte, direkte Instruktion die effektivste Methode, um intelligentes Wissen zu vermitteln. Dagegen können sich Schülerinnen und Schüler Handlungskompetenzen besser in einem entdeckenden oder projektorientierten Unterricht aneignen. Für den Erwerb von Metakompetenzen zur Verarbeitung von Erfahrungen hält Weinert schließlich ein angeleitetes selbstständiges Lernen für die am besten geeignete Form.

Bezeichnenderweise begreifen die meisten Schülerinnen und Schüler, aber auch Eltern, Unterrichten noch sehr stark als einen Vorgang der Instruktion. Fragt man Schülerinnen und Schüler oder Eltern danach, was einen guten Mathematiklehrer auszeichnet, erhält man fast immer als Antwort: „Er soll gut erklären können." – Dagegen würde dem konstruktivistischen Verständnis eher eine andere Antwort entsprechen: „Er soll gute und anregende Aufgaben für ein entdeckendes Lernen auswählen können."

Heute überwiegen in der Allgemeindidaktik moderat konstruktivistische Positionen bzw. Positionen, die eine Balance von Selbstentdecken und Instruktion vorschlagen (vgl. Terhart 1989 und Reinmann-Rothmeier/Mandl 2001). Anregungen für eine weitere Auseinandersetzung mit dem Spannungsfeld Instruktion-Konstruktion im Mathematikunterricht finden sich in Hußmann (2003, S. 55). Auch Barzel, Holzäpfel, Lenders und Streit (2011, S. 27f.) stellen Standardsituationen im Mathematikunterricht vor, die teils instruktiven, teils konstruktiven Charakter haben, und diskutieren, welche Chancen und Risiken sich daraus ergeben.

Die Szene-Stopp-Methode: Im Zentrum der beiden nächsten Selbstversuche steht Ihr tatsächliches Handeln im Unterricht. Dazu wird die sogenannte Szene-Stopp-Methode benutzt, die von Wahl entwickelt wurde (siehe Wahl 2006). Zunächst wird eine Szene, hier ein unterrichtlicher Kontext, beschrieben, den Sie sich in Ihrer Vorstellung möglichst genau vergegenwärtigen sollten. Anschließend erhalten Sie eine weitere Information zu diesem Kontext, die eine Reaktion der Lehrkraft erforderlich macht. Sie sollten dann Ihre Reaktion möglichst spontan niederschreiben, damit diese Ihrem Handlungsmuster im tatsächlichen Unterricht möglichst genau entspricht. Wenn Sie dieses Buch gemeinsam mit anderen lesen, können Sie Ihre Reaktion auch vorspielen.

Beide Selbstversuche basieren auf Unterrichtssituationen, die sich tatsächlich in dieser Form zugetragen haben. Wie im vorigen Selbstversuch sind Kommentare angefügt, die Ihnen dabei helfen können, Ihre eigene Reaktion einzuordnen und zu reflektieren.

2. Selbstversuch: Einführung der Division durch einen Stammbruch

Unterrichtlicher Kontext: Im Rahmen der Bruchrechnung soll als letzte Rechenart für Brüche die Division durch einen Bruch eingeführt werden. Zunächst sollen die Schülerinnen und Schüler lernen, wie man eine natürliche Zahl durch einen Stammbruch teilt. Sie möchten, dass dabei auch die Vorstellung entwickelt wird, welche Bedeutung die Division einer natürlichen Zahl durch einen Stammbruch in einem realen Kontext haben kann. Dazu erhalten Ihre Schülerinnen und Schüler folgende Aufgabe, mit der Sie die Bedeutung der Division $3 : \frac{1}{4} = 12$ als Aufteilung veranschaulichen wollen.

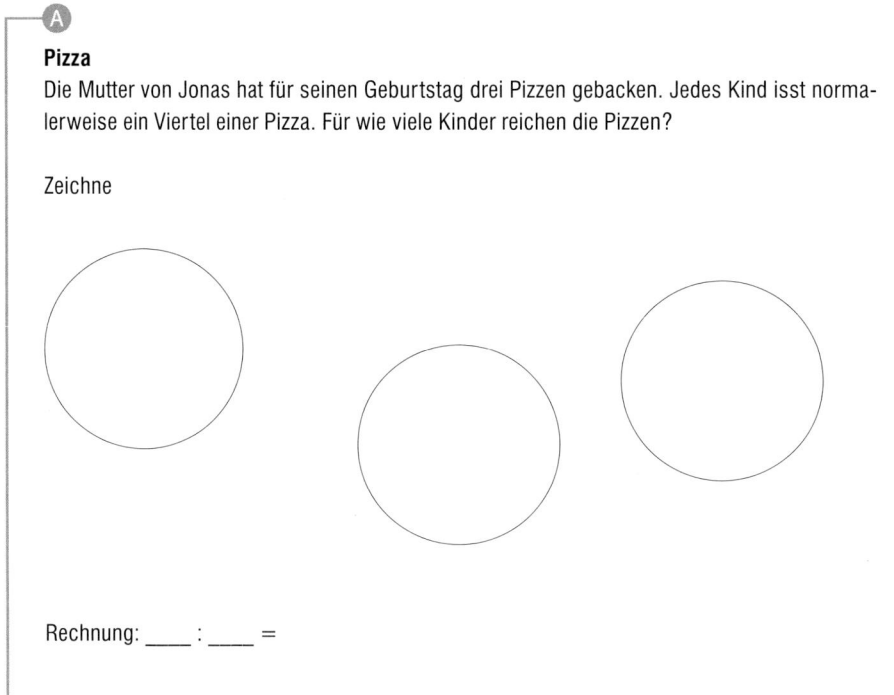

A

Pizza

Die Mutter von Jonas hat für seinen Geburtstag drei Pizzen gebacken. Jedes Kind isst normalerweise ein Viertel einer Pizza. Für wie viele Kinder reichen die Pizzen?

Zeichne

Rechnung: ____ : ____ =

Bitte lesen Sie erst weiter, wenn Ihnen der Kontext klar vor Augen steht. Legen Sie Stift und Papier bereit, um Ihre Reaktion sofort aufschreiben zu können.

Szene: Bei der Bearbeitung der Aufgabe stellt sich heraus, dass ausnahmslos alle Schülerinnen und Schüler die Aufgabe lösen können und zum Ergebnis gelangen, die Pizzen sind für 12 Kinder ausreichend. Allerdings wird nicht die von Ihnen erwartete

Rechnung $3 : \frac{1}{4} = 12$ notiert. Stattdessen verzichten die Schülerinnen und Schüler entweder ganz auf eine Rechnung oder schreiben andere Rechnungen auf:

$$3 : \frac{1}{4} = \frac{12}{4} \qquad 3 : \frac{1}{4} = \frac{1}{12} \qquad 12 : 3 = \frac{1}{4} \qquad 12 : 3 = 4 \qquad \frac{12}{4} : 3 = \frac{1}{4}$$

 **AUFGABE**

> Notieren Sie spontan, wie Sie den Unterricht an dieser Stelle fortführen würden. Ordnen Sie anschließend Ihre eigene Position mithilfe des nachfolgenden Kommentars ein.

Kommentar: Die Schülerinnen und Schüler können mit den Fähigkeiten und Vorstellungen, die sie zu Brüchen bereits erworben haben, die Aufgabe ohne Weiteres lösen. Dazu unterteilen sie die drei Kreise mithilfe des Stiftes in Viertel und zählen anschließend ab, wie viele Viertel sich insgesamt ergeben haben. Demgegenüber hatten Sie beabsichtigt, dass die Schülerinnen und Schüler die Grundvorstellung der Division zum Aufteilen heranziehen, also die drei Pizzen als das Ganze betrachten und die Frage „Wie oft passt der Teil ins Ganze?" durch folgende Rechnung ausdrücken:

Ganzes : Größe des einzelnen Teils = Anzahl der Teile
$$3 : \frac{1}{4} = 12$$
Diese Rechnung misslingt den Schülerinnen und Schülern, weil sie bei ihrer Lösung die Grundvorstellung der Division gar nicht oder nur fehlerhaft in der von Ihnen beabsichtigten Weise verwenden.

Vielleicht haben Sie als Reaktion auf die obige Szene eine Fortführung folgender Art notiert: „Ich erkläre den Kindern, warum sie das Aufteilen durch die Rechnung $3 : \frac{1}{4} = 12$ ausdrücken können. Dazu verändere ich das Beispiel so, dass es den Kindern aus dem Bereich der natürlichen Zahlen her vertraut ist: Stellt euch mal vor, die Mutter hätte 10 Pizzen gebacken und jedes Kind würde 2 Pizzen essen. Dann könntet ihr doch durch die Rechnung $10 : 2 = 5$ herausbekommen, dass die Pizzen für 5 Kinder reichen. Genauso machen wir es hier auch."

Eine solche Erklärung ist fachlich völlig korrekt. Sie möchte durch eine analoge Aufgabe aus dem Bereich der natürlichen Zahlen den Schülerinnen und Schülern bei der Übertragung der Grundvorstellung helfen. Aller Wahrscheinlichkeit nach wird ein Großteil der Schülerinnen und Schüler die Erklärung auch nachvollziehen können und ihr zustimmen. Dennoch bleibt es fraglich, ob sie alleine durch eine solche Instruktion die Grundvorstellung wirklich auf den Bereich der Brüche übertragen und in Zukunft flexibel anwenden können.

Deshalb ist es sinnvoll, die neue Grundvorstellung zur Division durch einen Stammbruch mithilfe einer Aufgabenstellung einzuführen, die von den Lernenden ein konkretes Tun verlangt. Die folgende Aufgabe leistet dies, indem sie für die Schülerinnen und Schüler erfahrbar macht, dass die Grundvorstellung der Division, die für sie im

Bereich der natürlichen Zahlen selbstverständlich geworden ist, auch im Bereich der Brüche gültig bleibt. Damit die Aufgabe ihre Wirkung entfaltet, sollten entsprechende Streifen auf dem Boden aufgezeichnet oder mithilfe von Krepppapier aufgeklebt worden sein, sodass die Streifen tatsächlich abgeschritten werden können. Durch die Verbindung von konkreter Handlung und Verbalisierung führt die Aufgabe die Schülerinnen und Schüler zu einer *Konstruktion* der neuen Grundvorstellung.

A

Zebrastreifen

Auf dem Boden sind acht Zebrastreifen aufgezeichnet. Schreite die Zebrastreifen nun wie beschrieben ab.

▸ Wie viele Schritte benötigst du, um die ganze Strecke zu überqueren, wenn deine Schrittlänge vier Zebrastreifen beträgt?

Rechnung: 8 : 4 = ____

▸ Verkleinere nun deine Schrittlänge auf zwei Zebrastreifen.
Wie viele Schritte brauchst du nun?

Rechnung: ____ : ____ =

▸ Verkleinere nun deine Schrittlänge auf einen Zebrastreifen.
Wie viele Schritte brauchst du nun?

Rechnung: ____ : ____ =

▸ Verkleinere nun deine Schrittlänge auf einen halben Zebrastreifen.
Wie viele Schritte brauchst du nun?

Rechnung: ____ : ____ =

Erläutere allgemein, wie man die Anzahl der Schritte berechnen kann.

---

3. Selbstversuch: Symmetrien ganzrationaler Funktionen

Unterrichtlicher Kontext: Die Schülerinnen und Schüler Ihres Grundkurses Analysis haben eine Entdeckungsphase durchlaufen, die darauf zielte, Symmetrien ganzrationaler Funktionen anhand des Funktionsterms zu bestimmen. Dazu haben sie ein Arbeitsblatt erhalten, auf dem verschiedene Graphen ganzrationaler Funktionen ausgedruckt waren. Mithilfe des graphikfähigen Taschenrechners (GTR), den alle

Schülerinnen und Schüler des Kurses zur Verfügung haben, konnten sie selbst weitere Graphen plotten und systematisieren. In der sich anschließenden Plenumsphase formulieren die Schülerinnen und Schüler richtig den Zusammenhang zwischen Symmetrieeigenschaften und Exponenten des Funktionsterms. Der Kurs einigt sich auf eine gemeinsame Formulierung des Ergebnisses, die an der Tafel festgehalten und nun von allen ins Heft übertragen wird:

Haben die Summanden einer ganzrationalen Funktion f

1. gerade und ungerade Exponenten, so weist der Graph der Funktion f keine Standardsymmetrie auf;
2. nur gerade Exponenten, so ist der Graph spiegelsymmetrisch zur y-Achse;
3. nur ungerade Exponenten, so ist der Graph punktsymmetrisch zum Ursprung.

Bitte lesen Sie erst weiter, wenn Ihnen der Kontext klar vor Augen steht. Legen Sie Stift und Papier bereit, um Ihre Reaktion sofort aufschreiben zu können.

Szene: Während die Schülerinnen und Schüler das Ergebnis ins Heft übertragen, meldet sich eine Schülerin. Um die anderen nicht zu stören, gehen Sie zu der Schülerin hin. Sie erklärt Ihnen: „Ich habe doch eine Funktion gefunden, auf die die Regel nicht zutrifft." Auf einem Blatt hat sie den Term $y = \frac{1}{4}x^4 - 7x^3$ notiert und daneben einen Graphen skizziert, der offenbar eine Punktsymmetrie aufweist. Die Schülerin sagt: „Das ist genau der Graph, den der GTR angezeigt hat!"

 AUFGABE

Notieren Sie spontan, wie Sie auf die Äußerung der Schülerin reagieren würden. Ordnen Sie anschließend Ihre eigene Position mithilfe des nachfolgenden Kommentars ein.

Kommentar: Aus Ihrer Lehrersicht heraus ist es unzweifelhaft, dass es sich in irgendeiner Form um einen Fehler oder eine fehlerhafte Interpretation handelt. Es sind aber sehr verschiedene Reaktionsmöglichkeiten denkbar, die sich grob unterscheiden lassen.

1. Sie reagieren direkt auf die Schülerin und klären den Fehler mit ihr alleine.
   Vielleicht hat Ihre erste Entgegnung dann die Form:
   „Überlege noch mal, ob das sein kann." oder „Aufgrund unserer Regel kann der Graph auf keinen Fall punktsymmetrisch sein. Der Term besitzt ja einen geraden und einen ungeraden Exponenten." oder „Ich vermute, du hast dich vertippt oder den Graphen falsch skizziert."
   Vielleicht bitten Sie die Schülerin anschließend, ihre Aussage selbst noch einmal zu überprüfen, oder Sie demonstrieren der Schülerin mithilfe des GTR, dass der Graph

nicht punktsymmetrisch ist, oder Sie führen mit der Schülerin ein kurzes fragend-entwickelndes Gespräch.

Mit einer solchen Reaktion versuchen Sie, den Fehler relativ schnell zu beheben. Wenn Sie den Widerspruch zu der ja schon gefundenen Regel aufzeigen, betonen Sie den deduktiven Charakter der Mathematik, das heißt im Sinne von Grigutsch, Raatz und Törner (1998) den *Formalismusaspekt* der Mathematik (vgl. Kapitel 2.1). Tendenziell wird der Fehler dabei als Indikator dafür betrachtet, dass die einzelne Schülerin die Regel noch nicht wirklich verstanden hat. Der Fehler wird also als Hindernis für ein angemessenes Verständnis eines mathematischen Zusammenhangs gedeutet.

2. Sie beziehen den Kurs in die Lösung des aufgetretenen Problems mit ein.

Eine mögliche Entgegnung wäre:

„Das scheint ein interessanter Fall zu sein. Könntest Du bitte gleich den anderen das Problem vorstellen."

Es ist denkbar, dass das Problem dann nach der Vorstellung durch die Schülerin im Plenum gelöst wird oder dass es Aufgabe für eine kleine Gruppenarbeit wird.

Tatsächlich hat der Graph im Standardfenster eines GTR, das den Ausschnitt auf x- und y-Werte jeweils im Intervall von -10 bis +10 beschränkt, folgende Form (Abb. 2):

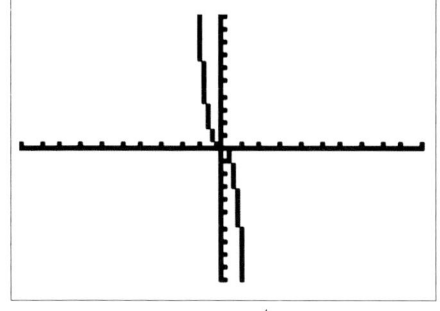

Abb. 2: Graph der Funktion $y = \frac{1}{4}x^4 - 7x^3$
im Standardfenster des TI-84 Plus

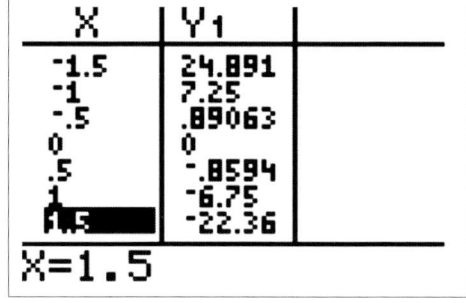

Abb. 3: Tabellarische Darstellung der Funktion
$y = \frac{1}{4}x^4 - 7x^3$ im TI-84 Plus

Auf den ersten Blick wirkt der Graph punktsymmetrisch – die Zweifel der Schülerin sind also durchaus angemessen und zeigen, dass sie die Regel im Prinzip verstanden hat und berechtigterweise hinterfragt, weil ihr Beispiel nicht mit der Regel übereinstimmt. Eine weitere Beschäftigung mit dem Problem kann die Schülerinnen und Schüler dazu führen, den betrachteten Ausschnitt im GTR zu vergrößern, sodass deutlich wird, dass keine Symmetrie vorliegt.

Die Schülerinnen und Schüler könnten die Frage, ob eine Symmetrie vorliegt, auch klären, indem sie einzelne Punktepaare testen, also beispielsweise $f(3)$ und $f(-3)$ berechnen und prüfen, ob die für die Punktsymmetrie erforderliche Beziehung besteht. Alternativ kann dafür die Tabellenfunktion des GTR zu Hilfe genommen werden (siehe Abb. 3).

Insgesamt eröffnet die Frage der Schülerin für den *gesamten* Kurs wichtige Vertiefungsmöglichkeiten. Durch beide Lösungswege wird die Kompetenz *Mathematische Darstellungen verwenden* geschult. Bei dem ersten Weg wird die graphische Darstellungsebene beibehalten, aber im GTR ein neuer Ausschnitt gewählt, der die Symmetrieeigenschaften der Funktion sichtbar macht. Dagegen erfolgt beim zweiten Weg die Lösung durch einen Wechsel der Darstellungsebene vom Funktionsgraphen zur Tabelle. Dabei müssen die Schülerinnen und Schüler das graphische Erscheinungsbild mit numerischen Funktionswerten in Verbindung bringen.

Außerdem initiiert die Vorstellung der Schülerin im Plenum einen *Kommunikationsprozess*. Sie muss dem Kurs ihre Schwierigkeit verständlich darstellen und der Kurs wird zu einer Gegenargumentation herausgefordert. Die Frage der Schülerin führt aber auch inhaltlich weiter. Das erste Ergebnis zu den Symmetrien ganzrationaler Funktionen, das die Schülerinnen und Schüler ins Heft übertragen haben, war ein Ergebnis, das durch Ausprobieren gefunden worden war. Die Schülerinnen und Schüler hatten eine Vielzahl von Graphen betrachtet und diese nach Eigenschaften geordnet. Die Frage der Schülerin zeigt, dass zu einem umfassenden Symmetriebegriff auch ein analytisches Verständnis gehört, das sich in den Beziehungen $f(x) = f(-x)$ für Achsensymmetrie und $f(x) = -f(-x)$ für Punktsymmetrie ausdrückt. Hätte die Schülerin diese Beziehungen schon gekannt und verstanden, dann wäre ihre Frage vermutlich nicht entstanden. Die Frage der Schülerin kann daher sehr gut der Ausgangspunkt für eine Entwicklung dieser analytischen Beziehungen werden. In diesem Zusammenhang kann auch diskutiert werden, warum für kleine x der Term $-7x^3$ die Symmetrie des Graphen bestimmt, sodass er annähernd punktsymmetrisch wirkt.

Wenn Sie auf die Frage der Schülerin in dieser zweiten Form reagiert haben, haben Sie den Fehler als Lerngelegenheit für den gesamten Kurs gesehen. Der Fehler muss dann nicht unbedingt schnell behoben werden, sondern bietet die Chance zu einem vertieften Verständnis zu gelangen, indem er einen weiteren Lernprozess auslöst. Im Sinne der obigen Grundüberzeugungen betont dies den *Prozessaspekt* der Mathematik. Generell ist es wichtig, dass Lehrkräfte eine wertschätzende Lernatmosphäre schaffen, die die Schülerinnen und Schüler darin bestärkt, Fehler zu thematisieren und sie als Lernchance zu begreifen („produktiver Umgang mit Fehlern", vgl. Führer 2004).

Natürlich kann man nicht pauschal empfehlen, Fragen oder Fehler einzelner Schülerinnen oder Schüler immer an die gesamte Lerngruppe zurückzugeben. Entscheidend ist, ob ein Fehler tatsächlich für die gesamte Lerngruppe oder einen Teil der Lerngruppe eine produktive Lerngelegenheit darstellt oder nicht. Dabei sind in einem hohen Maße die diagnostischen Fähigkeiten einer Lehrkraft gefragt. Sie muss entscheiden, ob es sich nur um einen individuellen Fehler, vielleicht einen Flüchtigkeitsfehler, oder um einen weiterführenden Fehler handelt, bei dem es sinnvoll ist, Mitschüler einzubeziehen. Bei einem individuellen Fehler kann sehr wohl die erste Form der Reaktion im Sinne einer sofortigen Hilfe der Lehrkraft angemessen sein.

2.4 Empirische Untersuchungen zu Überzeugungen

Auf den folgenden Seiten finden Sie einen Fragebogen, der ebenfalls eine Auseinandersetzung mit Ihren persönlichen Überzeugungen anregen möchte. Der Fragebogen entstammt der internationalen Studie *MT21* („*Mathematics Teaching in the 21st Century*"), die sich zum Ziel gesetzt hat, die Lehrerausbildung systematisch zu untersuchen. Die für Deutschland wichtigen Ergebnisse dieser Studie wurden von Blömeke, Kaiser und Lehmann (2008) veröffentlicht. Der hier vorgestellte Teil des Fragebogens bezieht sich zum einen auf epistemologische Überzeugungen zur Mathematik, das heißt auf Überzeugungen darüber, was Mathematik ist und wie mathematische Erkenntnis entsteht, zum anderen auf Zielsetzungen und methodische Überzeugungen zum Lehren und Lernen von Mathematik. Der Fragebogen stimmt nicht mehr vollständig mit dem ursprünglichen Fragebogen der Studie überein. Einige Formulierungen wurden vom Autor verändert, um weitergehende Anregungen zur Selbstreflexion zu bieten. Die Fragen zum Umgang mit Fehlern im Mathematikunterricht und zur Rolle digitaler Werkzeuge bzw. neuer Medien wurden stark erweitert.

 AUFGABE

Bitte kreuzen Sie jede Frage des Fragebogens zweimal an.

a) Mit *roter* Farbe: Drücken Sie den Grad Ihrer persönlichen Ablehnung bzw. Zustimmung durch Ankreuzen eines Kästchens aus. Dabei steht das Kästchen 1 für „ich stimme überhaupt nicht zu" (bzw. „ist mir überhaupt nicht wichtig") und das Kästchen 6 für „ich stimme voll zu" (bzw. „ist mir sehr wichtig").

b) Mit *blauer* Farbe: Schätzen Sie bei einem zweiten Ankreuzdurchgang den *Ist-Zustand* des gegenwärtigen Mathematikunterrichts ein, d. h., kreuzen Sie so an, wie es die Mehrheit der Mathematiklehrerinnen und -lehrer Ihrer Meinung nach tun würde. Gehen Sie dabei sowohl von den Erfahrungen Ihrer Schulzeit wie auch Ihrer Hospitationen und von Gesprächen mit Kolleginnen und Kollegen aus. (Die Anregung zu diesem Aufgabenteil stammt von Christof Peter.)

c) Fallen Ihnen Unstimmigkeiten zwischen verschiedenen Ihrer *roten* Einschätzungen auf?

d) Gibt es deutliche Unterschiede zwischen Ihrer persönlichen Einschätzung und dem vermuteten Ist-Zustand?

e) Wenn Sie die Möglichkeit haben: Tauschen Sie sich mit anderen über deren Einschätzungen aus.

⊙ Hinweis: Sie finden den Fragebogen auch auf der DVD zum Ausdrucken (Fragebogen_zu_Überzeugungen.pdf).

Überzeugungen zum Lehren und Lernen von Mathematik (Überarbeitung des *MT21*-Fragebogens)

A Mathematische Weltbilder	Wie sehr stimmen Sie den folgenden Aussagen über Mathematik zu?	Ich stimme überhaupt nicht zu – ich stimme voll zu					
		1	2	3	4	5	6
	Klare und eindeutige Definitionen sind unverzichtbar in der Mathematik, d. h., die mathematische Sprache muss exakt und präzise sein	❏	❏	❏	❏	❏	❏
	Mathematik ist durch Strenge geprägt, nämlich die Strenge der Definition und die der formalen mathematischen Argumentation	❏	❏	❏	❏	❏	❏
	Mathematik beinhaltet das Erinnern und Anwenden von Definitionen, Formeln, mathematischen Fakten und Verfahrensweisen	❏	❏	❏	❏	❏	❏
	Wer sich mit Mathematik beschäftigt, muss viel üben, um Verfahren korrekt anwenden zu können	❏	❏	❏	❏	❏	❏
	Mathematik erfordert Kreativität und neue Ideen	❏	❏	❏	❏	❏	❏
	In der Mathematik kann man viele Dinge selber entdecken und ausprobieren	❏	❏	❏	❏	❏	❏
	Mathematische Aufgaben und Probleme können auf verschiedene Weise korrekt gelöst werden	❏	❏	❏	❏	❏	❏
	Die Mathematik hat einen großen Nutzen für die Gesellschaft	❏	❏	❏	❏	❏	❏
	Die Mathematik hilft Probleme und Aufgaben im täglichen Leben zu lösen	❏	❏	❏	❏	❏	❏
B Entstehung mathematischer Kompetenzen	Es gibt sehr unterschiedliche Ansichten darüber, wie Mathematik gelehrt werden soll. Wie sehr stimmen Sie mit den folgenden Aussagen überein?	Ich stimme überhaupt nicht zu – ich stimme voll zu					
		1	2	3	4	5	6
	In der Mathematik ist es nicht nur wichtig, die richtige Lösung zu finden, sondern auch zu verstehen, warum diese Lösung richtig ist	❏	❏	❏	❏	❏	❏
	Lehrpersonen sollten Schülerinnen und Schülern die Möglichkeit geben, ihre eigenen Wege zu finden, um eine Aufgabe zu lösen	❏	❏	❏	❏	❏	❏
	Schülerinnen und Schüler können durchaus auch ohne Hilfe der Lehrperson Lösungswege für mathematische Aufgaben finden	❏	❏	❏	❏	❏	❏
	Es hilft den Schülerinnen und Schülern, wenn sie verschiedene Lösungswege für eine bestimmte Aufgabe diskutieren	❏	❏	❏	❏	❏	❏
	Man muss Schülerinnen und Schülern exakte Verfahren beibringen, damit sie mathematische Probleme lösen können	❏	❏	❏	❏	❏	❏
	Um gut in Mathematik zu sein, muss man Aufgaben schnell lösen können	❏	❏	❏	❏	❏	❏
	Schülerinnen und Schüler lernen Mathematik am besten, indem sie den Erklärungen der Lehrperson aufmerksam folgen	❏	❏	❏	❏	❏	❏
	Wenn Schülerinnen und Schüler besser in Mathematik werden wollen, müssen sie einfach eine Menge üben	❏	❏	❏	❏	❏	❏

C Zielsetzungen	Wie wichtig sind Ihnen die folgenden Zielsetzungen in Ihrem Mathematikunterricht?	Ist mir überhaupt nicht wichtig – ist mir sehr wichtig					
	Ich möchte, dass meine Schülerinnen und Schüler …	1	2	3	4	5	6
Routineaufbau	mathematische Algorithmen und Verfahren kennen	❏	❏	❏	❏	❏	❏
	in der Lage sind, sich mathematische Fakten, Regeln und Lösungsschritte zu merken	❏	❏	❏	❏	❏	❏
	in der Lage sind, mathematische Berechnungen schnell und fehlerfrei auszuführen	❏	❏	❏	❏	❏	❏
	in der Lage sind, mathematische Darstellungen flexibel zu verwenden	❏	❏	❏	❏	❏	❏
Problemlösen und Modellieren	nicht nur lernen, Standardaufgaben mit den Verfahren und Techniken zu lösen, die sie in der Schule gelernt haben, sondern auch Probleme lösen können, die Neugierde, Kreativität und Phantasie erfordern	❏	❏	❏	❏	❏	❏
	in der Lage sind, lebensweltliche Problemstellungen mathematisch zu modellieren	❏	❏	❏	❏	❏	❏
Argumentieren und Kommunizieren	lernen, einen mathematischen Essay zu schreiben	❏	❏	❏	❏	❏	❏
	lernen, mathematische Ideen zu erläutern bzw. in Worte zu fassen	❏	❏	❏	❏	❏	❏
	in der Lage sind, über mathematische Inhalte zu kommunizieren	❏	❏	❏	❏	❏	❏
	die mathematische Terminologie korrekt benutzen können	❏	❏	❏	❏	❏	❏
	lernen, mathematisch zu argumentieren	❏	❏	❏	❏	❏	❏
Beweisen	die logische Struktur der Mathematik verstehen	❏	❏	❏	❏	❏	❏
	das Prinzip des mathematischen Beweises verstehen	❏	❏	❏	❏	❏	❏
	in der Lage sind, mathematische Aussagen zu beweisen	❏	❏	❏	❏	❏	❏
	lernen, wie verschiedene mathematische Begriffe und Ideen miteinander zusammenhängen	❏	❏	❏	❏	❏	❏
affektiv-motivationale Lernziele	das Gefühl bekommen, dass Mathematik etwas ist, das sie beherrschen	❏	❏	❏	❏	❏	❏
	sich für Mathematik zu interessieren beginnen	❏	❏	❏	❏	❏	❏
	Spaß an Mathematik haben	❏	❏	❏	❏	❏	❏
	ein Bewusstsein für die Wichtigkeit der Mathematik im täglichen Leben entwickeln	❏	❏	❏	❏	❏	❏

▶ D Unterrichts-methodische Präferenzen	Welche Bedeutung sollte eine Mathematiklehrperson den folgenden Unterrichtsaktivitäten Ihrer Meinung nach beimessen?	Ist mir überhaupt nicht wichtig – ist mir sehr wichtig					
		1	2	3	4	5	6
traditionell-direktive Instruktion	Der ganzen Klasse mathematische Begriffe erklären	❏	❏	❏	❏	❏	❏
	Hausaufgaben intensiv kontrollieren und berichtigen	❏	❏	❏	❏	❏	❏
	Als Lehrperson mathematische Aufgaben an der Tafel entwickeln	❏	❏	❏	❏	❏	❏
	Die Schülerinnen und Schüler Klassenarbeiten schreiben lassen, um ihre Leistungen festzustellen	❏	❏	❏	❏	❏	❏
eigenaktives Lernen	Die Schülerinnen und Schüler in kleinen Gruppen arbeiten lassen	❏	❏	❏	❏	❏	❏
	Die Schülerinnen und Schüler jede für sich an mathematischen Problemen arbeiten lassen	❏	❏	❏	❏	❏	❏
	Die Schülerinnen und Schüler mathematische Projekte durchführen lassen	❏	❏	❏	❏	❏	❏
	Eine Diskussion über mathematische Probleme anregen	❏	❏	❏	❏	❏	❏
	Die Schülerinnen und Schüler ihr mathematisches Denken reflektieren lassen	❏	❏	❏	❏	❏	❏
	Die Schülerinnen und Schüler Referate oder Vorträge halten lassen	❏	❏	❏	❏	❏	❏
	Im Folgenden finden Sie Meinungen dazu, warum der Einsatz von Gruppenarbeit im Unterricht *sinnvoll* ist. Wie sehr stimmen die einzelnen Aussagen mit Ihren Gründen, Gruppenarbeit im Mathematikunterricht einzusetzen, überein?	Ich stimme überhaupt nicht zu – ich stimme voll zu					
		1	2	3	4	5	6
kooperatives Lernen (positiv)	Gruppenarbeit fördert das selbstständige Lernen von Schülerinnen und Schülern	❏	❏	❏	❏	❏	❏
	Gruppenarbeit verbessert das soziale Klima in der Klasse	❏	❏	❏	❏	❏	❏
	Gruppenarbeit fördert die Kreativität der Schülerinnen und Schüler	❏	❏	❏	❏	❏	❏
	Gruppenarbeit unterstützt die kognitiven Lernprozesse der Schülerinnen und Schüler	❏	❏	❏	❏	❏	❏
	Gruppenarbeit ist geeignet, um vielfältige Aufgabenlösungen zu entwickeln	❏	❏	❏	❏	❏	❏
	Gruppenarbeit ist geeignet, um mit der Heterogenität der Schülerinnen und Schüler umzugehen	❏	❏	❏	❏	❏	❏

▶

	Im Folgenden finden Sie Meinungen dazu, warum der Einsatz von Gruppenarbeit im Unterricht *nicht sinnvoll* ist. Wie sehr stimmen die einzelnen Aussagen mit Ihren Gründen, Gruppenarbeit im Mathematikunterricht nicht einzusetzen, überein?	Ich stimme überhaupt nicht zu – ich stimme voll zu					
		1	**2**	**3**	**4**	**5**	**6**
kooperatives Lernen (negativ)	Es ist zu wenig Zeit im Lehrplan vorgesehen	❏	❏	❏	❏	❏	❏
	Gruppenarbeit führt oft zu chaotischen und lauten Situationen	❏	❏	❏	❏	❏	❏
	Die Klassenstärke ist zu groß, damit diese Arbeitsform funktionieren kann	❏	❏	❏	❏	❏	❏
	Bei der Gruppenarbeit besteht die Gefahr, dass sich einige Schülerinnen und Schüler in der Gruppe zurückziehen und kaum an der Bearbeitung beteiligen	❏	❏	❏	❏	❏	❏
	Schülerinnen und Schüler lenken sich dabei oft gegenseitig ab oder geraten ins Rumalbern	❏	❏	❏	❏	❏	❏
	Die Meinungen darüber, wie Lehrkräfte auf Schülerfehler im Mathematikunterricht reagieren sollten, gehen auseinander. Wie sehr stimmen Sie mit den folgenden Aussagen überein?	**Ich stimme überhaupt nicht zu – ich stimme voll zu**					
		1	**2**	**3**	**4**	**5**	**6**
Umgang mit Fehlern	Eine Lehrperson sollte andere Schülerinnen und Schüler einschätzen lassen, ob die Antwort richtig oder falsch ist	❏	❏	❏	❏	❏	❏
	Eine Lehrperson sollte falsche Antworten hervorheben und die Schülerinnen und Schüler bitten, diese zu diskutieren	❏	❏	❏	❏	❏	❏
	Eine Lehrperson sollte Fehler selbst korrigieren, damit durch missverständliche Schülerformulierungen keine neuen Unklarheiten entstehen	❏	❏	❏	❏	❏	❏
	Eine Lehrperson sollte darauf achten, dass durch die Besprechung von Fehlern nicht zu viel Unterrichtszeit verloren geht	❏	❏	❏	❏	❏	❏
	Eine Lehrperson sollte bei Fehlern gezielt nachfragen, um herauszufinden, welche Denkkonzepte hinter dem Fehler stecken	❏	❏	❏	❏	❏	❏
	Eine Lehrperson sollte bei der Rückgabe von Klassenarbeiten in der Regel die Aufgaben selbst richtig an der Tafel vorführen	❏	❏	❏	❏	❏	❏
	Eine Lehrperson sollte Schülerinnen und Schüler dazu ermutigen, im Unterricht ihre Fehler vorzustellen	❏	❏	❏	❏	❏	❏
	Eine Lehrperson sollte darauf achten, dass möglichst keine Fehler an der Tafel stehen	❏	❏	❏	❏	❏	❏

	Die Meinungen darüber, wie Taschenrechner und weitere digitale Werkzeuge (graphikfähige Taschenrechner, dynamische Geometrie-Software, Tabellenkalkulation, Computeralgebrasysteme etc.) im Mathematikunterricht eingesetzt werden sollen, gehen weit auseinander. Wie sehr stimmen Sie mit den folgenden Aussagen überein?	Ich stimme überhaupt nicht zu – ich stimme voll zu					
		1	2	3	4	5	6
Neue Medien	Es ist sehr wichtig, dass Schülerinnen und Schüler lernen, wie man einen Taschenrechner benutzt	❑	❑	❑	❑	❑	❑
	Es ist sehr wichtig, dass im Unterricht außer dem Taschenrechner weitere digitale Werkzeuge eingesetzt werden	❑	❑	❑	❑	❑	❑
	Wenn Schülerinnen und Schüler digitale Werkzeuge benutzen, besteht die Gefahr, dass sie grundlegende mathematische Fertigkeiten nicht erwerben	❑	❑	❑	❑	❑	❑
	Digitale Werkzeuge entlasten den Unterricht von Routinetätigkeiten und eröffnen mehr Raum für Argumentieren, Problemlösen und Modellieren	❑	❑	❑	❑	❑	❑
	Digitale Werkzeuge bieten viele Möglichkeiten, aber es kostet zu viel Zeit, deren Bedienung zu erlernen	❑	❑	❑	❑	❑	❑
	Um systematisch Computer im Mathematikunterricht einzusetzen, sind die Klassen zu groß	❑	❑	❑	❑	❑	❑
	Schülerinnen und Schüler können mathematische Inhalte besser erlernen, wenn digitale Werkzeuge eingesetzt werden	❑	❑	❑	❑	❑	❑
	Die Benutzung von digitalen Werkzeugen in der Mathematik ist hauptsächlich eine Hilfe für Lernschwache	❑	❑	❑	❑	❑	❑
	Die folgenden Aussagen nennen einige Aspekte zur Rolle des Mathematiklehrers. Inwieweit sehen Sie persönlich Ihre Ansichten zur Rolle des Mathematiklehrers in diesen Aussagen wiedergegeben?	Ich stimme überhaupt nicht zu – ich stimme voll zu					
		1	2	3	4	5	6
Lehrerrolle	Lehrpersonen können oft von ihren Schülerinnen und Schülern während des Mathematikunterrichts lernen	❑	❑	❑	❑	❑	❑
	Wenn eine Schülerin bzw. ein Schüler im Unterricht eine Frage stellt, sollte die Lehrperson die Antwort wissen	❑	❑	❑	❑	❑	❑
	Eine Lehrperson muss die Autorität sein, die entscheidet, was richtig und was falsch ist	❑	❑	❑	❑	❑	❑
	Eine Lehrperson muss den Schülerinnen und Schülern Wissen vermitteln	❑	❑	❑	❑	❑	❑
	Eine Lehrperson muss in erster Linie Lerngelegenheiten schaffen, lernen müssen die Schülerinnen und Schüler selbst	❑	❑	❑	❑	❑	❑

Tab. 1: Fragebogen zu Überzeugungen

Ergebnisse der empirischen Untersuchungen zu Überzeugungen

Die Auswertung der *MT21*-Studie kommt zu dem Ergebnis, dass die Überzeugungen angehender Lehrkräfte (bezogen auf deutsche Mathematikstudierende und Referendare) meistens ein in sich konsistentes System darstellen, das heißt, Überzeugungen in einem Bereich sind mit Überzeugungen in anderen Bereichen verbunden. Insbesondere wurden in der Studie folgende Zusammenhänge festgestellt (Blömeke/Kaiser/Lehmann 2008, S. 234 f.):

▸ Angehende Lehrkräfte, die in der *Instruktion* den ausschlaggebenden Faktor für die Entstehung mathematischer Fähigkeiten sehen, betonen auch den Schema- und den Formalismusaspekt.

▸ Angehende Lehrkräfte, die in der *Konstruktion* den ausschlaggebenden Faktor für die Entstehung mathematischer Fähigkeiten sehen, betonen auch den Anwendungs- und den Prozessaspekt.

Allerdings bedeutet dies nicht, dass ein Lehramtsstudent oder Referendar, der die dynamischen Aspekte der Mathematik (Anwendungs- und Prozessaspekt) bevorzugt, die statischen Aspekte der Mathematik (Schema- und Formalismusaspekt) ganz ablehnt oder ausschließt. Die Studie deutet dies so, dass hier das „von Expertinnen und Experten bevorzugte Muster einer Janusköpfigkeit der Mathematik" (ebd., S. 238) vorliegt. Bei diesem Muster werden sowohl statische als auch dynamische Aspekte für die Mathematik und den Mathematikunterricht als wichtig erachtet.

Dieses Ergebnis der *MT21*-Studie für Lehramtsstudenten und Referendare steht in einem leichten Gegensatz zu den Ergebnissen von Grigutsch, Raatz und Törner (1998), die praktizierende Lehrer befragt hatten. In deren Untersuchung traten die Zustimmungen der Befragten zu den dynamischen Aspekten der Mathematik (Anwendungs- und Prozessaspekt) und den statischen Aspekten der Mathematik (Schema- und Formalismusaspekt) eher als „antagonistische Leitvorstellungen" auf (ebd., S. 11). Je stärker eine Lehrkraft den statischen Aspekten zustimmte, umso schwächer stimmte sie den dynamischen zu und umgekehrt.

Im Hinblick auf Überzeugungen zum Lehren und Lernen von Mathematik kommt die *MT21*-Studie unter anderem zu folgenden Ergebnissen (Blömeke/Kaiser/Lehmann 2008, S. 261 f.). Angehende Mathematiklehrkräfte

▸ stimmen Formen eigenaktiven Lernens stärker zu als der traditionell direktiven Instruktion,

▸ schätzen die Auswirkungen kooperativen Lernens eher negativ ein,

▸ betrachten Fehler als Lerngelegenheiten,

▸ befürworten die Integration von Taschenrechnern und Computern in den Mathematikunterricht.

Außerdem wurden die angehenden Mathematiklehrkräfte befragt, inwieweit sie die folgenden vier Bereiche als Zielsetzungen für den Mathematikunterricht für wichtig erachten: *Routineaufbau, Problemlösen und Modellieren, Argumentieren und Be-*

gründen, Beweisen. Mit weiteren Fragen wurde zugleich erfasst, welche Bedeutung sie *affektiv-motivationalen Lernzielen* beimessen. Die Auswertung zeigt, dass angehende Mathematiklehrkräfte den Bereichen *Problemlösen und Modellieren, Argumentieren und Begründen* sowie den *affektiv-motivationalen Lernzielen* am stärksten zustimmen. Der Bereich des *Beweisens* erfuhr die vergleichsweise schwächste Zustimmung.

Für praktizierende Lehrkräfte gibt es zu diesen Aspekten Ergebnisse aus der COACTIV-Studie, einer Zusatzuntersuchung zur PISA-Studie 2003, die sich auch mit den Lehrerinnen und Lehrern der untersuchten Schülerinnen und Schüler beschäftigt hat (Baumert u. a. 2004, Kunter u. a. 2011). Dabei zeigen sich sowohl Gemeinsamkeiten als auch Unterschiede zur *MT21*-Studie. Ein Unterschied besteht bei den für wichtig erachteten Zielsetzungen: Praktizierende Lehrkräfte schätzen die Bedeutung von Mathematisierungs- und Modellierungsfähigkeiten nicht so hoch ein wie angehende Mathematiklehrkräfte. Blömeke, Kaiser und Lehmann (2008, S. 268) äußern die vorsichtige Vermutung, dass die höhere Einschätzung angehender Lehrkräfte darauf zurückzuführen ist, dass die Wichtigkeit dieser Fähigkeiten in mathematikdidaktischen Lehrveranstaltungen im Rahmen der Diskussion der PISA-Ergebnisse betont wurde. Demgegenüber besteht ein gemeinsames Ergebnis von COACTIV- und *MT21*-Studie darin, dass die COACTIV-Studie einen ähnlichen Zusammenhang zwischen instruktiven bzw. konstruktiven Mathematikauffassungen und der Betonung von Schema- und Formalismusaspekt bzw. Anwendungs- und Prozessaspekt aufzeigt.

Insgesamt stimmen zwar mehr als 90 % der deutschen Mathematiklehrer dem Konzept des selbstständigen Unterrichts zu, haben aber ein vergleichsweise geringes Vertrauen, dass Schülerinnen und Schüler mathematische Inhalte auch tatsächlich selbstständig erarbeiten können (Blömeke/Kaiser/Lehmann 2008, S. 270). Aus diesem Grund entspricht die tatsächliche Unterrichtsgestaltung oft nur bedingt dem Konzept des selbstständigen Lernens. Für angehende Mathematiklehrkräfte zeigt sich dieses geringe Vertrauen insbesondere darin, dass kooperative Arbeitsformen eher negativ eingeschätzt werden (siehe oben). In der Auseinandersetzung mit Überzeugungen muss also auch beachtet werden, dass Aussagen, die Lehrkräfte in Untersuchungen äußern, nicht unbedingt mit ihrem Handeln im Unterricht übereinstimmen. Insofern sollte unterschieden werden, ob es sich um geäußerte Überzeugungen oder tatsächlich um „handlungssteuernde Kognitionen" (Wahl 1991) handelt.

3 Analyse von Mathematikunterricht auf der Basis von Videographien

3.1 Einleitung zu den Videographien

Die folgenden drei Videographien zeigen Unterricht, den zwei Lehrerinnen und ein Lehrer nach ersten Schritten im Referendariat durchgeführt haben. Diese Lehrkräfte sind also im Begriff, das Unterrichten zu lernen. Dabei haben sie das Recht, verschiedene Unterrichtsszenarien und Methoden zu erproben, Fehler zu machen und über Gelungenes und Problematisches nachzudenken. Aus diesem Grund dürfen die Videographien nicht als Modelle von Unterricht verstanden werden, der bereits konsequent kompetenzorientiert ist. Beispielsweise sind die ausgewählten Aufgabenstellungen nicht durchgängig kompetenzorientiert.

In den Analysen der Videosequenzen soll es auch nicht darum gehen, einen Unterricht zu skizzieren, der grundsätzlich von dem Lernarrangement abweicht, das die Referendarinnen bzw. der Referendar für ihren Unterricht gewählt haben. Die Leitfragen und Analysen zielen vielmehr darauf ab, zu überlegen, an welchen konkreten Stellen der Unterricht – ausgehend von den Zielsetzungen der Referendarinnen und des Referendars – im Sinne einer konsequenteren Kompetenzorientierung verbessert werden könnte. Dabei soll auch vermutet werden, inwieweit bestimmte subjektive Überzeugungen (Beliefs) ungünstige Planungs- oder Handlungsentscheidungen beeinflusst haben könnten.

Andererseits möchten die Analysen der Videographien aufzeigen, in welcher Hinsicht das von den Lehrkräften gewählte Lernarrangement bereits kompetenzorientiert ist. Wer sich vor Augen hält, welch hochkomplexer Prozess Unterricht in vielerlei Hinsicht ist, wird an vielen Stellen der Videographien bemerken, wie viele wichtige Aspekte die angehenden Lehrerinnen und Lehrer bereits berücksichtigen.

Zusammenfassend könnte man etwas salopp sagen: In den Analysen der Videographien geht es darum, den tatsächlich durchgeführten und im Video festgehaltenen Unterricht gedanklich ein Stück weit in Richtung Kompetenzorientierung zu bewegen. Innerhalb der Lehrerausbildung helfen solche Analysen den Referendarinnen und Referendaren stärker dabei, ihre Handlungskompetenzen auszuweiten, als die Beschreibung eines völlig anderen Unterrichts, mit gänzlich anderen Aufgaben, Methoden und Sozialformen. Dieses Buch geht davon aus, dass Videoanalysen in dieser Form auch für Sie als Leserin oder Leser fruchtbar sein können.

Die Kurzbeschreibung der Stunde stammt vom Autor und beschreibt den *tatsächlichen* Verlauf der Stunde. Dagegen handelt es sich bei den *Lernzielen und Kompetenzen* und dem *Geplanten Stundenverlauf* um Planungsüberlegungen, die die Referendare vor den Stunden formuliert haben. Die Formulierungen der Referendare wurden weitgehend im Wortlaut übernommen, damit die Intentionen der Referendare bei der Planung möglichst gut nachvollzogen werden können. An einzelnen Stellen wurden Kürzungen vorgenommen oder Formulierungen sprachlich geglättet. In die Kurzbeschreibung zur Stunde wurden auch solche Elemente der Lerngruppenbeschreibung aufgenommen, die für das Verständnis der Videosequenz wichtig sind. Für alle Videographien lautet die übergeordnete Fragestellung:

 **LEITFRAGE**

> Inwieweit können die Schülerinnen und Schüler in der Stunde tatsächlich diejenigen inhalts- und prozessbezogenen Kompetenzen erweitern, die die Referendarinnen bzw. der Referendar fördern möchten?

Die Beobachtung und Deutung von Unterricht hat immer eine subjektive Komponente. Jeder Beobachter legt seine persönlichen Vorerfahrungen zugrunde und wertet Lehrer- und Schülerhandlungen aufgrund seiner eigenen Maßstäbe von gutem Unterricht. Aus diesem Grund bittet der Autor den Leser ausdrücklich darum, die folgenden Analysen der Videographien als Interpretationen anzusehen, die aus den Bewertungsmaßstäben des Autors entstanden sind. Es ist durchaus möglich und beabsichtigt, dass Sie einzelne Stellen des Unterrichts oder das gesamte Unterrichtsgeschehen anders deuten und zu anderen Schlussfolgerungen gelangen.

Wenn Sie sich mit weiteren Videographien von Mathematikunterricht auseinandersetzen möchten, finden Sie eine Vielzahl von Beispielen und Begleitmaterialien bei Reusser, Pauli, und Krammer (2004 und 2007).

 **HINWEIS FÜR ALLE VIDEOGRAPHIEN**

> Machen Sie sich zunächst mit der Kurzbeschreibung der Stunde, den Lernzielen und Kompetenzen sowie dem Verlaufsplan vertraut. Betrachten Sie anschließend alle Einzelsequenzen der jeweiligen Stunde, um einen Gesamteindruck von der Stunde zu erhalten, und notieren Sie Ihre ersten Gedanken. Setzen Sie sich anschließend mit den Leitfragen auseinander. Betrachten Sie gegebenenfalls einzelne Sequenzen erneut.

3.2 Videographie 1: Addition und Subtraktion von Dezimalbrüchen in einem Handlungskontext (6. Klasse)

Kurzbeschreibung der Stunde

Der Einstieg in die Unterrichtsstunde erfolgt, indem die Klasse um Rat bei der Bestellung von Büchern, Spielen und Puzzles für die Nachmittagsbetreuung der Schule gebeten wird. Als Arbeitsmaterial hat die Lehrerin dazu den Prospekt einer Büchergilde mitgebracht, den die Schülerinnen und Schüler im Original erhalten. In einer Partner- bzw. Gruppenarbeit wählen die Schülerinnen und Schüler aus dem Prospekt Bücher, Spiele und Puzzles aus, die insgesamt den Betrag von 75 Euro nicht überschreiten sollen. Jede Gruppe überträgt ihre Bestellung auf ein Plakat, das am Ende der Stunde vor der Klasse präsentiert wird.

Lernziele und Kompetenzen (Referendarin)

Hauptlernziel:

▸ Die Schülerinnen und Schüler üben die Addition und Subtraktion von Dezimalbrüchen, indem sie diese in einem Handlungskontext anwenden. (Leitidee: Zahl)

Inhaltsbezogene Kompetenzen:

▸ Die Schülerinnen und Schüler vergleichen und überschlagen Dezimalbrüche.
▸ Die Schülerinnen und Schüler vertiefen ihr auf Dezimalbrüche erweitertes Stellen-
wertverständnis.
▸ Die Schülerinnen und Schüler entdecken, dass sie im Alltag ständig mit Dezimalbrüchen konfrontiert werden und dass die erfolgreiche Teilhabe am gesellschaftlichen Leben den sicheren Umgang mit Dezimalbrüchen voraussetzt.

Prozessbezogene Kompetenzen:

▸ Die Schülerinnen und Schüler schulen ihre Kommunikationsfähigkeit, indem sie
während der Partnerarbeit ihre Überlegungen dem Mitschüler/der Mitschülerin
adressatengerecht darlegen, Rückmeldungen entgegennehmen, mit ihren Fehlern
konstruktiv umgehen und ihre Ergebnisse dokumentieren. Zudem wird die Fähigkeit der Schülerinnen und Schüler, mathematisch zu kommunizieren, dadurch gefördert, dass sie die unterschiedlichen Lösungswege mithilfe der Plakate verbalisieren und der Lerngruppe verständlich präsentieren.

Geplanter Stundenverlauf (Referendarin)

Phase	Unterrichtsgeschehen	Sozialformen	Medien
Einstieg	L schildert den SuS das Anliegen der Nachmit- tagsbetreuung der Schule, neue Bücher und Spiele anzuschaffen, und bittet SuS um Rat; SuS erarbeiten einen Fahrplan für ihren Auftrag	LV UG	Papierstreifen, Tafel
Erarbeitung I	SuS stellen eine Auswahl von Büchern, Spielen und Puzzles zusammen; SuS addieren und subtrahieren die angegebenen Preise der Artikel, um zu überprüfen, ob das vorgegebene Budget nicht überschritten wird; L nimmt beratende Funktion ein	PA/GA	Prospekt, Hefter
Erarbeitung II	SuS entwerfen ein Bestellformular: Sie übertragen ihre Zusammenstellung an Büchern, Spielen und Puzzles und deren Preise auf ein DIN-A3-Plakat	PA	Plakat
Präsentation	SuS stellen der Lerngruppe ihre Bestellformulare vor; eine Schülerin oder ein Schüler kommt zur Tafel und achtet darauf, dass die Vorgaben eingehalten wurden	SV	Plakat, Tafel, Magneten

UG = Unterrichtsgespräch; GA = Gruppenarbeit; PA = Partnerarbeit; LV = Lehrervortrag; SV = Schülervortrag;
L = Lehrerin; SuS = Schülerinnen und Schüler

Tab. 1: Geplanter Stundenverlauf

 **AUFGABE**

Betrachten Sie die vier Sequenzen der Videographie 1 :

 V1_Arbeitsauftrag, V1_Arbeitsphase_1, V1_Arbeitsphase_2, V1_Präsentationsphase

Analysieren Sie die Sequenzen mithilfe der folgenden Leitfragen:

a) Wie wird der Kontext für den Arbeitsauftrag entwickelt?

   Hinweis: Im Video ist nicht zu sehen, wie die Informationskarten an der Tafel aufgehängt und die Details des Arbeitsauftrags (Partnerarbeit etc.) bekannt gegeben werden. Unter anderem gibt eine Karte vor, dass die Bestellung einen Gesamtbetrag von 75 Euro nicht überschreiten sollte.

b) Inwieweit ist der von der Lehrerin geschaffene Handlungskontext motivierend und geeignet, um das Addieren und Subtrahieren von Dezimalbrüchen zu üben?

c) Wie verläuft die Interaktion zwischen den Schülerinnen und Schülern in der Partner- bzw. Gruppenarbeit?

d) Wie teilen die Schülerinnen und Schüler die Arbeit untereinander auf?

e) Was geschieht in der Präsentationsphase? Wie und in welcher Form sind die Schülerinnen und Schüler während der Präsentation gefordert?

f) Inwieweit sind das Medium Plakat und die Methodik der Präsentationsphase funktional im Hinblick auf die Lernziele und Kompetenzen der Stunde? Welche methodischen Alternativen gäbe es?

Analyse der Videographie 1

Der Kontext der Stunde wird von der Lehrerin klar und freundlich vorgestellt. Dabei unterstreicht sie die Darstellung der Ausgangssituation und die Bitte um Rat sehr gut durch

Abb. 1: Die Lehrerin stellt den Buchprospekt vor.

ihre Gestik und Mimik. Der Handlungskontext, den die Lehrerin gewählt hat, orientiert sich an den Alltagsinteressen der Schülerinnen und Schüler und führt zu einer hohen Motivation. Insbesondere wirkt es für die Schülerinnen und Schüler motivierend, dass sie in die Rolle der Experten schlüpfen dürfen, die der Schulbücherei helfen.

Alle Partner bzw. Gruppen arbeiten konzentriert an der Aufgabenstellung und bemühen sich, ein schönes Plakat für die Bestellung zu entwerfen. Die meisten Schülerinnen und Schüler kommunizieren dabei intensiv miteinander, um zu klären, welche Bücher und Spiele ausgewählt werden sollen. Sie überschlagen die Kosten ihrer Auswahl, überprüfen, ob der Gesamtbetrag überschritten wird, und vergleichen die entsprechenden Rechnungen. Allerdings ist auch zu beobachten, dass die Erstellung des Plakates viel Zeit für nicht-mathematische Aktivitäten in Anspruch nehmen kann. So wird in der Eckgruppe zunächst die Schreibweise des Wortes „Bestellung" geklärt. Anschließend notiert ein Schüler diese Überschrift sehr langsam Buchstabe für Buchstabe, während die anderen Gruppenmitglieder einzelne Stichworte liefern oder im Katalog blättern. Die Arbeit wurde hier so aufgeteilt, dass ein Schüler alleine das Plakat erstellt, während die beiden anderen Gruppenteilnehmer nur noch verbal unterstützen. Im Sinne der Lernziele und Kompetenzen der Stundenplanung ist diese Arbeitsteilung der Gruppe ungünstig, da über viele Minuten hinweg kaum mehr mathematische Aktivitäten durchgeführt werden und die Gruppenmitglieder nur noch eingeschränkt kommunizieren. Um die angestrebten Kompetenzen gleichmäßig zu fördern, ist hier eine Lehrerintervention sinnvoll, etwa die Bitte, dass jeder Teilnehmer einer Gruppe sowohl am Rechnen als auch an der Erstellung des Plakates beteiligt sein soll. Idealerweise sollte dies bereits Teil des Arbeitsauftrags für die Partner- bzw. Gruppenarbeitsphase sein.

Abb. 2: Präsentation der Plakate

Für die Präsentationsphase wird ein Schüler an die Tafel gebeten und damit beauftragt nachzuprüfen, ob die präsentierenden Gruppen die Vorgaben eingehalten haben, insbesondere ob der Gesamtbetrag von 75 Euro nicht überschritten wurde. Die präsentierenden Gruppen zeigen ihr Plakat und erläutern, welche Bücher sie ausgewählt haben. Nach jeder Präsentation wird der Gesamtbetrag der Bestellung vorgelesen und von einem Schüler ohne Kontrollrechnung bestätigt.

Im Hinblick auf die angestrebten Kompetenzen der Stunde ist die Präsentationsphase in zweifacher Hinsicht problematisch:

▶ Die präsentierenden Schülerinnen und Schüler konzentrieren sich im Wesentlichen auf das Vorlesen der von ihnen ausgewählten Titel. Die Addition und Subtraktion von Dezimalbrüchen wird dabei nicht angesprochen.

▶ Mit Ausnahme des einen kontrollierenden Schülers wird die übrige Klasse nicht in die Präsentation eingebunden.

In der Präsentation wird also kaum das *Kommunizieren mathematischer Zusammenhänge* geübt, obwohl es ein explizites Anliegen der Lehrerin war, die Kompetenz *Kommunizieren* auch in dieser Phase zu fördern. Dass sich die Lehrerin für diese eher ungünstige Form der Plenumspräsentation entschieden hat, kann mit einer bestimmten subjektiven Überzeugung in Zusammenhang stehen: der Überzeugung, dass am Ende von Arbeitsphasen möglichst alle Ergebnisse von der Lehrkraft oder in Gegenwart der Lehrkraft „abgesegnet" werden müssen, damit kein Fehler übersehen wird (vgl. Kapitel 2).

Um die Schülerinnen und Schüler stärker im mathematischen Kommunizieren zu fördern, bieten sich hier methodische Alternativen an:

1. Die präsentierenden Schülerinnen und Schüler verdecken zunächst auf dem Plakat das Ergebnis ihrer Rechnung. Die übrigen Schülerinnen und Schüler werden gebeten, durch einen Überschlag im Kopf zu prüfen, ob der Betrag von 75 Euro nicht überschritten wurde. Dies stellt nicht nur eine Kopfrechenübung dar, sondern bietet gleichzeitig weitere Anlässe zum Kommunizieren, etwa verschiedene Techniken des Überschlagens (ausschließliches Abrunden etc.) zu diskutieren. Darüber hinaus werden durch einen solchen Auftrag alle Schülerinnen und Schüler der Klasse aktiv in die Präsentation eingebunden.

2. Auf das Medium Plakat und eine Präsentation im Plenum wird insgesamt verzichtet. Stattdessen erhalten die Schülerinnen und Schüler das Bestellformular, das dem Prospekt beiliegt, oder eine von der Lehrkraft didaktisch reduzierte Variante. In das Bestellformular tragen die Schülerinnen und Schüler die Titel ein, die sie auswählen. Anschließend tauschen sie die ausgefüllten Formulare mit einer Nachbargruppe und überprüfen deren Rechnung. Diese Alternative hat den großen Vorteil, dass die relativ zeitaufwendige Erstellung des Plakats entfällt und mehr Zeit für die eigentlichen mathematischen Aktivitäten zur Verfügung steht, insbesondere üben die Schülerinnen und Schüler die Fehlersuche und Korrektur bei der Addition und Subtraktion von Dezimalbrüchen. Darüber hinaus un-

terstützt das Bestellformular die Authentizität und Alltagsorientierung der Aufgabe, da die Schülerinnen und Schüler bei eigenen Bestellungen ebenfalls mit Bestellformularen umgehen müssen. Bei dieser Alternative verliert die Lehrkraft natürlich die Möglichkeit, die von den Schülerinnen und Schülern auf dem Plakat vorgestellten Rechnungen im Plenum zu korrigieren. Eine umfassende Kontrolle der Rechnungen ist hier aber nicht notwendig, da die Gruppe schon recht gut Dezimalbrüche addieren und subtrahieren kann. Im Gegenteil: Bei diesem Stand der Lerngruppe kann eine Überprüfung der Rechnungen durch Mitschülerinnen und Mitschüler gleichzeitig zur Stärkung der Selbstkompetenz beitragen.

3.3 Videographie 2: Hinführung zur Tangentensteigung (Analysis)

Kurzbeschreibung der Stunde

Vor der Stunde hat der Lehrer an der Tafel den Graphen einer Geraden und den Graphen der Parabel $f(x) = \frac{1}{2}x^2$ skizziert. Zum Einstieg in die Stunde werden diese beiden Graphen gegenübergestellt. Im Unterrichtsgespräch stellt der Lehrer heraus, dass die Gerade eine konstante Steigung besitzt, die mithilfe eines Steigungsdreiecks bestimmt werden kann, während die Steigung der Parabel in jedem Punkt unterschiedlich ist. Anschließend erläutert der Lehrer den Schülerinnen und Schülern, dass sie nun eine Methode kennenlernen werden, mit deren Hilfe man die Steigung von Funktionsgraphen in beliebigen Punkten bestimmen kann. Dazu werden das Arbeitsblatt (siehe Abb. 3 unten) und Taschenspiegel ausgeteilt. In der folgenden Partnerarbeitsphase, mit der die Videosequenz einsetzt, führen die Schülerinnen und Schüler die Arbeitsaufträge des Arbeitsblattes aus. Nach einem kurzen Vergleich der Ergebnisse der Partnerarbeitsphase (in den Videoausschnitten nicht zu sehen) zeichnet der Lehrer an der Tafel in den Graphen der Parabel $f(x) = \frac{1}{2}x^2$ die Tangente an einen mit $P(x_0, f(x_0))$ bezeichneten Punkt ein und fragt: „Wie kann man rechnerisch die Steigung dieser Tangente bestimmen?" Das abschließende fragend-entwickelnde Unterrichtsgespräch behandelt die Bestimmung der Tangentensteigung als Grenzwert von Sekantensteigungen.

Einführung Differenzialrechnung

Das Schaubild zeigt die Funktion $f(x) = \frac{1}{2}x^2$ und den Punkt $A(2;2)$.

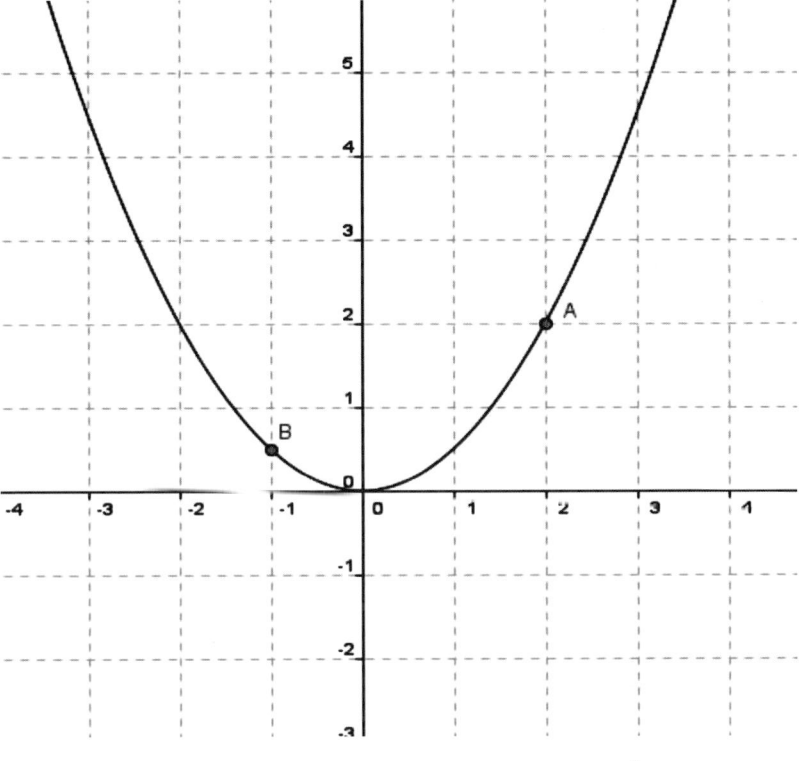

a) Lege den Spiegel so an den Punkt $A(2;2)$ an, dass die Funktion im Übergang zu ihrem Spiegelbild keinen Knick hat.

b) Zeichne entlang des Spiegelrandes eine Gerade. Diese Gerade nennt man Normale.

c) Zeichne nun **rechtwinklig** zur Normalen eine weitere Gerade, die ebenfalls durch den Punkt A geht.

d) Wie könnte man diese Gerade nennen? (Erinnere dich an die Mittelstufe, dort hatten ähnliche Geraden einen Namen bekommen.) Welche Eigenschaften hat diese Gerade?

e) Ermittle die Steigung der Geraden aus c).

f) **Die Steigung dieser Geraden bestimmt die Steigung der Funktion im Punkt A.**
Bestimme nun ebenso die Steigung im Punkt $B(-1; 0,5)$.
Welche Schwierigkeiten ergeben sich bei dieser Art der Steigungsberechnung?

Abb. 3: Arbeitsblatt des Referendars für die Partnerarbeit

Lernziele und Kompetenzen (Referendar)

Lernziele

Die Schülerinnen und Schüler

▸ lernen den Begriff der Tangente „neu" kennen, indem sie auf der konkret-anschaulichen Ebene mithilfe eines Spiegels am Punkt *A* die Normale konstruieren, die Tangente einzeichnen, beschreiben und deren Steigung bestimmen;

▸ verknüpfen den „neu" erarbeiten Begriff der Tangente mit dem Begriff der Tangente aus der Mittelstufe;

▸ formulieren mit ihren Worten, dass die Folge der Sekantensteigungen eine Näherung der Tangentensteigung darstellt.

Prozessbezogene Kompetenzen

▸ Die Schülerinnen und Schüler *lösen das Problem* der Steigung in einem Punkt und lernen, vermehrt *mit symbolischen, formalen und technischen Elementen der Mathematik umzugehen.*

Geplanter Stundenverlauf (Referendar)

Phase	Lehrerhandeln	Erwartetes Schülerhandeln	Sozial-form	Medien
Motivation	Wiederholung der Geradensteigung und Problematisierung des Steigungsbegriffs bei nicht linearen Funktionen	SuS fassen zusammen	UG	Tafel
Erarbeitung I	L erläutert den Arbeitsauftrag	SuS hören zu	LV	
	L beantwortet eventuelle Fragen	SuS bearbeiten Arbeitsauftrag	PA	AB, Taschen-rechner, Geodreieck, Folie, Spiegel
Sicherung I	Aufforderung zur Präsentation der Lösungen	SuS präsentieren Lösungen	UG	OH-Folien
Erarbeitung II	Mathematisierung des Begriffs Tangentensteigung als Differenzen- und Differenzialquotient	SuS erarbeiten die Folge von Sekantensteigungen	UG	Tafel
Sicherung II	Berechnung der Tangentensteigung der Funktion $f(x) = \frac{1}{2}x^2$	SuS verwenden den Differenzialquotienten	UG	Tafel

UG = Unterrichtsgespräch; PA = Partnerarbeit; LV = Lehrervortrag; AB = Arbeitsblatt;
OH-Folien = Overheadfolien; L = Lehrer; SuS = Schülerinnen und Schüler

Tab. 2: Geplanter Stundenverlauf

AUFGABE

Betrachten Sie die drei Sequenzen der Videographie 2:

V2_Partnerarbeit_1, V2_Partnerarbeit_2, V2_Unterrichtsgespräch

Analysieren Sie die Sequenzen mithilfe der folgenden Leitfragen.

Zur Partnerarbeit:

a) Welche Schwierigkeiten haben die Schülerinnen und Schüler bei der Bearbeitung des Arbeitsblattes?

b) Inwieweit gelingt den jeweiligen Partnern eine Zusammenarbeit?

c) Welche mathematischen Kompetenzen werden in der Partnerarbeit gefördert? Welcher Begriffsbildungprozess findet im Hinblick auf die Tangentensteigung statt?

Zum Unterrichtsgespräch während der Plenumsphase:

d) In welcher Weise wird das Medium Tafel zur Visualisierung eingesetzt?

e) Welche Ideen äußern die Schülerinnen und Schüler? Welche Idee formuliert ein Schüler im Zusammenhang mit Nullstellen, und wie wird diese Idee vom Lehrer aufgegriffen?

f) Wie geht der Lehrer mit Schülerbeiträgen um?

g) Wie sind Lehrer- und Schüleranteile verteilt?

h) Welche Schülerinnen und Schüler beteiligen sich aktiv?

Zu übergeordneten Aspekten:

i) Wie und warum unterscheiden sich die Schüleraktivitäten in der Partnerarbeits- und Plenumsphase?

j) Inwiefern leistet die Stunde einen Beitrag zur Förderung des Problemlösens und des Umgangs mit symbolischen, formalen und technischen Elementen der Mathematik wie es der Lehrer bei der Kompetenzformulierung beabsichtigt?

k) Der Stunde liegt ein Einstieg in die Differenzialrechnung zugrunde, bei dem zunächst die Tangente an einen Graphen mithilfe eines Spiegels und der Normalen gefunden wird. Unmittelbar daran anschließend erfolgt ein fragend-entwickelndes Unterrichtsgespräch zu Differenzen- und Differenzialquotienten. Diskutieren Sie alternative Einstiege in die Differenzialrechnung.

Analyse der Videographie 2

Der Arbeitsauftrag für die Partnerarbeit scheint der Lerngruppe vom Schwierigkeitsgrad her gut angepasst zu sein. Schwierigkeiten der Schülerinnen und Schüler zeigen sich beim Lesen und Verstehen der Aufgabenstellung (Lesekompetenz), bei der Konstruktion der Normalen mithilfe des Spiegels und bei der Bestimmung der Steigung der Tangenten. Alle diese Schwierigkeiten lösen aber einen produktiven Arbeitsprozess aus und es gelingt den Schülerinnen und Schülern schließlich, die Schwierigkeiten zu überwinden. Insbesondere ist deutlich, dass die Aufgabe, die Steigung der Tangente am Graphen zu bestimmen, in sinnvoller Weise Kompetenzen aus dem Bereich mathematische

Darstellungen aufgreift. In beiden Partnerteams übernimmt jeweils eine Schülerin bzw. ein Schüler eine „Vorreiterrolle", während sich der andere Partner zunächst abwartend verhält. Dennoch ist ein sinnvoller Austausch zwischen den Partnern zu beobachten.

Abb. 4: Schülerinnen beim Anlegen des Spiegels während der Partnerarbeit

In der Plenumsphase stützt sich der Lehrer auf den an der Tafel skizzierten Graphen der Parabel $f(x) = \frac{1}{2}x^2$. In diesen Graphen hat er bereits die Tangente an einen Punkt eingezeichnet, der symbolisch mit $P(x_0, f(x_0))$ beschriftet wurde. Im Verlauf des Unterrichtsgesprächs zeichnet der Lehrer dann mit verschiedenen Farben weitere Sekanten an den Graphen ein, die sich immer weiter der Tangente annähern, allerdings aufgrund der stark verunreinigten Tafel optisch nicht gut unterschieden werden können. Auf die rechte Tafelseite schreibt der Lehrer die algebraischen Ausdrücke für die Steigung der Sekanten. Am Ende notiert er an der linken Tafelseite den algebraischen Ausdruck der Tangentensteigung als Grenzwert der Sekantensteigungen. Insgesamt lässt sich beobachten, dass der Sprechanteil des Lehrers sehr hoch ist, sodass diese Phase kaum mehr ein Unterrichtsgespräch ist, sondern eher den Charakter eines Lehrervortrags besitzt. Meldungen kommen fast nur noch von einigen leistungsstarken Schülerinnen und Schülern. Selbst diese können aber kaum etwas zur Entwicklung der Idee der Tangente als Grenzwert von Sekanten beitragen, sondern wiederholen vorwiegend bekannte Zusammenhänge. Beispielsweise erläutert eine Schülerin auf die Bitte des Lehrers hin die Eigenschaft einer Sekante. Außerdem versucht ein Schüler, ein Verfahren zur Bestimmung doppelter Nullstellen auf die neue Situation zu übertragen. Die sehr geringe Schülerbeteiligung ist darauf zurückzuführen, dass die Frage „Wie kann man rechnerisch die Steigung dieser Tangente bestimmen?", die der Lehrer an den Anfang dieser Phase stellt, von den Schülerinnen und Schülern unmittelbar auf einer symbolischen Ebene beantwortet werden soll (vgl. Kap. 5.2 zu den

Darstellungsebenen). Die vorangegangene Partnerarbeitsphase hat dazu keine Vorbereitung geleistet, sondern den Schülerinnen und Schülern lediglich eine Methode aufgezeigt, wie die Tangente an einen Punkt des Graphen mithilfe des Spiegels konstruiert werden kann. Die Vorstellung der Tangente als Grenzwert von Sekanten wurde dabei noch nicht einbezogen, sodass der doppelte Schritt von der numerischen auf eine rein symbolische Darstellungsebene und von der einzelnen Tangente hin zu einer Folge von Geraden für die Schülerinnen und Schüler zu groß ist. Diese in der Filmsequenz zu beobachtenden Schwierigkeiten werden von Danckwerts und Vogel als generelle Schwierigkeiten des klassischen Zugangs zur Ableitung über die Tangentensteigung beschrieben (Danckwerts und Vogel 2006, S. 49).

Die Kompetenz, die der Lehrer in der Filmsequenz fördern möchte, nämlich das Umgehen mit symbolischen, formalen und technischen Elementen der Mathematik, wird dabei wahrscheinlich kaum weiterentwickelt, da die Schülerinnen und Schüler nicht selbst mit diesen Elementen umgehen und auch die Ausführungen des Lehrers nur unzureichend nachvollziehen können. Problematisch ist in diesem Zusammenhang auch die Aussage f) auf dem Arbeitsblatt: „Die Steigung dieser Geraden bestimmt die Steigung der Funktion im Punkt A." Durch diese Aussage wird den Schülerinnen und Schülern ad hoc mitgeteilt, dass die Ableitung als Zuordnung *Punkt →
Tangentensteigung im Punkt* einen neuen funktionalen Zusammenhang darstellt. Bei der Bearbeitung des Arbeitsblattes hatten die Schülerinnen und Schüler aber bisher nur in einem einzigen Punkt geometrisch die Tangentensteigung bestimmt. Um funktionale Aspekte vorzubereiten, müssten die Schülerinnen und Schüler beispielsweise gedanklich ein Bergprofil ablaufen und dabei die Steigungen in verschiedenen Punkten anschaulich beschreiben und vergleichen.

Auffällig ist, dass es zu diesem Misslingen kommt, obwohl der Lehrer offensichtlich über eine hohe fachmathematische Kompetenz verfügt und auch die Tafel als Medium bewusst einsetzt. Beispielsweise ist klar zu erkennen, dass der Lehrer die Aufteilung der Tafel schon in seiner Planung durchdacht hat. Auch der Gedankengang wird vom Lehrer gut strukturiert, berücksichtigt aber eben nicht in ausreichendem Maße die Voraussetzungen und Erfordernisse der Lerngruppe.

Unter Umständen zeigt sich hier die Wirkung einer Überzeugung des Lehrers zur Methodenwahl. Die gewählte Methodik, Lehrervortrag mit Tafelunterstützung, ähnelt sehr dem Skript einer klassischen Mathematikvorlesung an der Hochschule, die der Lehrer in seiner eigenen Ausbildung vielleicht als typisch und angemessen erlebt hat. (Vgl. die subjektiven Überzeugungen in Kap. 2.1: „Neue mathematische Begriffe sollten der ganzen Klasse von der Lehrkraft erklärt werden.") Die Übertragung dieser Methode führt jedoch in dieser Lernsituation nicht zum Erfolg.

Insgesamt zeigt sich eine große Diskrepanz zwischen der Phase der Partnerarbeit und des Unterrichtsgesprächs. Während sich in der Partnerarbeit alle Schülerinnen und Schüler weitgehend eigenständig und produktiv mit den Aufgabenstellungen auseinandersetzen können, ist davon auszugehen, dass die stark monologisierende Phase des Unterrichtsgesprächs nur zu einem geringen Kompetenzzuwachs führt.

Abb. 5: Lehrer während
des Unterrichtsgesprächs

Um Schülerinnen und Schülern Grundideen der Differenzialrechnung selbstständig entdecken zu lassen, ist ein methodisch anders aufgebautes Vorgehen günstiger.
Schülerinnen und Schüler sollten zunächst auf einer anschaulichen bzw. konkret-
numerischen Ebene Erfahrungen sammeln können. In der Fachdidaktik wurde dazu
eine Reihe von Vorschlägen entwickelt. Hier seien nur einige Überlegungen und Möglichkeiten genannt:

▸ Generell besteht ein Nachteil des Zugangs zur Ableitung über das Tangentenpro-
blem darin, dass die Idee der Tangente als Grenzlage von Sekanten schwer eigenständig entdeckt werden kann und leicht zu einer „gleichsam vom Himmel fallen-
den genialen Idee" wird (Danckwerts und Vogel 2006, S. 47). Danckwerts und Vogel
plädieren deshalb für einen Zugang zur Ableitung als lokale Änderungsrate, bei der
die Annäherung der Ableitung durch Differenzenquotienten in einem Sachkontext
angelegt ist. Ein klassisches und bewährtes Beispiel dafür ist der Übergang von der
Durchschnitts- zur Momentangeschwindigkeit, die genau den mathematischen Begriffen der mittleren bzw. momentanen Änderungsrate entsprechen. Aufgabenbeispiele dazu findet man als Problem „Radfahren" in Hußmann (2003, S. 90) und im
Kontext der Radarmessung („Geblitzt?") von Helmig in Engel (Hrsg.) (2010, S. 150).

▸ Oldenburg (2007) beschreibt einen Stationenzirkel, in dem die Schülerinnen und
Schüler mehrere reale Experimente durchführen, die sich der Ableitung als Tangentensteigung von verschiedenen Seiten nähern: Steigungsmessung an Funkti-
onsschablonen, Bahnkurve einer Kugel nach dem Verlassen einer parabelförmigen
Murmelbahn, Reinigungsroboter auf einem Parabolspiegel und auch die Konstruktion der Tangente mithilfe eines Spiegels als Normale. Der Stationenzirkel betont
zwar den Aspekt der Tangentensteigung, bahnt aber durch die Einbeziehung realer
Experimentiersituationen eine Verbindung von Tangentensteigung und lokaler Änderungsrate an. Beispielsweise lässt die Steigungsmessung mithilfe eines Steigungs-
messers an einer konkaven Holzschablone nur die Messung mittlerer Steigungen

zwischen zwei Punkten zu, während der Steigungsmesser an einer konvexen Holzschablone automatisch tangential anliegt und die Steigung in einem Punkt angibt.

▸ Der Stationenzirkel von Oldenburg lässt sich gut durch eine Experimentierumgebung ergänzen, die mithilfe des dynamischen Geometrie- und Algebraprogramms
Geogebra erstellt werden kann. In der Experimentierumgebung (siehe Abb. 6 unten)
können die Schülerinnen und Schüler mithilfe eines Schiebereglers h einen Punkt
B auf einer Normalparabel bewegen. Die jeweilige Steigung der Sekanten durch
$A(1;1)$ und B kann an einem Steigungsdreieck direkt abgelesen werden, sodass die
Folge der Sekantensteigungen für die Schülerinnen und Schülern direkt sichtbar
wird. Im Grenzfall, wenn B auf A zu liegen kommt, verschwindet die Sekante, da das
Programm zum Zeichnen einer Geraden zwei verschiedene Punkte benötigt. Gerade
dieses Problem des Programms eignet sich im Unterricht sehr gut, um zu begründen,
warum es sinnvoll ist, die Folge der Sekanten im Anschluss auch rechnerisch-analy-
tisch zu betrachten. Die Verwendung des Schiebereglers h entspricht dabei auf der
enaktiven Ebene genau der h-Methode zur analytischen Bestimmung der Tangentensteigung. Die Verwendung der Experimentierumgebung mit Geogebra hat den
großen Vorteil, dass die Schülerinnen und Schüler die Grundidee der Tangente als
Grenzlage von Sekanten nicht ausschließlich von der Lehrkraft erläutert bekommen,
sondern in Teilen eigenständig entdecken können. Dabei sollten sie dazu aufgefordert werden, die entdeckten Zusammenhänge schriftlich zu fixieren.

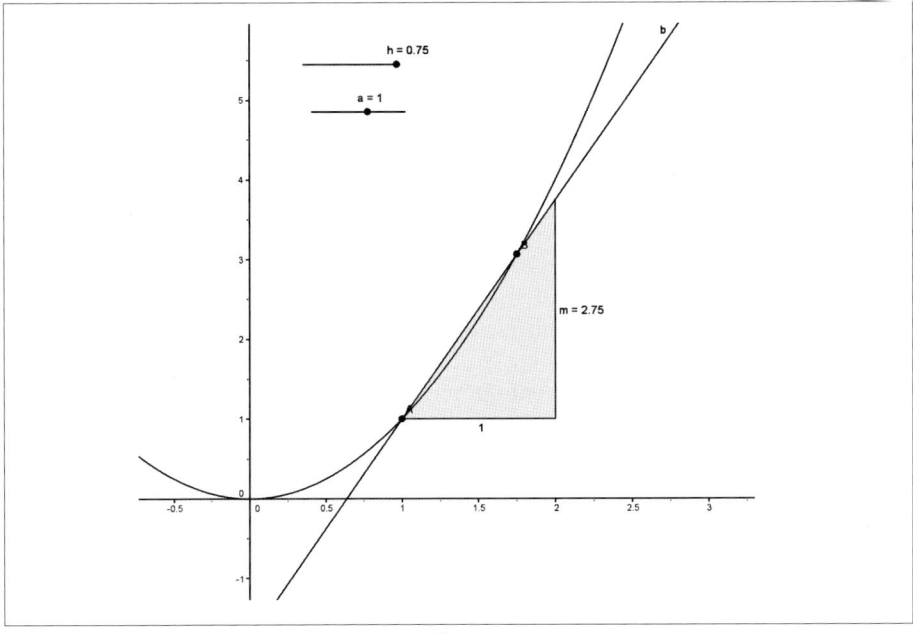

Abb. 6: Experimentierumgebung mit Geogebra (siehe ⊙ Tangentensteigung.ggb)

3.4 Videographie 3: Entdeckung der Eigenschaften von Wendestellen (Analysis)

Kurzbeschreibung der Stunde

Zu Beginn der Stunde erläutert die Lehrerin den Schülerinnen und Schülern das Stundenziel, die Charakteristika von Wendestellen und ein Verfahren zu deren Berechnung zu erarbeiten. Außerdem stellt die Lehrerin die Methode des Gruppenpuzzles vor. Dazu verwendet sie ein Plakat, auf dem die Expertengruppen und gemischten Gruppen bildlich dargestellt sind. Für die Expertengruppen gibt es drei verschiedene Aufgabenblätter (siehe Abbildungen 7, 8, 9 und 10), die jeweils auf einen anderen Aspekt von Wendestellen zielen:

▶ Gruppe A: Wendestellen als Nullstellen der 2. Ableitung einer Funktion („Graphen interpretieren!")

▶ Gruppe B: Wendestellen als Stellen, an denen sich das Krümmungsverhalten einer Funktion ändert („Scharfe Kurven beim Motorradfahren")

▶ Gruppe C: Wendestellen als Stellen, an denen die Steigung am größten oder kleinsten ist (am Beispiel des Wasserstandes bei „Ebbe und Flut")

Die Idee zu diesem Gruppenpuzzle stammt von Richter (2005), die Ausgestaltung der drei Arbeitsblätter unten und der Verlaufsplan wurden von Frau Sandra Dorfard und von Frau Helen Gutermann entwickelt.

Die Schülerinnen und Schüler sitzen bereits an Gruppentischen und beginnen unmittelbar mit der Arbeit, nachdem sie von der Lehrerin die Arbeitsblätter erhalten haben. Nach ca. 20 Minuten beendet die Lehrerin die Arbeit in den Expertengruppen und bittet die Schülerinnen und Schüler, sich anhand von Zetteln, die auf den Tischen ausliegen, neu zu gemischten Gruppen zusammenzusetzen. Nach dem Umsetzen arbeiten die Schülerinnen und Schüler weitere 15 Minuten in den gemischten Gruppen. Dabei haben sie zum einen die Aufgabe, ihren Mitschülerinnen und -schülern die bisherigen Ergebnisse aus den Expertengruppen zu präsentieren, zum anderen die verschiedenen Aspekte zu Wendestellen in einer Gesamtschau zusammenzutragen (siehe „Arbeitsauftrag für die gemischten Gruppen", Abb. 11). Die Präsentation einer Schülerin am Ende der Stunde dauert knapp 5 Minuten.

⊙ Hinweis: Sie finden das Gruppenpuzzle auch auf der DVD zum Ausdrucken (Wendestellen.pdf).

Gruppe A

Graphen interpretieren!

Es sind der Graph von
$f(x) = -0,05x^4 + 1,2x^2 + 2$
sowie die Graphen der 1. und 2. Ableitung von f gegeben. Diskutieren Sie, welcher Graph f, f' und f'' darstellt. Kleben Sie die Graphen in die dafür vorgesehenen Felder.

Graph von f

Graph von f'

Graph von f''

Aufgabe:
Außer Nullstellen und Extrempunkten gibt es noch einen weiteren besonderen Punkt von Funktionsgraphen – den Wendepunkt. In diesem Punkt besitzt die 2. Ableitung der Funktion eine Nullstelle. Identifizieren Sie diesen Punkt in der gegebenen Funktion und finden Sie weitere Eigenschaften dieses besonderen Punktes heraus!

Abb. 7: Arbeitsblatt „Graphen interpretieren!", Teil 1

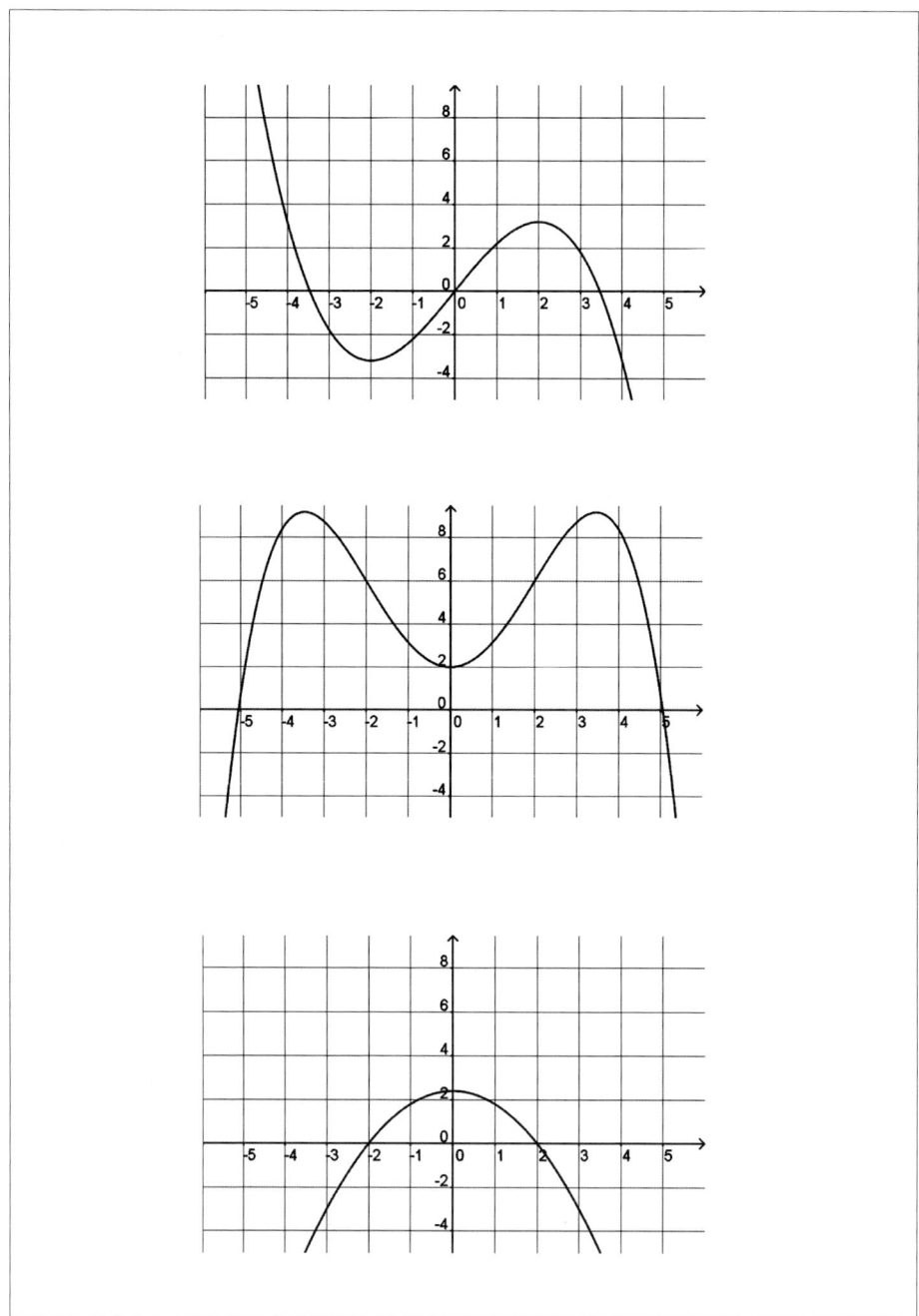

Abb. 8: Arbeitsblatt „Graphen interpretieren!", Teil 2

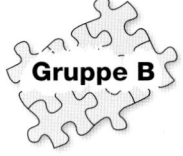

Gruppe B   Scharfe Kurven beim Motorradfahren

Die Geschicklichkeit von Motorradfahrern zeigt sich besonders in den Kurven der Rennstrecke. Häufig werden Schikanen in die Strecke eingebaut, sodass mehrere Kurven in kurzen Abständen aufeinander folgen. Für die Rennfahrer kommt es zwischen zwei Kurven entscheidend darauf an, die richtige Stelle zum Wechsel der Kurvenlage von rechts nach links oder umgekehrt zu finden. Die beste Linie, längs der ein Rennfahrer sein Motorrad durch einen Rennkurs steuern kann, heißt Ideallinie.

Die folgende Ideallinie wird durch die Funktion
$f(x) = -0{,}05x^4 + 1{,}2x^2 + 2$ mit $-5 \leq x \leq 5$
beschrieben. Die Einheit für x und $f(x)$ ist jeweils 10 m.

1. Beschreiben Sie, wie der Fahrer das Lenkrad beim Befahren der Straße halten muss.

2. An welchen Stellen muss er seine Kurvenlage wechseln?

3. Wie findet man diese Stellen möglichst exakt?

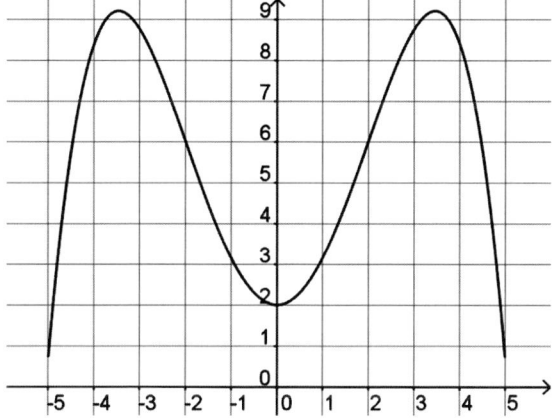

Tipp:
Betrachten Sie den Graphen f als eine Straße aus der „Vogelperspektive", die in Richtung zunehmender x-Werte befahren wird.

Abb. 9: Arbeitsblatt „Scharfe Kurven beim Motorradfahren"

Gruppe C

Ebbe und Flut

Zum auffälligsten Geschehen an den meisten Küsten gehören die Gezeiten, das täglich zweimalige Fallen und Steigen des Wassers. Den Vorgang des Zurückweichens von Wasser bezeichnet man bekanntlich als Ebbe, den des Ansteigens als Flut, wobei man den höchsten Stand der Flut Tiden-Hochwasser (THW), den niedrigsten bei Ebbe Tiden-Niedrigwasser (TNW) nennt. Der Höhenunterschied zwischen Hoch- und Niedrigwasser wird Tidenhub genannt. Der Tidenhub hängt vom Mond und von den Jahreszeiten ab. Die Hubhöhen der Gezeiten sind an unterschiedlich gelegenen Küsten verschieden. Der folgende Graph zeigt die Höhe des Wasserstands in Abhängigkeit von der Zeit an einem Beispiel.

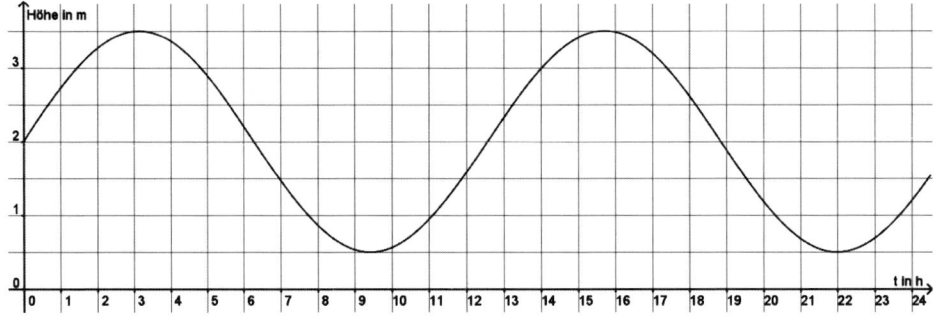

▸ Beschreiben Sie grob den Verlauf der Gezeiten innerhalb von 24 Stunden.
▸ Beschreiben Sie, was zwischen zwei Extrempunkten (d.h. zwischen Tiden-Hoch- und Tiden-Niedrigwasser) geschieht.
▸ Zu welchen Zeitpunkten ist der stärkste Wasserzufluss bzw. Wasserabfluss zu verzeichnen, wenn sich die Gezeiten durch die oben dargestellte Funktion f mit $f(x) = 1{,}5 \cdot \sin(0{,}5 \cdot x) + 2$ beschreiben lassen?

Lösungshinweise:
▸ Zeichnen Sie auf dem Intervall zwischen zwei Extrema verschiedene Tangenten an den Graphen. Schätzen Sie deren Steigungen ab oder ermitteln Sie diese rechnerisch.
▸ Was bedeutet in dem hier dargestellten Sachzusammenhang die Tangentensteigung?

Abb. 10: Arbeitsblatt „Ebbe und Flut"

Zusatzaufgaben

Gruppe A: Überprüfen Sie rechnerisch, wo die Nullstellen der 2. Ableitung liegen.

Gruppe B: Was bedeutet es für den Motorradfahrer, wenn die Steigung des Graphen 0,25 beträgt?

 **Arbeitsauftrag für die gemischten Gruppen**

▸ Präsentieren Sie sich gegenseitig die Ergebnisse der Expertengruppen.

▸ Notieren Sie anschließend gemeinsam die verschiedenen Vorstellungen von Wendepunkten, welche sich aus den erarbeiteten Lösungen der Expertengruppen ergeben.

▸ Diskutieren und notieren Sie ein Verfahren, mit dem Wendepunkte berechnet werden können.

Abb. 11: Zusatzaufgaben und Arbeitsauftrag für die gemischten Gruppen

Lernziele und Kompetenzen (Referendarin)

Lernziel

▸ Die Schülerinnen und Schüler entdecken eigenständig die Eigenschaften von Wendestellen und stellen die notwendige und gegebenenfalls die hinreichende Bedingung zur Berechnung von Wendestellen auf (Leitidee: Funktionaler Zusammenhang).

Prozessbezogene Kompetenzen

Das mathematische Kommunizieren (K6) und Argumentieren (K1) werden gefördert, indem die Schülerinnen und Schüler

▸ die Aufgaben gemeinsam erarbeiten und sich gegenseitig verständlich darstellen,

▸ Äußerungen der Mitschülerinnen und -schüler zu mathematischen Inhalten verstehen und überprüfen,

▸ Lösungswege beschreiben und begründen.

Selbstkompetenzen

▸ Da nach der Expertenphase jede Schülerin bzw. jeder Schüler die Ergebnisse seiner Herkunftsgruppe präsentieren muss, wird die Übernahme von Verantwortung für Lernprozesse gefördert.

▸ Durch die Erfahrung, den Mitschülerinnen und -schülern mathematische Inhalte als Experte vermitteln zu können, wird das Selbstvertrauen der Schülerinnen und Schüler gestärkt.

Geplanter Stundenverlauf (Referendarin)

Phase	Schüleraktivität	Lehreraktivität	Sozialform	Medien
Einstieg	SuS hören zu	L macht den SuS das Lernziel der Stunde transparent; erklärt die Methode des Gruppenpuzzles	Plenum, LV	Plakat
Erarbeitung 1 (Experten-gruppen)	SuS arbeiten in Expertengruppen an einem der drei Zugänge zu Wendestellen (A, B oder C); kontrollieren ihre Ergebnisse mithilfe der ausliegenden Lösungszettel; bearbeiten gegebenenfalls die Zusatzaufgabe	L teilt die Arbeitsblätter für das Gruppenpuzzle aus; unterstützt nach dem Prinzip der minimalen Hilfe; organisiert die Zusammensetzung der gemischten Gruppen	GA	AB, Lösungszettel, AB mit Zusatzaufgabe
Erarbeitung 2 (gemischte Gruppen)	SuS stellen sich gegenseitig Teilaspekte vor; bearbeiten Gruppenauftrag	L unterstützt nach dem Prinzip der minimalen Hilfe; gibt Folie für Ergebnissicherung aus	GA	AB, OH-Folien
Sicherung	SuS präsentieren Lösungsideen zum Arbeitsauftrag für die gemischten Gruppen	L hört zu und moderiert Präsentation	SV, UG	OH-Folien

UG = Unterrichtsgespräch; GA = Gruppenarbeit; LV = Lehrervortrag; SV = Schülervortrag; AB = Arbeitsblatt; OH-Folien = Overheadfolien; L = Lehrerin; SuS = Schülerinnen und Schüler

Tab. 3: Geplanter Stundenverlauf

 **AUFGABE**

Betrachten Sie die Videosequenz 🔘 V3_Arbeitsauftrag. Analysieren Sie den Arbeitsauftrag: Welche Informationen gibt die Lehrerin den Schülerinnen und Schülern? Wie werden die Erläuterungen strukturiert?

Analyse des Arbeitsauftrags

Der Arbeitsauftrag der Lehrerin gliedert sich in folgende Teile:

▸ Die Lehrerin informiert grob über die *inhaltliche Zielsetzung* der Stunde: Es geht um einen neuen Typus charakteristischer Stellen, für den die Lehrerin den Fachbegriff Wendestellen einführt.

▸ Die Lehrerin stellt den Schülerinnen und Schülern den *methodischen Ablauf* der Stunde in Form eines Gruppenpuzzles vor. Dazu erläutert die Lehrerin die *Gruppenbildung und den Arbeitsauftrag*, das heißt, in welcher Form die Expertengruppen vorgehen und wie anschließend mithilfe von bereits ausliegenden farbigen Zetteln gemischte Gruppen gebildet werden sollen. Die Vorstellung des Gruppenpuzzles wird sehr gut durch ein Plakat unterstützt, auf dem die Gruppenbildung optisch dargestellt ist. Das Plakat bleibt die ganze Stunde über an der Tafel hängen, sodass es den Schülerinnen und Schülern als ständige Orientierungshilfe präsent ist. Die Lehrerin informiert die Schülerinnen und Schüler auch vorab über die *zeitliche Länge der Arbeitsphasen*. Dies hilft ihnen bei der selbstständigen Einteilung ihrer Arbeitszeit. Schließlich gibt die Lehrerin den Schülerinnen und Schülern für die Durchführung der Expertengruppe eine entscheidende *Frage zur Selbstkontrolle* mit auf den Weg: „Am Ende der 15 Minuten sollten Sie sich die Frage stellen, ob wirklich *jeder einzelne* von Ihnen das Thema dann alleine vor den anderen vertreten bzw. erklären kann."
▸ Die Lehrerin weist die Schülerinnen und Schüler auf die ausliegenden Lösungen (als *Hilfestellungen*) sowie auf die Zusatzaufgaben (als *Materialien zur Differenzierung*) hin.

Obwohl es sich um sehr viele Informationen handelt, können die Schülerinnen und Schüler der Anleitung gut folgen und sind unmittelbar danach arbeitsfähig. Innerhalb der Stunde wird es praktisch keine Rückfragen zum Ablauf des Gruppenpuzzles geben. Dies ist auf die sehr klare Struktur der Anleitung und die geschickte Einbeziehung der beiden Plakate an der Tafel zurückzuführen, die den Schülerinnen und Schülern auch in den Arbeitsphasen vor Augen bleiben. Insgesamt ist die Anleitung sehr gut gelungen, ihr großer Umfang ist sogar notwendig, damit die Lehrerin in den Arbeitsphasen nicht erneut intervenieren muss, um organisatorische Probleme zu klären.

Abb. 12: Lehrerin stellt das Gruppenpuzzle vor

 **AUFGABE**

In ihrer Stundenplanung formuliert die Lehrerin die Absicht, das Gruppenpuzzle entsprechend der Empfehlung im Methodikhandbuch von Barzel/Büchter/Leuders (2007) möglichst „ohne steuernde Einflussnahme der Lehrperson" (S. 98) durchzuführen bzw. sich am Prinzip der minimalen Hilfe zu orientieren (vgl. Zech 1998, S. 309). Betrachten Sie dazu den folgenden Dialog, in dem die Lehrerin einer Gruppe Hilfen gibt. Diskutieren Sie die Hilfestellungen der Lehrerin vor dem Hintergrund ihrer ursprünglichen Absicht. Entwickeln Sie alternative Hilfestellungen.

Der folgende Dialog gibt das Gespräch der Lehrerin während der Erarbeitung 1 (Expertengruppen) mit einer Gruppe wieder, die die Aufgabe C bearbeitet und größere Schwierigkeiten hat, die Bedeutung der Wendepunkte im Zusammenhang mit dem Graphen des Wasserstandes zu erschließen. Weil sich auf der Videographie die Gespräche verschiedener Gruppen überlagern, ist der Dialog an manchen Stellen schwer oder gar nicht zu verstehen; deshalb wurden unverständliche Stellen mit … gekennzeichnet und manche Satzteile sinngemäß ergänzt. Die Gruppe bestand aus zwei Schülerinnen (S1 und S2) und einem Schüler (S3), mit denen die Lehrerin (L) über einen Zeitraum von etwa 2 Minuten spricht.

L: Sie haben schon herausgearbeitet, was der Graph darstellt und was an den Extrempunkten passiert. Haben Sie schon darüber nachgedacht, was passiert hier zwischen den Punkten? (*L zeigt auf das Arbeitsblatt.*)
S3: Da nimmt das Wasser ab.
L: Genau es nimmt ab. Und wie nimmt es ab?
S3: Gleichmäßig.
L: Das ist die Frage. … Also nimmt es gleichmäßig ab oder ändert sich das? Und dann schauen Sie sich noch mal den …punkt an.
S3: Also, ich glaub, es dauert hier oben erstmal, bis es anfängt… und nimmt dann mehr ab und dann am Ende halt sehr schnell, bis ja … und wird dann immer schneller …
L: Mmh. (*zustimmend, schaut zu S1 und S2*) Was glauben Sie?
S3: …
Alle lachen.
S2: Also, es fängt langsam an und dann geht's schnell … .
S3: Anfangs geht es langsam zurück, sodass man das erst gar nicht merkt … Das ist so, wenn man einen halben Meter auf der Sandbank ist, und dann wird es schneller …
S2: Also, es ist ja auch eigentlich logisch. Weil das Ganze ist ja eine Kurve, wenn es gleichmäßig sein soll, kann es nicht spitz sein (*zeigt mit ihren Händen ein Dach*).
L: Ja, dann ist es eine lineare Funktion.
S2: Ja, genau.

S3: Dann müsste es gerade an diesem Punkt so stark runter. Deswegen erstmal über den Hubbel und dann ... *(führt mit seinen Händen eine schnelle Abwärtsbewegung vor).*

L: Mmh, da haben Sie völlig recht. Sie müssen sich aber auch noch mal überlegen, was ist hier unten. Sie haben ganz recht, am Anfang braucht es seine Zeit.

S3: Dann geht es wieder hoch *(führt mit seinen Händen eine Aufwärtsbewegung vor).*

L: Jetzt müssen Sie sich noch überlegen, ab wo. Wie ist es? ... Geht es immer schneller zurück? ...

S1, S2, S3 *betrachten konzentriert das Arbeitsblatt.*

L: Das heißt, es muss ja irgendwo einen Punkt geben, wo es mal am schnellsten ist.

S3: Hier? *(zeigt einen Punkt auf dem Graphen, vermutlich den Wendepunkt)*

L: Ja. *(nickt zustimmend)*

L: Ja, versuchen Sie es auch mal mit den Tangenten. Zeichnen Sie die mal ein und schauen Sie, wie es dann aussieht.

L *verlässt die Gruppe.*

Analyse des Dialogs

Offenbar fällt es dieser Gruppe sehr schwer, die Deutung der Wendepunkte als Punkte mit dem stärksten Ab- bzw. Zufluss von Wasser zu entwickeln. Deshalb ist eine Hilfe der Lehrerin grundsätzlich notwendig und wird von der Gruppe auch eingefordert. Allerdings hat die Hilfe den Charakter eines eng geführten fragend-entwickelnden Unterrichtsgesprächs, in dem die Lehrerin sehr starke Hinweise gibt. Beispielsweise beinhaltet die Entgegnung „Also nimmt es gleichmäßig ab oder ändert sich das?" schon den Hinweis, dass die Vermutung des Schülers 3 zur gleichmäßigen Abnahme falsch ist. Auch die entscheidende Schlussfolgerung wird von der Lehrerin selbst gezogen: „Das heißt, es muss ja irgendwo einen Punkt geben, wo es mal am schnellsten ist." Die eher unsicheren Reaktionen der Schülerinnen und des Schülers zeigen, dass die Gruppe Mühe hat, die gedanklichen Schritte der Lehrerin nachzuvollziehen.

Insgesamt steht diese Form der Hilfestellung im deutlichen Widerspruch zur ursprünglichen Absicht der Lehrerin die Arbeitsphasen „ohne steuernde Einflussnahme der Lehrperson" durchzuführen bzw. sich am Prinzip der minimalen Hilfe zu orientieren. In diesem Fall scheinen zwei Überzeugungen der Lehrerin im Widerstreit zu liegen. In der Planung orientiert sich die Lehrerin sehr konsequent an Überzeugungen zur Lehrerrolle, die eine Zurückhaltung der Lehrkraft in Phasen selbstständigen Entdeckens ausdrücken (vgl. Fragebogen aus Kap. 2, „Eine Lehrperson muss in erster Linie Lerngelegenheiten schaffen, lernen müssen die Schülerinnen und Schüler selbst."). Dagegen nimmt die Lehrerin in der konkreten Hilfssituation eine instruierende Lehrerrolle ein, die ihrer Absicht widerspricht, die neuen Inhalte durch die Expertengruppen selbstständig erarbeiten zu lassen.

In welcher Form könnte nun eine geringere Hilfestellung gegeben werden, die die Gruppe in ihrem Arbeitsprozess zwar unterstützt, aber keine entscheidenden Schritte vorwegnimmt?

Einen guten Anhaltspunkt für eine Hilfe bietet die Vermutung des Schülers, dass das Wasser gleichmäßig abnimmt. An dieser Stelle könnte die Lehrerin die Gruppe auffordern: „Überprüfen Sie ihre Vermutung, dass das Wasser gleichmäßig abnimmt." oder in etwas stärkerer Form: „Überprüfen Sie ihre Vermutung, indem Sie in einer Tabelle notieren, um wie viel Meter der Wasserstand in jeder Stunde abnimmt." Durch eine solche tabellarische Darstellung des Wasserstands und der jeweiligen Abnahme wird der Gruppe unmittelbar vor Augen geführt, dass die Abnahme der Wasserhöhe nicht konstant ist. Die Gruppe kann dann selbst die Schlussfolgerung ziehen, dass es einen Punkt geben muss, an dem die Abnahme am größten ist, und diesen Punkt lokalisieren. Eine solche Hilfe erhält stärker die Selbstständigkeit der Schülerinnen und Schüler und entspricht mehr dem Ziel der Lehrerin, das Selbstvertrauen der Schülerinnen und Schüler zu stärken.

Allerdings zeigt sich in dieser Sequenz auch eine grundlegende Schwierigkeit der Methode Gruppenpuzzle: Wenn eine Expertengruppe in der vorgesehenen Zeit nicht zu einem zufriedenstellenden Arbeitsergebnis kommt, können die Mitglieder der Gruppe ihren Baustein auch nicht in die gemischten Gruppen einbringen. Dadurch wird wiederum der Arbeitserfolg dieser Gruppen gefährdet. Barzel, Büchter und Leuders (2007, S. 98) schlagen deshalb vor, dass die Schülerinnen und Schüler in einer abschließenden Plenumsphase die Rückmeldung erhalten, „ob sie ‚richtig' gearbeitet haben." Bei dieser Vorgehensweise besteht allerdings die Gefahr, dass sich die Schülerinnen und Schüler in ihrer Leistung nicht ernst genommen fühlen. Zudem würde dies womöglich weitere Gruppenpuzzles erschweren, da die Schülerinnen und Schüler in der Gewissheit arbeiten könnten, am Ende eine zusammenfassende Lösung zu erhalten (vgl. Richter 2005). Insofern erscheint es insgesamt günstiger, wenn die Lehrperson in der Expertenphase die Gruppen soweit im Sinne des Prinzips der minimalen Hilfe unterstützt, dass sie in den gemischten Gruppen erfolgreich arbeiten können.

Bemerkungen zum gesamten Stundenverlauf

In den Expertengruppen arbeiten die Schülerinnen und Schüler konzentriert und tauschen sich deutlich miteinander aus. Die Gruppen, die den Teil A bearbeiten, kommen ohne größere Hilfen der Lehrerin zurecht. Die B-Gruppen entwickeln anhand des Beispiels des Motorradfahrens schnell eine anschauliche Vorstellung eines Wendepunkts. Allerdings bereitet es diesen Gruppen teilweise Schwierigkeiten, die Wendepunkte im vorgegebenen Graphen exakt zu finden. Die Lösungsversuche deuten jedoch in die richtige Richtung: Die Gruppenmitglieder legen ihre Geodreiecke an den Graphen an, um die Steigungen des Graphen in verschiedenen Punkten zu bestimmen. Größere Schwierigkeiten haben die C-Gruppen (vgl. den Dialog oben).

Die Neuzusammensetzung zu gemischten Gruppen verläuft reibungslos, sodass die Lehrerin während des Umsetzens in Ruhe die neuen Arbeitsaufträge verteilen kann. Die Präsentationen in den gemischten Gruppen erfolgen konzentriert und zeigen, dass die Schülerinnen und Schüler sich dafür verantwortlich fühlen, den Mitschülerinnen und -schülern ihre Arbeitsergebnisse verständlich darzustellen. Die A-

Gruppen können gut die notwendige Bedingung zur Bestimmung von Wendestellen erläutern. Die Teilnehmer der ehemaligen B-Gruppen stellen ihren Mitschülerinnen und -schülern die Charakterisierung des Wendepunkts als Übergang von Rechts- in Linkskurven bzw. von Links- in Rechtskurven vor. Die Schülerinnen und Schüler der C-Gruppen können zwar keine fertigen Lösungen, aber eine Reihe von Ideen in die gemischten Gruppen einbringen.

Das inhaltliche Lernziel der Stunde bestand darin, drei verschiedene Aspekte von Wendestellen zu entdecken. Zwei dieser Aspekte konnten die Schülerinnen und Schüler gut in einer selbstständigen Arbeit erreichen. Der dritte Aspekt, die Charakterisierung von Wendestellen als Stellen mit der größten bzw. kleinsten Steigung (Gruppe C), bedarf noch der Vertiefung.

Die prozessbezogenen Kompetenzen des Argumentierens und Kommunizierens wurden in dieser Stunde bei allen Schülerinnen und Schülern in einem hohen Maße gefördert. Die Aufgabe für die gemischten Gruppen war so gewählt, dass die Schülerinnen und Schüler sie nur durch gemeinsame Anstrengungen in einem ständigen Austausch von Ideen bewältigen konnten. Dabei musste jede Schülerin bzw. jeder Schüler die Rolle des Präsentierenden einnehmen, der fertige oder vorläufige Arbeitsergebnisse darlegt und bei Rückfragen Rede und Antwort steht. Insgesamt war der Sprechanteil aller Lernenden durch die Methode Gruppenpuzzle deutlich höher als bei einem fragend-entwickelnden Unterricht.

4 Kompetenzorientierte Diagnose von Lernausgangssituation und Lernprozess

4.1 Welche Formen der Diagnose gibt es?

Es gehört untrennbar zum Unterrichten, dass Lehrerinnen und Lehrer fortlaufend beobachten und deuten. Die Beobachtungen und Deutungen bilden die Grundlage für weitere Entscheidungen und Planungen. Aber: Was genau beobachten Lehrerinnen und Lehrer? In welcher Form nehmen sie Schülerinnen und Schüler und deren Tätigkeiten, Leistungen und Schwierigkeiten wahr? Die folgende Aufgabe möchte Ihnen ein Gefühl dafür vermitteln, in welch vielfältiger Weise diagnostische Informationen gesammelt werden können.

 AUFGABE

a) Bitte ergänzen Sie die folgende Liste um einige Beispiele.

▸ Max hat selbst bei einfachen Termumformungen große Schwierigkeiten und ist leicht entmutigt.

▸ Christine kommt auch mit komplexen Problemlöseaufgaben allein zurecht.

▸ Jan lässt sich leicht ablenken und verpasst oft wesentliche Teile der Arbeitsaufträge.

▸ Benjamin, Lena und Franziska ergänzen sich sehr gut in Gruppenarbeitsphasen.

▸ Auf die Frage „Welche Strategien können beim Lösen einer Problemaufgabe helfen?" melden sich nur zwei Schülerinnen der Klasse.

▸ Im Selbstdiagnosebogen gibt die Hälfte der Schülerinnen und Schüler der Klasse an, dass sie Schwierigkeiten haben, anwendungsbezogene Aufgaben im Themenbereich „Lineare Funktionen" zu lösen.

▸ Bei einer Reihe von Mädchen in der Klasse ist auffällig, dass sie gute und sehr gute schriftliche Leistungen zeigen, mündlich aber äußerst zurückhaltend sind.

▸ Christoph fragt, warum -6 die Lösung der Gleichung $\frac{1}{2}x + 3 = 0$ ist.

▸ In der letzten Klassenarbeit haben fast alle Schülerinnen und Schüler die Basisaufgaben zur Prozentrechnung richtig lösen können.

▸ ...

b) Welche Typen diagnostischer Beobachtungen und Tätigkeiten lassen sich unterscheiden? Ordnen Sie die Beispiele aus der Liste den von Ihnen unterschiedenen Typen zu.

Die obigen Beispiele zeigen, dass in sehr unterschiedlicher Hinsicht diagnostiziert werden kann. Diagnosen können

▸ sich auf einzelne Schülerinnen oder Schüler, auf einen Teil der Lerngruppe oder auf die ganze Klasse beziehen;

▸ systematisch oder unsystematisch vorgenommen werden;

▸ während des normalen Unterrichts oder in eigens für die Diagnose geschaffenen Situationen (Test, Klassenarbeit, Selbst- und Partnerdiagnose) erfolgen;

▸ verschiedene Kompetenzbereiche der Schülerinnen und Schüler in den Blick nehmen (inhalts- oder prozessbezogene, soziale und personale, insbesondere auch mo-
  tivationale und methodische Kompetenzen);

▸ zu Beginn einer Unterrichtseinheit, während einer Unterrichtseinheit oder am Ende
  einer Unterrichtseinheit erfolgen.

Mithilfe aller Beobachtungen und Deutungen schätzt eine Lehrkraft bewusst oder un-
bewusst ein, was ihre Schülerinnen und Schüler bereits können und was sie noch nicht
können. Dabei lassen sich die Ebenen des Beobachtens und Deutens kaum voneinander trennen. Deshalb sind Diagnosen im Alltag in der Regel nicht objektiv; gerade im
Bereich der Diagnostik zeigt sich der große Einfluss von Überzeugungen (Beliefs) der
jeweiligen Lehrkraft. Die Überzeugungen entscheiden darüber, welche Kompetenzen
und Unterrichtsabläufe überhaupt mit diagnostischer Brille betrachtet werden und in
welcher Form diagnostiziert wird. Beispielsweise wird eine Lehrkraft, die den Schemaaspekt (vgl. Kapitel 2) betont, häufig Diagnoseformen wählen, die zeigen, inwieweit die Schülerinnen und Schüler bestimmte Verfahren und Regeln beherrschen. Dagegen wird eine Lehrkraft, für die der Prozessaspekt ebenso wichtig ist, im Unterricht
und in Testsituationen auch Problemlösefähigkeiten einschätzen. Die Szene-Stopp-
Aufgaben aus Kapitel 2 haben Sie als Leserin oder Leser übrigens auch zu Diagnosen
und entsprechenden Reaktionen aufgefordert.

Oft sind einzelne Beobachtungen nicht ausreichend, um eindeutig diagnostizieren zu können. Beispielsweise kann es verschiedene Ursachen haben, dass sich nur
zwei Schülerinnen auf die Frage „Welche Strategien können beim Lösen einer Problemaufgabe helfen?" melden. Naheliegend scheint, dass im vorangegangenen Unterricht solche Strategien kaum herausgestellt worden sind. Es ist aber auch möglich, dass die Lehrkraft die Frage auf eine für die meisten Schülerinnen und Schüler
unverständliche Weise formuliert hat. Vielleicht wurde das Wort „Strategien" im
Mathematikunterricht zuvor noch nicht verwendet, obwohl die Schülerinnen und
Schüler durchaus über verschiedene heuristische Vorgehensweisen zum Problemlösen verfügen.

Jede Diagnose bewegt sich im Spannungsfeld zwischen dem schon Gekonnten
und dem noch nicht Gekonnten, das heißt zwischen den vorhandenen Kompetenzen
der Schülerinnen und Schüler und ihren Entwicklungsmöglichkeiten. Wird einseitig
das noch nicht Gekonnte betont, entsteht eine *defizitorientierte Diagnose* (Siemes in
Kliemann 2008, S. 14), die sich ausschließlich auf die Lücken eines Schülers bzw. einer
Schülerin konzentriert. Innerhalb der Institution Schule haben solche Diagnosen oft
die Selektion als einseitigen Zweck, das heißt, mit der Diagnose werden Abschlussno-
ten festgelegt, wird über eine (Nicht-)Versetzung entschieden oder die Empfehlung
eines Schulformwechsels begründet. Deshalb stellt Scherer (1999, S. 170) der defizit-
orientierten Diagnose eine *kompetenzorientierte Diagnose* gegenüber, die „versucht,
durch sogenannte Standortbestimmungen vor der Behandlung einer Thematik Informationen darüber zu erhalten, was die Kinder schon können". Aufbauend auf dieser

Standortbestimmung kann dann eine Unterrichtsstunde oder -einheit sinnvoll geplant werden. In Unterrichtsentwürfen gibt es in der Regel einen Abschnitt zum Stand der Lerngruppe, in dem die vorhandenen Kompetenzen der Schülerinnen und Schüler als Voraussetzungen für das Unterrichtsvorhaben beschrieben werden.

 **AUFGABE**

> Unten finden Sie zwei Beschreibungen zum Stand einer Lerngruppe der Jahrgangsstufe 5 zum Themenbereich „Flächen- und Rauminhalte". Beide bilden den Ausgangspunkt für die Planung einer Stunde, in der die Formel für das Volumen eines Quaders erarbeitet werden soll. Vergleichen Sie die beiden Beschreibungen. Diskutieren Sie insbesondere, inwieweit die Beschreibungen als Bestandsaufnahme für die Unterrichtsplanung hilfreich sind.

Stand der Lerngruppe 1

Nach der Klassenarbeit habe ich das neue Thema „Flächen- und Rauminhalte" eingeführt. Zunächst wurde den Schülerinnen und Schülern erklärt, was man in der Mathematik unter Flächeninhalt versteht und welche Möglichkeiten es gibt, um Flächeninhalte zu messen. Anschließend haben die Schülerinnen und Schüler elementare Flächenmessungen durchgeführt. Dabei habe ich meine Aufmerksamkeit darauf gerichtet, dass sie Flächen mit verschiedenen Einheitsflächen ($1\,mm^2$, $1\,cm^2$, $1\,dm^2$) ausmessen. Nach der Herleitung der Formel zur Berechnung des Flächeninhalts bei Rechtecken und Quadraten sollten sie diese üben, indem sie bei einfachen Aufgaben konkrete Zahlen für die Variablen einsetzen und die Ergebnisse bestimmen.

Anschließend habe ich mit der Klasse besprochen, wie man die verschiedenen Flächeneinheiten ineinander umrechnet. Außerdem wurden Textaufgaben zu Flächen behandelt. Anhand einer ausgewählten Textaufgabe habe ich mit den Schülerinnen und Schülern zunächst das Aufstellen der Formel erarbeitet. Danach habe ich mittels farbiger Stifte an einem Beispiel auf dem Overheadprojektor vorgeführt, wie man vorgehen muss, um den Flächeninhalt zu berechnen und auch die Einheiten in der Textaufgabe richtig zu beachten.

In den folgenden Stunden wurde in ähnlicher Weise der Rauminhalt vorgestellt, wobei die Schülerinnen und Schüler die Einheitswürfel (mit $1\,mm^3$, $1\,cm^3$, $1\,dm^3$ und $1\,m^3$) kennengelernt haben. Dabei habe ich auf einfache Aufgaben zurückgegriffen und die Schülerinnen und Schüler den Rauminhalt von Körpern bestimmen lassen, die aus Würfeln zusammengesetzt sind. Im Unterrichtsgespräch habe ich sie darauf hingewiesen, dass man bei manchen Bildern dreidimensionaler Körper nicht alle Einheitswürfel sehen kann.

In dieser Stunde sollen die Schülerinnen und Schüler nun die Formel zur Berechnung des Quadervolumens kennenlernen.

Stand der Lerngruppe 2

Die Schülerinnen und Schüler sind mit den Formeln zur Berechnung des Flächeninhaltes von Rechtecken und Quadraten vertraut und haben diese sowohl bei innermathematischen als auch bei realitätsbezogenen Aufgaben angewendet. Die Formeln wurden von ihnen in der Auseinandersetzung mit Beispielen verschiedener Rechtecke eigenständig erarbeitet. Dabei haben die Schülerinnen und Schüler verschiedene Vorgehensweisen verglichen, sodass sie innerhalb des Themenbereichs Flächeninhalte bereits das Argumentieren geübt haben. Allerdings ist deutlich geworden, dass einige Schülerinnen und Schüler – insbesondere B., K., L. und J. – mit dem Einsetzungsaspekt einer Formel noch Schwierigkeiten haben. Dies zeigte sich mir bei der Frage: „Warum kann a einmal drei Zentimeter sein und ein anderes Mal vier Meter?" Der überwiegende Teil der Schülerinnen und Schüler geht jedoch sicher mit den erlernten Formeln um. Da es in dieser Stunde um eine weitgehend selbstständige Entwicklung der Formel zur Berechnung des Volumens von Quadern geht, werde ich den schwächeren Schülerinnen und Schülern Hilfen zum Umgang mit Formeln, insbesondere zum Einsetzungsaspekt, anbieten.

Sowohl beim Thema Flächeninhalt als auch beim Thema Rauminhalt haben die Schülerinnen und Schüler über geeignete Messinstrumente diskutiert. Die Klasse konnte sehr gut begründen, warum ein direkter Vergleich zweier Flächen bzw. Räume nur möglich ist, wenn diese mit den gleichen Einheitsflächen bzw. -würfeln gemessen werden. Zum Ausmessen von Flächen haben die Schülerinnen und Schüler Einheitsquadrate mit den Flächeninhalten $1\,\text{mm}^2$, $1\,\text{cm}^2$, $1\,\text{dm}^2$ und $1\,\text{m}^2$ hergestellt und erfolgreich zur Messung von Beispielflächen aus dem Alltag verwendet. In der gleichen Weise wurden für das Volumen als geeignete Messinstrumente die Einheitswürfel (mit $1\,\text{mm}^3$, $1\,\text{cm}^3$, $1\,\text{dm}^3$ und $1\,\text{m}^3$) eingeführt. Zur Schulung der Größenvorstellung haben die Schülerinnen und Schüler mit viel Spaß das Volumen des Klassenraums bestimmt, indem sie ihn mit Einheitswürfeln von $1\,\text{m}^3$ ausgemessen haben.

Um die Umrechnungsfaktoren für Volumina zu begründen, haben die Schülerinnen und Schüler zunächst geschätzt, wie viele 1-cm^3-Würfel in einen 1-dm^3-Würfel hineinpassen. In einem weiteren Schritt haben sie eine Strategie zur genauen Bestimmung der Anzahl entwickelt und in ihren eigenen Worten formuliert. Prinzipiell können die Schülerinnen und Schüler den Prozess, den sie dort durchlaufen haben, in dieser Stunde nutzen, um eine analoge Strategie zur Volumenberechnung eines Quaders zu entwickeln. Da die Klasse sehr leistungsheterogen ist, erwarte ich aber, dass es nicht allen Schülerinnen und Schülern unmittelbar gelingt, auf die bereits behandelten Inhalte und Strategien zurückzugreifen. Deshalb werden verschiedene Hilfen notwendig sein. Bei der Verwendung der Umrechnungsfaktoren treten noch häufig Fehler auf, insbesondere, wenn nicht in die nächstkleinere bzw. -größere Einheit umgerechnet werden soll.

In dieser Stunde sollen die Schülerinnen und Schüler die Formel zur Berechnung des Quadervolumens entwickeln und argumentativ begründen. Insgesamt sind die Kompetenzen der Klasse im Argumentieren noch nicht besonders ausgeprägt. Die meisten Schülerinnen und Schüler können zwar Routineargumentationen teils umgangssprachlich, teils fachsprachlich wiedergeben, haben aber noch größere Schwierigkeiten, komplexere Ordnungsstrukturen oder mehrschrittige Argumentationen schlüssig zu erläutern. Diese Schwierigkeiten wurden innerhalb der Geometrie im Rahmen eines wiederholenden Spiels deutlich, bei dem die Klasse geometrische Körper beschreiben musste, ohne deren Namen zu nennen (*„Was bin ich?"*). Dabei haben viele Schülerinnen und Schüler relevante Angaben vergessen oder nicht zwischen wichtigen und unwichtigen Angaben unterschieden, sodass ihre Mitschülerinnen und Mitschüler die Körper nicht richtig erraten konnten. Aufgrund dieser Schwierigkeiten habe ich mich für die heutige Stunde für die Partnerarbeit als Sozialform entschieden, da ich davon ausgehe, dass die Schülerinnen und Schüler durch wechselseitige Ergänzung zu einer stringenten Begründung der Volumenformel gelangen können. Die Klasse kommt mit dieser Arbeitsform gut zurecht.

Anmerkung

Die Ausführungen zum Stand der Lerngruppe 1 beschreiben recht genau den Unterrichtsgang bis zur geplanten Stunde aus Sicht der Lehrkraft. Der Unterrichtsgang selbst ist in sich schlüssig, sodass sich ein Bild dessen ergibt, was im Unterricht thematisiert wurde. Eine grundlegende Erfahrung von Lehrerinnen und Lehrern ist nun aber, dass nach einer Unterrichtseinheit nicht alle Schülerinnen und Schüler einer Klasse alle angestrebten Zielsetzungen in vollem Umfang erreicht haben. Dies wird in der Beschreibung zum Stand der Lerngruppe nicht berücksichtigt. Unklar bleibt, welche Vertrautheit die Schülerinnen und Schüler mit den verschiedenen Konzepten tatsächlich entwickelt haben, wie sicher sie beispielsweise Flächeneinheiten ineinander umrechnen können, in welchem Maße es ihnen gelingt, Textaufgaben zu lösen, oder welche typischen Fehler sie im Umgang mit Flächen- und Rauminhalten machen.

In gewissem Sinn korrespondiert die erste Beschreibung zum Stand der Lerngruppe mit einem klassischen inputorientierten Lehrplan. Die Lehrkraft hält – überwiegend in der „Ich-Form" – eine Rückschau darüber, welche Themen des Lehrplans sie behandelt hat. Stillschweigend wird dabei die Voraussetzung gemacht, dass alle Schülerinnen und Schüler alle intendierten Fähigkeiten und Inhalte in vollem Umfang erworben haben. Dies ist aber ein Trugschluss.

In der Darstellung zum Stand der Lerngruppe 2 wird die Klasse weitaus plastischer beschrieben. Auch hier meldet sich die Lehrkraft in Ich-Form zu Wort – dass sie sich einbezieht, ist selbstverständlich sinnvoll, da sie genauso Teil des Unterrichtsprozesses ist wie die Schülerinnen und Schüler. Im Unterschied zum Bericht über die Lerngruppe 1 beschreibt die Lehrkraft aber nicht nur die behandelten Themen, sondern sie diagnostiziert in verschiedener Hinsicht. Sie

▸ schätzt ein, inwieweit die Schülerinnen und Schüler bestimmte Fähigkeiten tatsächlich entwickelt haben und wo sie die Notwendigkeit zu weiteren Entwicklungen sieht;

▸ schildert, wie gut bzw. erfolgreich vergangene Erarbeitungsprozesse verlaufen sind;

▸ bezieht auch prozessbezogene Aspekte des Unterrichts mit ein, die in der geplanten Stunde eine Rolle spielen werden (beispielsweise erläutert sie, welche Kompetenzen die Klasse im Argumentieren besitzt und an welcher Stelle die Schülerinnen und Schüler eine Strategie verwendet haben, die ihnen in der kommenden Stunde helfen könnte);

▸ beschreibt typische Schwierigkeiten und Fehlermuster einzelner Schüler oder der ganzen Klasse;

▸ bezieht methodische Kompetenzen der Klasse mit ein, die für die weitere Planung wichtig sind;

▸ weist darauf hin, wie sie aufgrund ihrer Einschätzung der Schülerkompetenzen in der weiteren didaktischen und methodischen Planung reagieren wird (Angebot von Hilfen, Entscheidung für Partnerarbeit etc.).

Insbesondere zeigen die Ausführungen zum Stand der Lerngruppe 2 deutlich die doppelte Zielsetzung der kommenden Stunde. Es wird nicht allein darum gehen, dass den Schülerinnen und Schülern am Ende der Stunde die Volumenformel für Quader bekannt ist, sondern darum, dass sie diesen mathematischen Inhalt zum Argumentieren nutzen. Der Vergleich der beiden Beschreibungen zeigt auch, dass eine kompetenzorientierte Diagnose deutlich umfangreicher ist als eine reine Aufzählung der behandelten Inhalte.

Büchter und Leuders (2005, S. 167) betonen: „Es kommt im Hinblick auf die kommenden Lernprozesse eben nicht darauf an, was der Lehrer zuvor *gelehrt* hat, sondern darauf, was die Schülerinnen und Schüler zuvor *gelernt* haben." (Herv. i. O.) Deshalb sollte sich eine Lehrerin oder ein Lehrer bei der Unterrichtsplanung nicht nur fragen, was er oder sie behandelt hat, sondern was die Schülerinnen und Schüler tatsächlich können und wie gut welche Schülerin und welcher Schüler was kann. Dabei kann wiederum zwischen inhaltsbezogenen und prozessbezogenen Kompetenzen unterschieden werden:

▸ Welche *inhaltsbezogenen* mathematischen Kompetenzen besitzen die Schülerinnen und Schüler? Beispiele:
  – Die Schülerinnen und Schüler können die Begriffe Drehwinkel und Bildpunkt richtig verwenden. (Diagnose einer Begriffsbildung)
  – Den meisten Schülerinnen und Schülern der Klasse fällt es schwer, die Potenzregeln zur Vereinfachung von Termen zu verwenden, wenn zwei oder mehr Variablen auftreten. (Diagnose von Regelanwendungen)
  – Die Schülerinnen und Schüler können bisher nur einfache quadratische Gleichungen sicher mit p-q-Formel lösen. (Diagnose eines Verfahrens)
  – Die Schülerinnen und Schüler können zu einem linearen Funktionsterm eine Sachsituation finden, die durch den Term beschrieben wird. (Diagnose inhaltlicher Vorstellungen)

▸ Inwieweit sind *prozessbezogene* mathematische Kompetenzen vorhanden, die für die zu planende Stunde relevant sind? Beispiel:
  – K1 *Argumentieren*: Die meisten Schülerinnen und Schüler können zwar Routineargumentationen wiedergeben und mit Alltagswissen argumentieren, haben aber selbst bei einfacheren mehrschrittigen Argumentationen Schwierigkeiten. Bei-

spielsweise fiel es den Schülerinnen und Schülern schwer, argumentativ zu begründen, warum jedes gleichschenklige Dreieck zwei gleich große Winkel besitzt.

Eine kompetenzorientierte Diagnose kann sogar noch weitergehen als die zweite Beschreibung zum Stand der Lerngruppe, indem sie weitere in der Lerngruppe vorhandene Ressourcen in den Blick nimmt, etwa die Motivation der Klasse, ihr Lernverhalten oder auch die Beziehung der Lehrkraft zur Klasse. In Unterrichtsentwürfen werden diese Aspekte in der Regel im Bild der Lerngruppe beschrieben.

4.2 Wie können inhalts- und prozessbezogene Kompetenzen von Schülerinnen und Schülern erfasst werden?

Um im Mathematikunterricht inhalts- und prozessbezogene Kompetenzen von Schülerinnen und Schülern zu erfassen, gibt es zwei grundsätzliche Wege:
1. Die Lehrkraft wertet anhand von Aufzeichnungen Aufgaben aus, die die Schülerinnen und Schüler bearbeitet haben.
2. Die Lehrkraft deutet Interaktionen und Lernprozesse direkt im Unterricht.

Büchter und Leuders (2005, S. 173) heben hervor, dass Diagnoseaufgaben *valide* sein sollten, das heißt, sich auf die Kompetenzen konzentrieren sollten, zu denen man etwas erfahren möchte. Darüber hinaus eignen sich für den Zweck der Diagnose insbesondere Aufgaben, die den Schülerinnen und Schülern *Eigenproduktionen* ermöglichen und die *individuelle Wege* zulassen. Wenn Schülerinnen und Schüler etwas in ihren Worten formulieren oder einen eigenen Lösungsweg wählen, erfährt die Lehrkraft in der Regel mehr über ihr Denken und Verstehen als durch das Abarbeiten geschlossener Aufgabenformate. Allerdings können die Aufforderung zu Eigenproduktionen und offene Antwortformate mit den Anforderungen an Klassenarbeiten in Konflikt geraten: Schülerinnen und Schüler investieren dann nämlich unterschiedlich viel Zeit in eine Aufgabe und die Lehrkraft muss in der Benotung die sehr unterschiedlichen Antwortformate in Relation zueinandersetzen. Deshalb unterscheiden Büchter und Leuders (ebd.):

▸ Aufgaben zur *Diagnose*, mit denen Lehrerinnen und Lehrer etwas über die Kompetenzen der Schülerinnen und Schüler erfahren können;
▸ Aufgaben zur *Leistungsbewertung*, an die besondere Ansprüche bezüglich der Angemessenheit und Objektivität gestellt werden.

Weitere Anregungen dafür, wie Aufgaben für eine systematische Diagnose ausgestaltet werden können, finden sich in Hußmann, Leuders und Prediger (2007). Insbesondere wird dort zwischen der Diagnose von Begriffsbildungen, Regelanwendungen, Verfahren, inhaltlichen Vorstellungen und prozessbezogenen Kompetenzen unterschieden.

Im Alltag sollten und müssen Lehrerinnen und Lehrer natürlich auch Situationen der Leistungsbewertung zur Diagnose nutzen, obwohl die verwendeten Aufgaben von ihrem Format her nur teilweise die Anforderungen von Büchter und Leuders an Diagnoseaufgaben erfüllen werden.

Besondere Diagnosemöglichkeiten ergeben sich, wenn Formen des *dialogischen Lernens* eingesetzt werden, das von Gallin und Ruf entwickelt wurde (Gallin/Ruf 1998). Bei diesen Lernformen werden die Schülerinnen und Schüler dazu aufgefordert, ihre persönlichen Gedanken und Überlegungen zu ihren Lernprozessen schriftlich zu fixieren. Während im traditionellen Unterricht die überwiegende Zahl der Botschaften von den Lehrkräften ausgeht und von den Schülerinnen und Schülern „entschlüsselt" werden muss, etabliert das dialogische Lernen den umgekehrten Weg. Die Schülerinnen und Schüler formulieren Botschaften zu ihrem Lernen, die von der Lehrkraft gelesen und gedeutet werden.

Gallin und Ruf wählen als Lernanlässe sogenannte *Kernideen*, die einen Sinnkontext stiften und Ausgangspunkt für Entdeckungen sind. Die Schülerinnen und Schüler halten ihre Überlegungen in einem *Lerntagebuch* fest, zu dem die Lehrkraft individuelle Rückmeldungen gibt, die dem Schüler aufzeigen, „wo er steht und in welche Richtung er sich entwickeln könnte" (ebd. S. 58). Auf diese Weise wird die individuelle Diagnose unmittelbar mit Entwicklungsimpulsen verknüpft.

Das dialogische Lernen wurde von Hußmann (2003) weiterentwickelt. Hußmann stellt reichhaltige, lebensweltbezogene Probleme vor, mit denen die Schülerinnen und Schüler selbstständig Grundfragen der Oberstufenmathematik erschließen können. Ihre Auseinandersetzung mit den Problemen legen sie in *Forschungsheften* nieder, die etwas stärker Strukturierungen und Verallgemeinerungen fordern als die Lerntagebücher. So sollen im Forschungsheft neben ersten Vermutungen, Ideen und Aha-Erlebnissen auch selbst gefundene Begriffe und Regeln als Verallgemeinerung und Theoriebildung festgehalten werden (ebd. S. 51).

Eine weitere Form des dialogischen Unterrichts stellt die Arbeit mit *Autographen* dar (Gallin 2006). Autographen sind handschriftliche Schüleraufzeichnungen, die alle Schülerinnen und Schüler einer Klasse zu einem Auftrag oder einer Aufgabe erstellen. Die Lehrkraft sichtet die Aufzeichnungen und wählt einige Aufzeichnungen aus, die kopiert und in der nächsten Stunde an alle Schülerinnen und Schüler verteilt werden. Dabei weiß „die Lehrperson erst nach der Lektüre dieser Texte, wie der Unterricht weitergeht" (ebd.) Auf diese Weise erlaubt die „Autographensammlung" nicht nur eine gezielte Diagnose, sondern bildet gleichzeitig die Basis für die weitere Bearbeitung der Aufgabe.

Schließlich können auch kurze Reflexionsaufgaben der Lehrkraft wertvolle diagnostische Informationen liefern. So schlägt Distel (2010, S. 103) vor, am Ende einer Stunde oder eines Lernabschnitts, die Schülerinnen und Schüler zu bitten: „Notiere eine Schlagzeile zur heutigen Stunde" und formuliere in drei bis fünf Sätzen „deine zentralen Gedanken zur Stunde in eigenen Worten."

Beispiel: Diagnose prozessbezogener Kompetenzen anhand von Schüleraufzeichnungen
Die Schülerinnen und Schüler einer 8. Klasse haben in einer Klassenarbeit zur Stochastik folgende Aufgabe erhalten.

Glücksräder
Unten sind die Glücksräder der Spieler A und B dargestellt. Es gewint derjenige Spieler, dessen Glücksrad die höhere Zahl anzeigt. Welche Zahl muss man für das Fragezeichen des Glücksrades B einsetzen, damit beide Spieler die gleiche Gewinnwahrscheinlichkeit haben? Begründe deine Antwort.

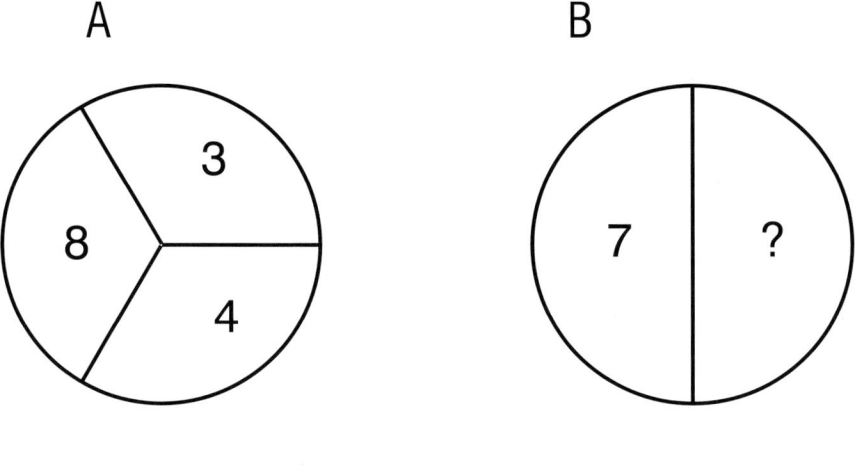

Im vorangegangenen Unterricht wurden mehrstufige Zufallsexperimente intensiv behandelt. Insbesondere haben die Schülerinnen und Schüler dabei mehrstufige Zufallsexperimente mit selbst gebastelten Glücksrädern konkret durchgeführt und ausgewertet. Parallel dazu wurde die theoretische Darstellung mithilfe von Baumdiagrammen entwickelt. Trotz dieser intensiven Behandlung stellt die Aufgabe für die Schülerinnen und Schüler eine *Problemlöseaufgabe* im Anforderungsbereich III dar, weil – für die Klasse neu – ein Ergebnis nur als Fragezeichen vorgegeben ist. Die Schülerinnen und Schüler können nicht in einem ersten Schritt das vollständige Baumdiagramm zeichnen und anschließend die Wahrscheinlichkeiten mithilfe der Pfadregeln bestimmen, sondern müssen umgekehrt aus einer Wahrscheinlichkeitsangabe auf das unbekannte Ergebnis schließen. Als weitere Barriere kommt hinzu, dass das gesuchte Ergebnis keine natürliche Zahl ist, sondern eine Zahl zwischen 3 und 4 gewählt werden muss. Da die Aufgabenstellung von den Schülerinnen und Schülern eine Begründung verlangt, zielt die Aufgabe auch auf den Kompetenzbereich *Argumentieren*.

AUFGABE

Analysieren Sie, welche Kompetenzen im Hinblick auf *Problemlösen* und *Argumentieren* in den folgenden Schülerdokumenten sichtbar werden.

Beachten Sie dabei: Bei der Korrektur einer Arbeit sehen sich Lehrerinnen und Lehrer fast immer vor die Aufgabe gestellt, Schülerbearbeitungen einzuschätzen und zu bewerten, die zwischen den beiden Extremen „gar nicht gelöst" und „vollständig richtig gelöst" liegen. Deshalb wurden hier bewusst drei Aufzeichnungen zwischen diesen Extremen ausgewählt.

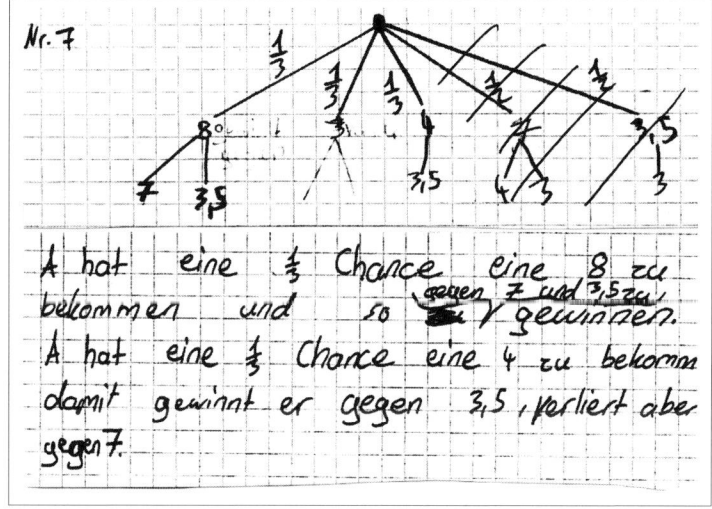

Abb. 1: Lösung von M.

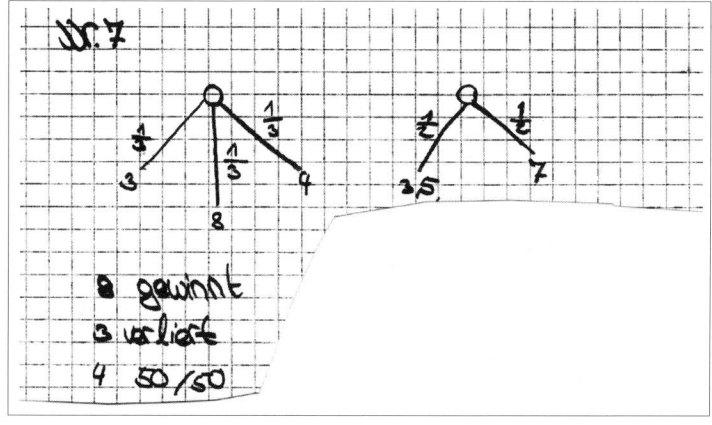

Abb. 2: Lösung von D.

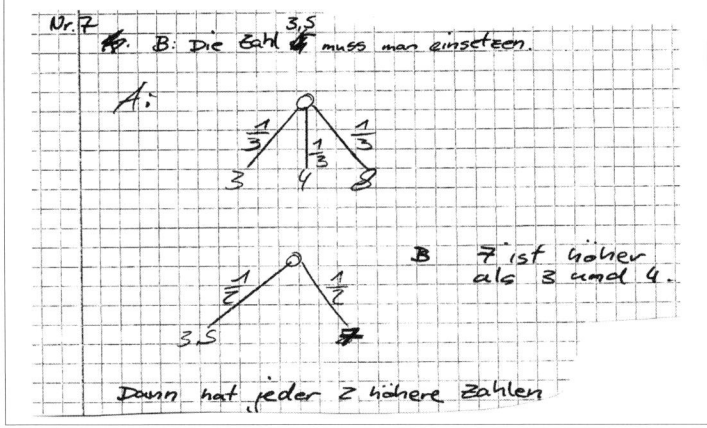

Abb. 3: Lösung von P.

Kommentar: Zunächst lässt sich feststellen, dass alle drei Schülerinnen und Schüler für das Fragezeichen 3,5 als richtiges Ergebnis angeben. Dies bedeutet aber nicht, dass alle drei Schülerinnen und Schüler über die gleichen Problemlösekompetenzen verfügen, denn in den drei Lösungen zeigen sich deutliche Unterschiede in der Qualität der Begründung.

Die sicherlich vollständigste Lösung ist die von M. M. zeichnet ein zweistufiges, reduziertes Baumdiagramm, das die drei Gewinnfälle für Spieler A zeigt. Außerdem erläutert M. seine Überlegungen prinzipiell richtig, indem er auf die Gewinnwahrscheinlichkeiten entlang der Pfade Bezug nimmt. Zu einer auch formal korrekten Begründung fehlt M. nur der abschließende Schritt, die beiden von ihm genannten Wahrscheinlichkeiten aufzusummieren: $\frac{1}{3} + \frac{1}{3} \cdot \frac{1}{2} = \frac{1}{2}$, um nachzuweisen, dass sich tatsächlich die verlangte Wahrscheinlichkeit $\frac{1}{2}$ ergibt.

D. zeichnet für beide Spieler die richtigen Einzelbäume, verbindet diese aber nicht zu einem gemeinsamen Baum, der das zweistufige Zufallsexperiment darstellen würde. Ihre verbale Argumentation erscheint auf den ersten Blick äußerst knapp, enthält aber den richtigen Begründungsansatz. In Form einer Fallunterscheidung gibt D. an, dass Spieler A in jedem Fall gegen Spieler B gewinnt, wenn er eine 8 gedreht hat, in jedem Fall verliert, wenn er eine 3 gedreht hat und bei einer 4 eine Gewinnwahrscheinlichkeit von 50 Prozent besitzt. Durch diese Fallunterscheidung ersetzt D. gewissermaßen die zweite Ebene des Baumdiagramms. Obwohl die Ausführungen extrem knapp sind, kann D. dadurch dem Leser mitteilen, mit welcher Strategie sie die Lösung gefunden hat. Allerdings weist D. nicht explizit darauf hin, dass die Fallunterscheidung nur deshalb gültig ist, weil die drei Ergebnisse von Spieler A gleich wahrscheinlich sind.

P. hat zwar 3,5 als richtige Lösung angegeben, hat aber deutliche Schwierigkeiten, dies zu begründen. Dennoch sind auch in seiner Niederschrift allererste Bausteine einer Argumentation erkennbar. Die Einzelbäume sind richtig gezeichnet, wenn auch wie bei

D. unverbunden nebeneinander. Die Aussage „7 ist höher als 3 und 4" deutet auf einen ersten Versuch, die Gewinnfälle für B zu bestimmen. P. führt dies nicht weiter aus (etwa indem er ergänzt „und 3,5 ist höher als 3") und die Aussage „dann hat jeder 2 höhere Zahlen" erscheint unverständlich. Insgesamt bleibt bei P. offen, wie die richtig angegebene Lösung überhaupt gefunden wurde, seine Strategie ist nicht erkennbar.

Anhand der Schüleraufzeichnungen wird deutlich, dass die beiden Kompetenzen *Problemlösen* und *Argumentieren* hier als eine Einheit gesehen und bewertet werden müssen. Problemlösen bedeutet nicht nur, die Lösung eines Problems angeben zu können, sondern auch, „die Plausibilität von Ergebnissen überprüfen" und „die Lösungswege reflektieren" zu können (KMK-Bildungsstandards Mathematik 2003, S. 14).

Beispiel: Diagnostik von Lernprozessen anhand von Videographien

Die folgende Aufgabe von Marxer und Wittmann (2009) initiiert eine normative Modellierung. Für eine reale Situation soll mit mathematischen Mitteln eine Regelung gefunden werden. Das Modell ist dabei keine Abbildung der Realität, sondern gestaltet die reale Situation.

Ein Zoo wird im langjährigen Mittel von etwa 35 000 Erwachsenen und 15 000 Kindern jährlich besucht. Der Eintrittspreis für Erwachsene beträgt 12 Euro, für Kinder 7 Euro. Im kommenden Jahr sollen durch eine Erhöhung der Eintrittspreise die Einnahmen auf 600 000 Euro gesteigert werden. Wie sollen die neuen Preise festgesetzt werden?

 AUFGABE

a) Lösen Sie die Zoo-Aufgabe selbst.

b) Wie werden Schülerinnen und Schüler Ihrer Ansicht nach vorgehen, um die Aufgabe zu lösen? Vermuten Sie, welche neuen Preise Schülerinnen und Schüler einer 10. Klasse (G9) bevorzugen werden? (Antizipation von Bearbeitungswegen und Schülerlösungen)

c) Auf zwei Videographien wurde der Lösungsprozess von zwei Schülergruppen aus einer 10. Klasse festgehalten, die die Zoo-Aufgabe bearbeitet haben. Betrachten Sie bitte die Videographien 🔘 V4_Gruppenarbeit_1 und V5_Gruppenarbeit_2. Analysieren Sie, wie die Gruppen jeweils zu einer Lösung gelangen:

   ▸ Welche Kompetenzen der Gruppe oder einzelner Schüler werden im Lösungsprozess sichtbar? („Was können die Schülerinnen bzw. Schüler gut?")

   ▸ Welche Fördermöglichkeiten sehen Sie? („Was sollten die Schülerinnen bzw. Schüler lernen, um sich weiterzuentwickeln?")

Beziehen Sie auch die Folien mit ein, die die Gruppen für eine Präsentation ihrer Lösung erstellt haben (Abb. 5 und Abb. 6).

Abb. 4: Jungen- und Mädchengruppen bei der Bearbeitung der Zoo-Aufgabe

$$\underline{\text{ZOO}}$$

Erwachsene : $35.000 \cdot 12 € = 420.000 €$
Kinder : $15.000 \cdot 7 € = 105.000 €$
gesamt : $420.000 € + 105.000 € = 525.000 €$
Differenz: $75.000 €$

__Ergebnis durch Schätzen:__
Erwachsene: $13,5 € = 472.500 €$
Kinder : $8,5 € = 127.500 €$ $+ \big\} 600.000 €$

__Ergebnis durch Rechnen:__
Differenz : Besucherzahl = Preisaufschlag
$75.000 € : 50.000 = 1,5 €$

A: Der Besucherpreis muss bei Erwachsenen und bei Kindern jeweils um $1,5 €$ erhöht werden.
Erwachsene : $13,5 €$
Kinder : $8,5 €$

Abb. 5: Lösung der Jungengruppe

2) 300

$(35.000 \cdot 12) + (15.000 \cdot 7)$

420.000 + 105.000 = 525.000€ (momentane Einnahme)

105.000 : 5250 = 20

↓   ↓   ↓

Einnahme   1% von   % des Umsatzes
„Kinder"   525.000   der Kinder

→ 20% Kinder ; 80% Erwachsene

:100 ⌐ 600.000 = 100% ⌐ :100
    6.000 = 1% ⌐
·80 ⌐ 120.000 = 20% ⌐ ·20

120.000 : 15.000 = 8   → 8€ Kinder

:100 ⌐ 600.000 = 100% ⌐ :100
    6.000 = 1% ⌐
·80 ⌐ 480000 = 80% ⌐ ·80

480.000 : 35.000 = 13,7   → 13,70€ Erwachsene

Abb. 6: Lösung der Mädchengruppe

In den Tabellen 1 und 2 finden Sie diagnostische Einschätzungen, die von Lehrerinnen und Lehrern im Rahmen einer Fortbildung zusammengetragen wurden.

Fachliche Kompetenzen	
Die Schüler können	**Um sich weiterzuentwickeln, sollten die Schüler lernen,**
die Aufgabenstellung schnell verstehen	mathematische Begriffe und mathematische Fachsprache noch präziser zu verwenden
die reale Situation mit elementaren arithmetischen Mitteln mathematisieren	die reale Situation mit algebraischen Mitteln (lineare Gleichung) zu mathematisieren
durch systematisches Probieren eine Lösung ermitteln, bei der die Differenz der Eintrittspreise unverändert bleibt	außer dem Probieren weitere heuristische Strategien zum Lösen des Modellierungsproblems einzubeziehen
dabei falsche oder ungenaue Lösungen identifizieren	Lösungen in die Diskussion einzubeziehen, bei denen die Differenz der Eintrittspreise verändert wird (Annahmen reflektieren)
ihre Lösung mittels gliedernder Überschriften übersichtlich und weitgehend korrekt dokumentieren	Zwischenergebnisse systematischer zu notieren
sicher den graphikfähigen Taschenrechner bedienen	
Soziale und personale Kompetenzen	
Die Schüler können	**Um sich weiterzuentwickeln, sollten die Schüler lernen,**
so miteinander kommunizieren, dass sie wertschätzend miteinander umgehen und meistens alle Gruppenteilnehmer eingebunden sind	sich in der Diskussion noch genauer gegenseitig zuzuhören und auf die Ideen anderer Teilnehmer einzugehen
	ihr Selbstvertrauen und Durchhaltevermögen zu stärken
	mit ihrer Lösung zufrieden zu sein

Tab. 1: Kompetenzen und Entwicklungsmöglichkeiten der Jungengruppe

Fachliche Kompetenzen	
Die Schülerinnen können	**Um sich weiterzuentwickeln, sollten die Schülerinnen lernen,**
die Aufgabenstellung verstehen und auf ihren Realitätsgehalt befragen	
die prozentual gleiche Erhöhung schnell als einen Lösungsansatz entwickeln	mithilfe eines Brainstormings vielfältige Lösungsansätze zu finden und verschiedene Mathematisierungen in Betracht zu ziehen
	Grundvorstellungen im Bereich der Bruch- und Prozentrechnung sicher und unter Verwendung der korrekten Fachsprache zu verwenden (Bildung von Anteilen auch ohne Dreisatz)
systematisch und schrittweise vorgehen, um den Lösungsansatz bis zum Ziel zu verfolgen	weitere Lösungen in die Diskussion einzubeziehen, bei denen die Eintrittspreise nicht prozentual gleich erhöht werden
Ideen und Strategien begründen	
während des Arbeitsprozesses Arbeitsschritte schriftlich festhalten	
ihre Lösung übersichtlich dokumentieren	konsequenter die Praxistauglichkeit ihrer Lösung zu interpretieren („krumme" Eintrittspreise)
Soziale und personale Kompetenzen	
Die Schülerinnen können	**Um sich weiterzuentwickeln, sollten die Schülerinnen lernen,**
gut und konstruktiv zusammenarbeiten	*durch weniger dominantes Verhalten eine stärkere Vielfalt von Lösungswegen zuzulassen*
bei Schwierigkeiten anderen Teilnehmerinnen Ideen und Vorgehensweisen geduldig erklären	

Kursiv sind Anmerkungen, die nur auf einzelne Schülerinnen der Gruppe zutreffen.

Tab. 2: Kompetenzen und Entwicklungsmöglichkeiten der Mädchengruppe

4.3 Diagnostizieren und Fördern: Der Förderkreislauf

Um das Wechselspiel von Diagnose und Förderung herauszustellen, haben Zaugg und Bauch das Modell eines Förderkreislaufs entwickelt (vgl. Bauch 2008). Im Kreislauf werden zwei unterschiedliche Formen der Diagnose unterschieden:

▸ Die *formative* Diagnose wird während eines noch nicht abgeschlossenen Lernprozesses durchgeführt und ist nicht mit einer Leistungsbewertung verbunden. Sie hat die Funktion, den Schülerinnen und Schülern eine Rückmeldung zum bisher Gelernten zu geben und ihnen einen Weg aufzuzeigen, eventuelle Verständnisschwierigkeiten und Lücken zu überwinden.

▸ Die *summative* Diagnose steht am Ende einer Unterrichtseinheit. In einer Situation der Leistungsmessung wird festgestellt, welche Kompetenzen die Schülerinnen und Schüler in der Einheit insgesamt erworben haben.

Der Förderkreislauf (siehe Abb. 7) bezieht sich jeweils auf eine ganze Unterrichtseinheit und besteht aus folgenden Schritten:

1. Die Lehrkraft stellt fest, welche Lernvoraussetzungen in der Lerngruppe bestehen, plant eine Unterrichtseinheit und formuliert Zielsetzungen. Der grobe Verlauf der Einheit und die Zielsetzungen werden für die Schülerinnen und Schüler transparent gemacht.

2. Der erste Teil der Unterrichtseinheit wird durchgeführt. Alle neuen Inhalte und neu zu erwerbenden Kompetenzen werden berührt. Die Lehrkraft konzentriert sich in diesem Teil schwerpunktmäßig auf Hilfen, die die gesamte Lerngruppe betreffen, wobei in den Phasen ersten Einübens selbstverständlich auch Raum für individuelle Hilfen sein sollte.

3. Es wird eine *formative* Diagnose als Zwischenbilanz durchgeführt. Sie gibt der Lehrkraft und den Schülerinnen und Schülern eine Orientierung darüber, was gelehrt und was tatsächlich gelernt wurde. Für diese formative Diagnose sind verschiedenen Methoden möglich, zum Beispiel

   ▸ Rückmeldungen zu Schülerprodukten,

   ▸ Testaufgaben,

   ▸ Fragebogen,

   ▸ Checkliste,

   ▸ Selbst- oder Partnerdiagnosebogen,

   ▸ Interviews.

Entscheidend ist, dass die Diagnoseform für die Zwischenbilanz so gewählt und konzipiert ist, dass sie sowohl jedem einzelnen Schüler bzw. jeder einzelnen Schülerin als auch der Lehrkraft eine klare und detaillierte Rückmeldung zum individuellen Lernstand im Hinblick auf die Zielsetzungen der Einheit gibt. In einem Unterrichtsgespräch oder auch bei der herkömmlichen Besprechung von Übungsaufgaben entsteht für die Lehrkraft in der Regel kein so umfassendes Bild des Lernstands, da sie nur Beiträge von einem Teil der Schülerinnen und Schüler und auch nur zu Teilen der Inhalte wahrnimmt.

Die Diagnose eines gerade neu erlernten Verfahrens oder einer Regelanwendung ist für die Lehrkraft meist recht gut zu bewerkstelligen. Demgegenüber ist die Diagnose von prozessbezogenen Kompetenzen, die ja langfristig erworben werden müssen, deutlich schwieriger. Deshalb wird sich die formative Diagnose prozessbezogener Kompetenzen allein aus Zeitgründen auf Teilaspekte beschränken müssen (vgl. Kapitel 1.6 „Langfristige Kompetenzentwicklung am Beispiel Modellieren"). Anregungen zur Methode der Selbst- und Partnerdiagnose finden sich bei Reiff (2008).

4. Im zweiten Teil der Unterrichtseinheit werden keine grundlegend neuen Inhalte oder Kompetenzen angesprochen. Es geht vielmehr darum, eine „Passung" zu erreichen, das heißt, die Schülerinnen und Schüler sollen die Gelegenheit bekom-

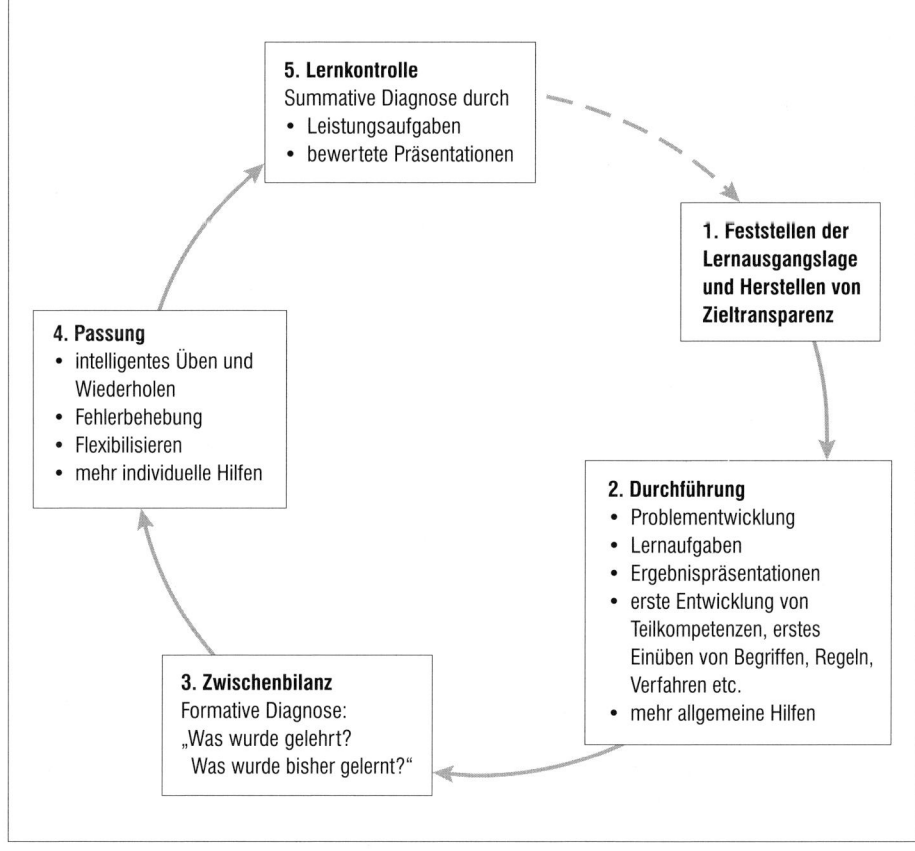

Abb. 7: Förderkreislauf in Anlehnung an Zaugg und Bauch

men, noch bestehende Verständnisschwierigkeiten aufzuarbeiten, Lücken zu schließen oder Kompetenzen in den Bereichen zu festigen und zu flexibilisieren, in denen noch Unsicherheiten bestehen.

Für den Schritt der Passung sind Methoden geeignet, die eine individuelle Förderung ermöglichen und von der Lehrkraft durch individuelle Hilfen und Beratungen begleitet werden können, zum Beispiel

‣ intelligentes bzw. produktives Üben,
‣ Lerntheke,
‣ Stationenlernen,
‣ Expertengruppen.

5. Die Unterrichtseinheit schließt mit einer *summativen* Diagnose: In einer abschließenden Klassenarbeit oder Präsentation werden Lernerfolge beurteilt und auch bewertet.

Die summative Diagnose mündet dann als ein Baustein in die Feststellung der Lernvoraussetzungen für eine weitere Unterrichtseinheit.

 **AUFGABE**

Der Anspruch des Förderkreislaufs, mit Zwischenbilanz und Passung den Lernstand aller Schülerinnen und Schüler zu erfassen und angemessene Fördermaßnahmen bereitzustellen, ist sehr hoch. Diskutieren Sie, welche Schwierigkeiten bei der Zwischenbilanz und Passung in der Praxis auftreten können.

Kritische Anmerkungen zum Förderkreislauf als Planungsmodell

Gerade prozessbezogene Kompetenzen lassen sich schwer umfassend diagnostizieren, damit besteht die Gefahr, dass sich die formative Diagnose (Schritt 3) zu stark auf einzelne inhaltliche Aspekte, Regeln oder Verfahren beschränkt. Bei Formen der Selbst- und Partnerdiagnose besteht die Gefahr, dass Schülerinnen und Schüler ihre Fähigkeiten fehlerhaft einschätzen. Sowohl Unter- als Überschätzungen führen in der Regel dazu, dass individualisierte Übungsangebote nicht adäquat genutzt werden. Schließlich besteht die generelle Gefahr, dass Schülerinnen und Schüler die Phase der Passung nicht effektiv nutzen, weil ihnen Fähigkeiten zur Selbststeuerung fehlen (mangelndes Zeitmanagement, Schwierigkeiten bei der Fehlerkorrektur mithilfe von Musterlösungen etc.).

Hinzu kommt, dass der zeitliche Aufwand durch die Trennung von formativer und summativer Diagnose sehr hoch ist. In einem E-Mail-Gespräch, das Füchter und Zaugg (2011) zum Thema „Diagnostik und Förderung" geführt haben, stellt Füchter dazu fest: Es ergibt sich für die Lehrenden „das ganz praktische Problem der zu verarbeitenden und kommunizierenden Informationsmenge, die sich tendenziell verdoppelt" (ebd., S. 9). Auch die Erstellung von geeigneten Materialien für die sich anschließende Phase der Passung erfordert einen erheblichen Zeitaufwand. Gleichzeitig weist Füchter auf die Gefahr hin, dass der Förderkreislauf als ein mechanistischer Regelkreislauf missverstanden wird. So hat er im Rahmen des von Referendaren realisierten Unterrichts die Tendenz beobachtet, den Förderkreislauf „auf ein Unterrichtsmodell zum Trainieren von Arbeitstechniken und Mikromethoden zu verkürzen", wobei der „Anspruch wirklicher Kompetenzorientierung […] deutlich unterlaufen" wird (ebd. S. 24).

Aufgrund dieser Gefahren und Schwierigkeiten sollte der Förderkreislauf deshalb keinesfalls als die einzige oder beste Form zur Strukturierung von Unterrichtseinheiten gesehen werden – sie ist eine Form neben vielfältigen anderen Formen. Ob und in welchem Umfang formative Diagnosen mit entsprechender Passung sinnvoll sind, sollte für jede Unterrichtseinheit sorgfältig abgewogen werden.

In diesem Zusammenhang darf auch nicht übersehen werden, dass der Erfolg von Unterricht ganz entscheidend von informellen diagnostischen Tätigkeiten der Lehrkraft abhängt: Beobachtung von Interaktionen in Gruppenarbeitsphasen, Bewertung von Schülerantworten, Einschätzung von Nachfragen etc. Erfahrene Lehrkräfte nutzen solche informellen Diagnosen, um schon während der Durchführung ständig kleine Kurskorrekturen vorzunehmen, etwa eine Wiederholungsübung anzubieten, innerhalb einer Stunde einen Arbeitsauftrag spontan abzuändern, eine Erklärung zu geben oder auch einen geplanten Unterrichtsschritt zu überspringen. In diesem Sinne sollte Unterricht als ein ständiges Durchlaufen von Förderkreisläufen gesehen werden, die ganz unterschiedliche zeitliche Dimensionen annehmen können und sich auf ganz unterschiedliche Formen der Diagnose stützen.

5 Kompetenzorientierte Planung von Mathematikunterricht

5.1 Ein Planungsschema

In der Planung von Mathematikunterricht vereinen sich viele Fragen, die in diesem Buch bereits in verschiedenen Formen thematisiert wurden. Jede Planung beginnt mit einer Bestimmung der Ausgangssituation, also in irgendeiner Form mit einer Diagnose darüber, was die Schülerinnen und Schüler bereits können und wie gut sie es können (Kapitel 4). Daran anknüpfend muss die Lehrkraft entscheiden, welche Kompetenzen die Schülerinnen und Schüler weiter entwickeln sollen, das heißt mit den Worten des Entwicklungspsychologen Wygotski (1987), was für diese Schülerinnen und Schüler die „Zone der nächsten Entwicklung" ist. Damit nimmt der Unterrichtende Zielsetzungen vor, die im Sinne des Abschnitts 1.3 als „Lernziele und Kompetenzen" (Modell 1) oder „Kompetenzen und Lernziele" (Modell 2) festgehalten werden können. Diese Zielsetzungen sollten sich dann in einer dazu passenden Unterrichtsgestaltung niederschlagen, das heißt, die Lehrerin oder der Lehrer muss Aufgaben auswählen und ausgestalten, sich für bestimmte Methoden entscheiden, Medien bereitstellen, insgesamt also die konkreten Lehrer- und Schülertätigkeiten planen. Diese Abfolge der Planung kann grob in drei Schritte unterteilt werden (vgl. Ziener 2008, S. 142):

1. **Bedingungsanalyse** – *Für wen* wird geplant?
   Welche Lernvoraussetzungen bringen die Schülerinnen und Schüler mit (inhaltsbezogen, prozessbezogen, personal/sozial, methodisch/medial)? Unter welchen Rahmenbedingungen findet der Unterricht statt (organisatorisch, institutionell)?
2. **Didaktische Analyse** – *Warum* sollen sich die Schülerinnen und Schüler mit bestimmten Inhalten auseinandersetzen bzw. bestimmte Tätigkeiten durchführen? Welche fachliche Struktur haben die neuen Inhalte? Welche Kompetenzen können in der Auseinandersetzung mit den Inhalten erworben werden? *Wohin* soll der Unterricht führen?
3. **Konkrete Unterrichtsgestaltung** – *Was* wird konkret als Unterrichtsinhalt ausgewählt? Welche Tätigkeiten werden geplant? *Wie* und *womit* sollen die Zielsetzungen erreicht, also Kompetenzen erweitert werden?

Von der Grundstruktur her ist dies die klassische Abfolge von Planungsschritten, die durch die Kompetenzorientierung allerdings neue Akzente erhält (vgl. Ziener 2008, S. 147 und Barzel/Holzäpfel 2010).

Das Schema in Abb. 1 sollte nur als idealtypische Darstellung eines Planungsprozesses verstanden werden. Wirkliche Planungsprozesse sind hermeneutische Prozesse, bei denen vielfach zwischen den verschiedenen Planungsebenen gewechselt wird. Beispielsweise fasst ein Lehrer nach einer ersten Einschätzung der Voraussetzungen grob einen Inhaltsbereich und die damit verbundenen Zielsetzungen ins Auge, um anschließend genauer zu prüfen, welche Voraussetzungen seine Schülerinnen und Schüler besitzen. Oder eine Lehrerin kommt während der methodischen Planung einer Stunde zu dem Schluss, dass die Klasse noch nicht über genügend methodische Erfahrung verfügt, um einen bestimmten Inhalt erfolgreich im Rahmen einer Grup-

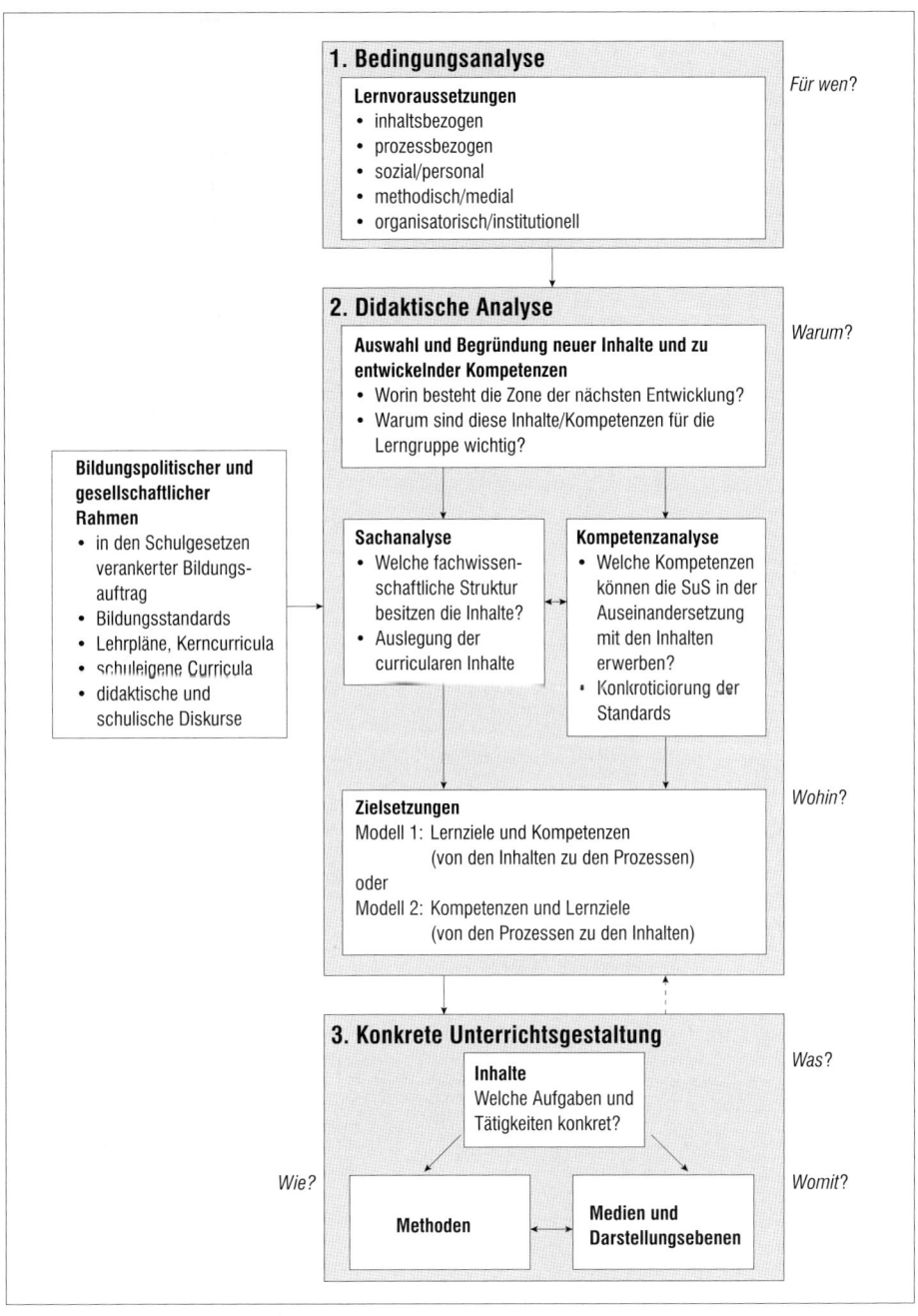

Abb. 1: Ein Planungsschema, das Aspekte der Kompetenzorientierung berücksichtigt

penarbeit zu erarbeiten. Daraufhin entscheidet sie sich dafür, in der Stunde zunächst nur einen Teil des Inhalts in einer Partnerarbeit erarbeiten zu lassen. Nichtsdestotrotz kann das Planungsschema dazu verwendet werden, zwischen den verschiedenen Planungsüberlegungen einen Sinnzusammenhang herzustellen bzw. den Sinn einer konkreten Unterrichtsplanung zu hinterfragen.

In der **Bedingungsanalyse** (1. Schritt) nimmt die Lehrkraft die Lernvoraussetzungen in den Blick. Dazu gehören einerseits die Voraussetzungen, die in der Lerngruppe selbst begründet sind und durch vielfältige Diagnoseformen erfasst werden (vgl. Kapitel 4). Zunächst sind dies der inhalts- und prozessbezogene Stand der Lerngruppe. In einem schriftlichen Unterrichtsentwurf können aber nicht alle prozessbezogenen Kompetenzen einer Lerngruppe umfassend beschrieben werden. Deshalb sollte sich ein Entwurf darauf konzentrieren, diejenigen prozessbezogenen Kompetenzen zu analysieren, die in der Stunde in besonderer Weise gefördert werden sollen. In den Entwürfen in Kapitel 6 sind dies zum Beispiel die Kompetenzen *Mathematische Darstellungen verwenden* und *Kommunizieren* (Frau Goldbeck) bzw. die Kompetenz *Modellieren* (Frau Müller). Darüber hinaus bilden soziale und personale Kompetenzen Lernvoraussetzungen, die wiederum in enger Verbindung zu den methodischen und medialen Kompetenzen stehen. Beispielsweise muss vor der Verwendung anspruchsvoller neuer Methoden, die ein hohes Maß an Selbstständigkeit und Kooperation verlangen, gefragt werden, ob die Lerngruppe dafür reif ist oder ob zunächst einfachere Arbeitsformen gewählt werden müssen.

Andererseits gehören zu den Lernvoraussetzungen organisatorische und institutionelle Rahmenbedingungen: die zeitliche Stundentaktung an der Schule, Raumgröße, Möglichkeiten für die Verwendung von Projektoren etc. Für jeden weiteren Planungsschritt müssen alle Lernvoraussetzungen im Auge behalten werden.

Der 2. Planungsschritt ist die **didaktische Analyse,** mit der die Lehrkraft eine Verbindung zwischen der Lerngruppe und den Inhalten herstellt. Sie muss einschätzen, in welcher Weise ihre Schülerinnen und Schüler sich in fachlicher, personaler oder sozialer Hinsicht aufgrund ihrer Voraussetzungen und Bedürfnissen weiterentwickeln können. Dass die didaktische Analyse sowohl von den Inhalten als auch von der Lerngruppe geprägt ist, spiegelt sich im Planungsschema in der Parallelität von **Sachanalyse** und **Kompetenzanalyse** (vgl. Kapitel 1.3) wider. Die Sachanalyse fragt nach den Strukturen des Inhalts und versucht, diese zu ordnen. Was sind etwa in der Geometrie grundlegende Begriffe (Punkt, Strecke, …), auf denen weitere Begriffsbildungen (geometrische Figuren, Abbildungen,…) aufbauen. Eine gute Möglichkeit, den Aufbau eines größeren Inhaltsbereichs mit seinen Vernetzungen übersichtlich darzustellen, ist die sogenannte Mindmap (vgl. Bruder 2010). Dagegen fragt die Kompetenzanalyse danach, welche Kompetenzen die Schülerinnen und Schüler in der Auseinandersetzung mit den Inhalten anwenden oder erwerben können. Inwieweit können Schülerinnen und Schüler beispielsweise ihre Fähigkeit zum Argumentieren innerhalb des Themenbereichs „Konstruktion von Dreiecken" erweitern. Allerdings handelt es sich bei der Gegenüberstellung von Sachanalyse und Kompetenzanalyse eher um eine theoretische Abgrenzung. In der konkreten Planung können beide Teile miteinander verwoben werden, sodass Jaschke (2010) als Planungsschritt eine didaktische Sachanalyse vorschlägt. Dabei werden die fachlichen Inhalte nicht neutral, sondern von vorneherein mit Blick auf die Lernenden und die Unterrichtsgestaltung betrachtet. Wenn die didaktische Analyse als Teil eines Unterrichtsentwurfs formuliert wird und die Sachstruktur des Themengebiets offensichtlich ist, kann im Entwurf auch ganz auf eine explizite Sachanalyse verzichtet werden, damit in der didaktischen Analyse mehr Raum für die Begründung der ausgewählten Inhalte und Kompetenzen sowie der Zielsetzungen zur Verfügung steht.

Auf der Basis des bildungspolitischen und gesellschaftlichen Rahmens kann eine Lehrerin oder ein Lehrer dann Zielsetzungen für eine Unterrichtsstunde, eine Einheit oder für einen noch längeren Zeitraum formulieren. Zum bildungspolitischen Rahmen gehört der allgemeine Bildungsauftrag der Schule, der in den jeweiligen Landesgesetzen verankert ist. Für den Mathematikunterricht sind als Rahmenvorgaben die Bildungsstandards entscheidend geworden sowie die daraus entwickelten landesspezifischen Standards und Kerncurricula. In einer Reihe von deutschen Bundesländern erhalten die Schulen wiederum den Auftrag, aus den neuen Bildungsstandards und Kernlehrplänen schuleigene Curricula abzuleiten. In vielen Fällen ist aber nicht ganz klar, was bestimmte Vorgaben im Einzelnen für den Unterricht bedeuten. Was besagt etwa die folgende Formulierung im Kompetenzbereich *Mathematische Darstellungen verwenden:* Schülerinnen und Schüler sollen „nicht vertraute Darstellungen lesen und ihre Aussagekraft beurteilen" (KMK-Bildungsstandards 2003, S. 15)? Solche Formulierungen müssen immer wieder diskutiert und in ihrer Bedeutung für die Praxis konkretisiert werden, mit Kolleginnen und Kollegen in der Schule, auf Fortbildungen, didaktischen Foren etc. Ein solcher Diskurs ist notwendig, damit die „Philosophie" der Bildungsstandards nicht nur Vision bleibt.

Dabei ist zu beachten, dass jeder Stand, auf dem sich die Schülerinnen und Schüler in einem bestimmten Moment befinden, trotz der Rahmenvorgaben eine sehr große Vielfalt an denkbaren Entwicklungsmöglichkeiten zulässt. Er kann Ausgangspunkt für ganz unterschiedliche Wege sein. Welchen Weg eine Lehrerin oder ein Lehrer für eine bestimmte Lerngruppe letztlich auswählt, ist deshalb eine Entscheidung, die in hohem Maße von subjektiven Überzeugungen abhängt (vgl. Kapitel 2).

5.2 Darstellungsebenen, Medien und Methoden

Die didaktische Analyse (2. Schritt) findet ihre Bündelung in den Zielsetzungen. Dort werden die inhalts- und prozessbezogene Kompetenzen formuliert, über die die Schülerinnen und Schüler *nach* dem Unterricht verfügen sollen. Wer über die konkrete Ausgestaltung des Unterrichts nachdenkt, muss einen Perspektivwechsel vornehmen und fragen, wie die Kompetenzen *im* Unterricht erworben werden können. Es müssen nun konkret Materialien ausgewählt und Tätigkeiten geplant werden. Die Auswahl der Materialien erfordert Planungsentscheidungen im Bereich der Darstellungsebenen und Medien, die Planung der Tätigkeiten schwerpunktmäßig Entscheidungen im Bereich der Methoden. Allerdings hat die Entscheidung für eine bestimmte Darstellungsebene oder ein Medium oft schon Auswirkungen auf die möglichen Methoden und umgekehrt. Deshalb müssen die Bereiche Darstellungsebenen, Medien und Methoden als Einheit betrachtet werden.

5.2.1 Darstellungsebenen

Die Theorie der Denkentwicklung von Piaget geht davon aus, dass Lernprozesse mehrere Stadien durchlaufen, die durch immer höhere Denkleistungen gekennzeichnet sind. Die Stadientheorie von Piaget wurde von Aebli, Bruner, Galperin und Lompscher aufgegriffen und in verschiedener Weise modifiziert. In Zech (1998, S. 124) findet sich eine zusammenfassende Gegenüberstellung dieser Theorien der Denkentwicklung. Eine grundsätzliche Gemeinsamkeit besteht darin, dass Denken als eine Verinnerlichung konkreter Handlungen begriffen wird und diese Verinnerlichung in mehreren Schritten erfolgt. In diesem Buch wird der Theorie und Terminologie von Bruner (1974) gefolgt, der drei fundamentale Darstellungsebenen („Repräsentationsmodi") unterscheidet, mit denen ein Sachverhalt erschlossen bzw. dargestellt werden kann. Nach Bruner sind die Darstellungsebenen zwar von zunehmender Abstraktion gekennzeichnet, stehen aber in starker Wechselwirkung zueinander und sind im Gegensatz zur Theorie Piagets nicht notwendig zeitlich aufeinanderfolgend.

Repräsentation eines Sachverhalts auf verschiedenen Darstellungsebenen nach Bruner
enaktiv: Der Sachverhalt wird mit konkreten Materialien handelnd erschlossen.
ikonisch: Der Sachverhalt wird mit Bildern, Diagrammen oder Graphiken dargestellt.
symbolisch: Der Sachverhalt wird verbal oder in der mathematischen Zeichensprache formuliert.

Für viele Bereiche der Mathematik ist es hilfreich, die Darstellungsebenen von Bruner weiter auszudifferenzieren. Hinzu kommt, dass auch symbolische Darstellungen den Schülerinnen und Schülern so vertraut werden können, dass es möglich ist, sie in anderen Zusammenhängen handelnd einzusetzen. Dies gilt insbesondere für den Bereich der Zahlen. Strenggenommen sind bereits die natürlichen Zahlen symbolische Darstellungen von Mengen. Schülerinnen und Schüler der Sekundarstufe I sind aber in der Regel so mit natürlichen Zahlen vertraut, dass sie mit diesen beinahe wie mit konkreten Objekten umgehen können. Dadurch entsteht zusätzlich zu den Bruner'schen Darstellungsebenen eine *numerische* Ebene, die lernpsychologisch betrachtet nah bei der enaktiven Ebene liegt. Tabelle 1 zeigt eine Ausdifferenzierung der Darstellungsebenen für die Leitidee *Funktionaler Zusammenhang* am Beispiel der Quadratfunktion.

Darstellungsebene	Der funktionale Zusammenhang wird...	Beispiel
enaktiv	mit konkreten Materialien handelnd dargestellt.	Mit Gegenständen (Plättchen, 1-Cent-Münzen, Knöpfen, ...) wird folgendes Muster gelegt:
numerisch-figurativ	mithilfe von Punkten (Strichen, ...) so gezeichnet, dass die Figuren der Punkte (Striche, ...) Zahlobjekte bildlich repräsentieren.	
numerisch-tabellarisch	mithilfe von Zahlen dargestellt, die in Form einer Tabelle angeordnet werden.	<table><tr><td>x</td><td>1</td><td>2</td><td>3</td></tr><tr><td>y</td><td>1</td><td>4</td><td>9</td></tr></table>
ikonisch-graphisch	mithilfe eines Funktionsgraphen bildlich dargestellt.	
symbolisch-algebraisch	mithilfe des Funktionsterms in der mathematischen Zeichensprache dargestellt.	$y = x^2$
symbolisch-sprachlich	mithilfe der Alltagssprache und/oder der mathematischen Fachsprache ausgedrückt	„Man erhält die zweite Größe, indem man die erste Größe mit sich selbst multipliziert."

Tab. 1: Darstellungsebenen für die Leitidee Funktionaler Zusammenhang am Beispiel der Quadratfunktion

Die Bezeichnung numerisch-figurativ für die zweite Ebene in der Tabelle will zum Ausdruck bringen, dass aufgrund der Anordnung der Punkte zu Mustern der Zählaspekt im Vordergrund steht. Da diese Anordnung über eine bildhafte Darstellung erfolgt, gehört diese Darstellung selbstverständlich auch zur ikonischen Darstellungsebene, muss aber von der ikonisch-graphischen Darstellung unterschieden werden. Die Übergänge zwischen den Darstellungsebenen sind durch abnehmende Anschaulichkeit und zunehmende Allgemeingültigkeit gekennzeichnet. Während die Ebenen der enaktiven und numerischen Darstellungen jeweils nur endlich viele Paare aus Zahl und quadrierter Zahl darstellen können, beinhaltet die ikonisch-graphische Darstellung bereits unendlich viele Zahlenpaare, die allerdings noch in beschränkten Intervallen liegen. Dagegen erfassen die beiden symbolischen Darstellungsebenen alle denkbaren Zahlenpaare.

Abschließend soll betont werden, dass es sich bei der Unterscheidung der Darstellungsebenen um eine analytische Stufung handelt, die Schülerinnen und Schüler nicht zwingend genau in dieser Form durchlaufen müssen. Innerhalb eines Lernprozesses ist es beispielsweise sinnvoll und wünschenswert, wenn Schülerinnen und Schüler ihre Einsichten, die sie aufgrund der numerisch-tabellarischen Darstellung erhalten haben, symbolisch-sprachlich formulieren, bevor sie einen Funktionsgraphen zeichnen. Die oben aufgeführten Darstellungsebenen beziehen sich auf die Leitidee *Funktionaler Zusammenhang*. In anderen Themenbereichen sind andere Ausdifferenzierungen der drei Ebenen von Bruner sinnvoll.

 AUFGABE

Notieren Sie für einen oder mehrere weitere mathematische Sachverhalte mögliche Darstellungsebenen. Als Anregung seien hier genannt: Äquivalenzumformungen zum Lösen einer Gleichung (Waagemodell, …), Winkelsumme im Dreieck, Kommutativität der Addition.

Darstellungsebenen und Kompetenzerwerb

Aus der Theorie der Denkentwicklung ergeben sich wichtige praktische Konsequenzen für die Unterrichtsgestaltung (vgl. Zech 1998, S. 114 und Wittmann 1981, S. 89f):

1. Stufengemäßheit und Verinnerlichung
Um die Stufen der Denkentwicklung zu berücksichtigen, sollte der Mathematikunterricht prinzipiell von der enaktiven oder ikonischen Darstellungsebene ausgehen. Erst wenn Schülerinnen und Schüler diese Ebene verinnerlicht haben, kann der Übergang zur symbolischen Ebene erfolgen.

Im Unterrichtsbeispiel der Videographie 2 in Kapitel 3 hat der Lehrer die Idee der Tangente als Grenzlage der Sekanten an der Tafel ikonisch dargestellt, um die Einführung der symbolischen Darstellung der Tangente als Grenzwert von Differenzenquotienten zu unterstützen. Dennoch ist die Einführung nicht geglückt, da die Schülerinnen und Schüler die ikonischen Darstellungen nur in Form der Lehrerpräsentation kennengelernt haben und nicht durch eigene Tätigkeiten verinnerlichen konnten. Eigene Tätigkeiten, die zu einer Verinnerlichung führen, sind beispielsweise sukzessives Einzeichnen von Sekanten in einen Graphen und Berechnung der jeweiligen Steigungen, eigenes Experimentieren mithilfe einer Geogebra-Datei oder weiterer Experimentierumgebungen (vgl. Kapitel 3).

Generell sollte beachtet werden, welche genauen Erfahrungen Schülerinnen und Schüler zu einem bestimmten Bereich bereits mitbringen und wann ein Übergang zur symbolischen Ebene angemessen ist. Werden konkrete Materialien oder ikonische Darstellungen vernachlässigt, führt dies zu einer Überforderung der Schülerinnen und Schüler. Umgekehrt kann eine Überbetonung des Umgangs mit konkreten Materialien oder ikonischen Darstellungen die Schülerinnen und Schüler unterfordern. In beiden Fällen droht die Gefahr, dass keine neuen Kompetenzen erworben werden.

---

2. Vernetzung der Darstellungsebenen
Der Mathematikunterricht sollte die Kompetenz fördern, einen Inhalt von einer Darstellungsebene in eine andere übertragen zu können.

Insbesondere ist es wichtig, die enaktiven und ikonischen Darstellungsformen nicht nur als Vorbereitungen für die symbolische Ebene zu sehen. Diese Ebenen sind keine „lästigen Zwischenstufen", sondern tragen ganz wesentlich dazu bei, dass Kompetenzen leichter erworben und flexibel eingesetzt werden können. Beispielsweise ist der Wechsel von der symbolisch-algebraischen Darstellung einer Funktion hin zur numerisch-tabellarischen Darstellung (siehe oben) eine eigene Kompetenz („Tabellarisieren"), die auf verschiedenen Teilkompetenzen aufbaut: Anlegen einer Wertetabelle, Wählen einer geeigneten Schrittweite, Berechnen der abhängigen Werte, Deuten des funktionalen Zusammenhangs („Wenn ich den x-Wert verdopple, dann…") etc.

Generell ist das Wechseln der Darstellungsebenen ein integraler Bestandteil der prozessbezogenen Kompetenz *Mathematische Darstellungen verwenden*, der eine besondere Bedeutung für die anderen prozessbezogenen Kompetenzen zukommt. Beispielsweise ist es für das Problemlösen entscheidend, dass Inhalte in eine andere Darstellungsform übertragen werden können, die einer Problemlösung vielleicht leichter zugänglich ist. Genauso gehört es zur Kompetenz *Kommunizieren*, dass Schülerinnen und Schüler, die eine Präsentation vorbereiten, einschätzen können, welche Darstellungsform für ihre Zuhörer am besten geeignet ist.

Zech (1998, S. 106) stellt die möglichen Übergänge zwischen den Darstellungsebenen von Bruner zusammenfassend dar, wobei die symbolische Ebene in Sprache und Zeichen aufgespalten ist:

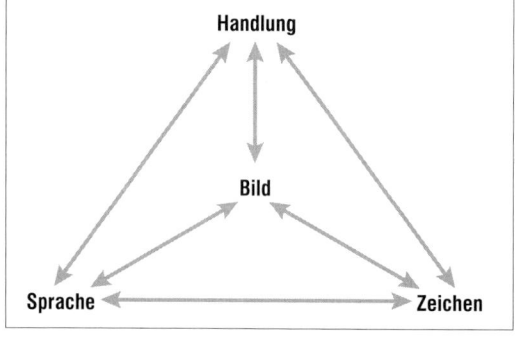

Abb. 2: Mögliche Wechsel zwischen den Darstellungsebenen

Das Wechseln zu einer Handlung bezeichnet man als *enaktivieren*, das zu einem Bild als *ikonisieren*, das zur Zeichendarstellung als *formalisieren* und das zur Sprache als *verbalisieren*. Dabei stellt die Sprache eine besondere Darstellungsebene dar, die Tätigkeiten auf allen anderen Darstellungsebenen begleiten kann. Im Mathematikunterricht sollten Schülerinnen und Schüler stets dazu aufgefordert sein, zu verbalisieren, also etwa eine konkrete Handlung mit ihren Worten zu beschreiben, ein Diagramm zu erläutern oder die Bedeutung einer Formel zu erklären.

5.2.2 Medien

Im Bereich der Medien soll hier zwischen *Lernobjekten* und *Werkzeugen* unterschieden werden. Ein Lernobjekt kann all das sein, was für die Lernenden zum Lerninhalt wird. Demgegenüber ist ein Werkzeug ein Hilfsmittel, das dazu dient, das Lernobjekt bereitzustellen oder zu erzeugen (von Martial/Ladenthin 2005). Wird beispielsweise mithilfe von Zirkel und Kreide ein Kreis an die Tafel gezeichnet, so ist der Kreis in der Regel das Lernobjekt, das im weiteren Mathematikunterricht eine Rolle spielen soll. Zirkel, Kreide und Tafel sind Werkzeuge, mit deren Hilfe der Kreis erzeugt wurde. Allerdings ist der Übergang zwischen Lernobjekten und Werkzeugen im Mathematikunterricht oft fließend, insbesondere da der Umgang mit Werkzeugen auch erlernt werden muss und das Werkzeug dann selbst zum Lernobjekt wird. Dies ist zum Beispiel dann der Fall, wenn Schülerinnen und Schüler das Geodreieck erstmalig verwenden oder wenn eine Lehrerin oder ein Lehrer die Eingabe bei einem Tabellenkalkulationsprogramm erläutert. Werkzeuge sind aber nicht nur in Einführungssituationen Lernobjekte, sondern auch, wenn im Unterricht über ihren Gebrauch reflektiert wird, etwa wenn diskutiert wird, ob eine bestimmte Gleichung schneller mit Papier und Bleistift oder mithilfe eines Computeralgebrasystems gelöst werden kann. Generell werden alle Kompetenzen, die zum Gebrauch eines Werkzeugs erforderlich sind, Bedienungs- oder Werkzeugkompetenzen genannt. Jede Reflexion des Werkzeuggebrauchs im obigen Sinne erweitert die Werkzeugkompetenz. In der Fachdidaktik wird der sich über einen längeren Zeitraum hinziehende Prozess, in dem sich Schülerinnen und Schüler einen Gegenstand als Werkzeug aneignen, auch als Instrumentationsprozess bezeichnet (vgl. Guin/Ruthven/Trouche 2005).

In Abb. 3 wird die grundlegende Unterscheidung von Medien im Mathematikunterricht in Lernobjekte und Werkzeuge weiter aufgeschlüsselt.

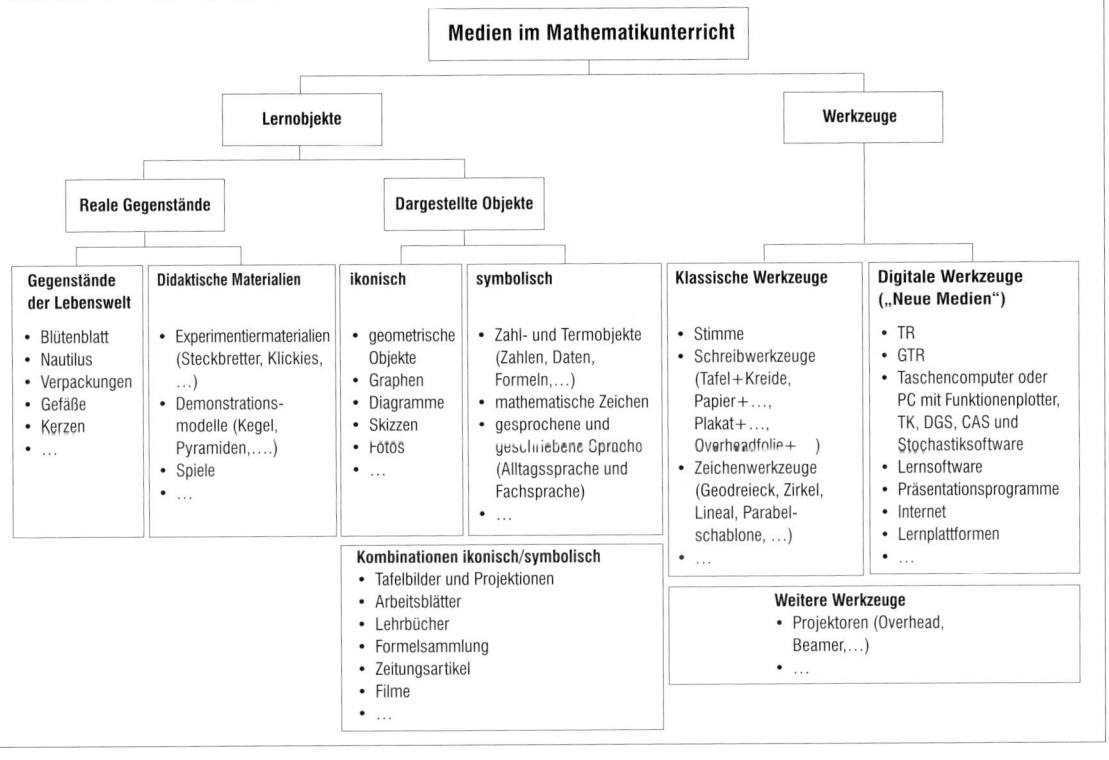

Abb. 3: Medien im Mathematikunterricht

Funktionen von Medien

Medien kommen im Unterricht äußerst vielfältige Funktionen zu. Drei übergeordnete Funktionen, die eine grobe Unterteilung der Aufgaben von Medien ermöglichen, sind die *Information*, *Organisation* und *Motivation*. Im Unterricht überschneiden sich diese Funktionen in der Regel vielfach. Manche Medien werden in einer Unterrichtsstunde ausschließlich von den Unterrichtenden oder ausschließlich von den Schülerinnen und Schülern verwendet. Charakteristisch ist aber, dass die Unterrichtenden und die Schülerinnen und Schüler oft im Wechsel auf ein und dasselbe Medium zugreifen: Eine Skizze eines Schülers an der Tafel wird von der Lehrerin ergänzt, ein Taschencomputer ist an einen Projektor angeschlossen und wird vom Lehrer und den Schülerinnen und Schülern für Demonstrationen genutzt. Die unten aufgeführten Erläuterungen zu den verschiedenen Funktionen von Medien stellen nur Beispiele dar.

Information

▶ Medien stellen Aufgaben, Materialien und Informationen bereit
Die zentrale Funktion von Arbeitsblättern, Schulbüchern und Aufgabensammlungen ist es, Aufgaben und Problemstellungen der verschiedensten Form bereitzustellen (Übungsaufgaben, Problemlöseaufgaben, Daten und Informationen für Modellierungsaufgaben etc.).

▶ Medien ermöglichen Erfahrungen
Konkrete Experimentiermaterialien wie zum Beispiel die „Klickies", aus denen geometrische Körper gebaut werden können, ermöglichen direkte räumliche Erfahrungen.

▶ Medien erzeugen mathematische Objekte
Die grundlegenden geometrischen Objekte werden mit Geodreieck, Zirkel und Lineal an der Tafel erzeugt.

▶ Medien visualisieren und ermöglichen den Wechsel der Darstellungsebenen
Mit einer dynamischen Geometrie-Software (DGS) können geometrische Objekte konstruiert werden, die dynamisch veränderbar sind. Ein graphikfähiger Taschenrechner (GTR) stellt nach Eingabe des Funktionsterms sofort den Funktionsgraphen und eine Tabelle mit veränderbarer Schrittweite zur Verfügung.

▶ Medien übernehmen mathematische Kalküle und Algorithmen
Eine Tabelle mit den Werten der Binomialverteilung ersetzt deren Berechnung. Ein Taschenrechner (TR) berechnet numerische Terme. Ein Taschencomputer mit Computeralgebrasystem (CAS) führt eine Polynomdivision durch.

▶ Medien differenzieren
Eine Lerntheke stellt Aufgabenmaterial bereit, das quantitativ und qualitativ differenziert ist.

Organisation

▶ Medien stellen erwartete Tätigkeiten vor und strukturieren den Lernprozess
Wenn Arbeitsaufträge nicht nur mündlich vorgetragen werden, sondern durch ein Plakat oder einen Tafelanschrieb medial unterstützt werden, bleiben sie für die Schülerinnen und Schüler während des ganzen Arbeitsprozesses sichtbar (vgl. Videographie 3 in Kapitel 3). Auch Arbeitsblätter stellen nicht nur Aufgaben und Informationen bereit, sondern strukturieren durch ihren Aufbau und ihre Schrittfolge die Arbeitsabläufe.

▶ Medien lenken die Aufmerksamkeit
Eine Overheadfolie, die an eine Wand projiziert wird, lenkt automatisch die Aufmerksamkeit der Schülerinnen und Schüler auf den Inhalt der Folie.

▶ Medien helfen, Arbeitsergebnisse zu sammeln, zu ordnen und zu präsentieren
Wenn Schülerinnen und Schüler vorab Materialien zum Sammeln und/oder Präsentieren erhalten (Overheadfolie, Plakat, ...), hilft dies, Arbeitsergebnisse festzuhalten und zu ordnen. Insbesondere können die Präsentationsmaterialien schon Strukturierungshilfen enthalten (Überschriften, Tabellen, ...). In der Regel beeinflusst die Aufgabe, die Ergebnisse anschließend zu präsentieren, den Arbeitsprozess positiv, und sie fördert die Kompetenzen des Darstellens und Präsentierens.

▶ Medien geben Rückmeldungen zu Lernfortschritten
Eine ausgehängte Musterlösung erlaubt den Schülerinnen und Schülern die Selbstkontrolle zur Bearbeitung einer Aufgabe. Ein Laufzettel beim Lernen an Stationen gibt ihnen einen Überblick darüber, welche Stationen sie bereits bearbeitet haben. Gleichzeitig helfen Kommentare, die die Schülerinnen und Schüler auf dem Laufzettel zu einzelnen Stationen notieren, der Lehrkraft bei der Einschätzung, wie die Arbeit an den Stationen verlaufen ist.

▶ Medien machen Leistungen sichtbar
Ein Medium, das die Schülerinnen und Schüler am Ende eines Lernprozesses gestaltet haben (ausgefülltes Arbeitsblatt, Overheadfolie, Plakat, Powerpointpräsentation, Lernprotokoll, Lerntagebuch, ...), macht für die Schülerinnen und Schüler und für die Lehrerin oder den Lehrer die Leistung in vielfältiger Weise greifbar.

Motivation

▶ Medien aktivieren
Wenn elementare mathematische Fragen oder Problemstellungen mit Medienunterstützung präsentiert werden, übt dies auf Schülerinnen und Schüler meist einen direkten Reiz aus. Ebenso fordert ein Erarbeitungs- oder Übungsspiel unmittelbar zum Ausprobieren heraus.

▶ Medien stellen den Bezug zur Lebenswelt her
Ein mathematikhaltiger Gegenstand der Lebenswelt, der real in den Unterricht mitgebracht oder als Bild präsentiert wird (Blütenblatt, Kirchenfenster, ...), regt die Schülerinnen und Schüler in der Regel zur Erforschung an.

Die besondere Rolle der digitalen Werkzeuge

Digitale Werkzeuge stellen Hilfsmittel bereit, die den Mathematikunterricht grundlegend verändern können. Der Taschenrechner hat sich in den letzten Jahrzehnten als selbstverständliches Werkzeug etabliert und ist aus dem Mathematikunterricht nicht mehr wegzudenken. Weitere digitale Werkzeuge lassen sich in drei grundlegende Typen unterscheiden, die zugleich verschiedene Darstellungsebenen verkörpern:

▶ Tabellenkalkulation (TK) – numerisch-tabellarische Darstellung
▶ Dynamische Geometrie-Software (DGS) – ikonisch-graphische Darstellung
▶ Computeralgebrasysteme (CAS) – symbolisch-algebraische Darstellung

Die meisten Programme enthalten neben den Grundfunktionen außerdem einen Funktionenplotter. Einige neuere Programme vereinen mehrere Werkzeugtypen, etwa das Programm Geogebra, das die Arbeitsweise einer DGS mit der symbolisch-algebraischen Darstellung verbindet. Auch das Stochastikprogramm Fathom vereint unterschiedliche Werkzeuge und ermöglicht vielfältige Darstellungen von Daten. Die neueste Generation von Taschencomputern umfasst bereits alle drei oben genannten Werkzeugtypen.

Im Hinblick auf den Kompetenzerwerb eröffnen die digitalen Werkzeuge eine Vielfalt von Chancen, ihr Einsatz ist aber auch mit einer Reihe von Schwierigkeiten behaftet. Hier sollen nur ganz grob einige Situationen im Mathematikunterricht skizziert werden, in denen durch den Einsatz eines digitalen Werkzeugs *Vorteile* für den Kompetenzerwerb entstehen können (Tab. 2). Für eine grundlegende Auseinandersetzung mit den Chancen und Risiken, die mit dem Einsatz digitaler Werkzeuge verbunden sind, sei auf das Buch „Computer, Internet & Co. im Mathematikunterricht" von Barzel/Hußmann/Leuders (2005) sowie auf die Themenhefte „Medien vernetzen" (Barzel/Weigand 2008) und „Medien – Methoden – Kompetenzen" (Elschenbroich/Heintz 2008) verwiesen.

Digitale Werkzeuge ...	Beispiel	Vorteile im Hinblick auf den Kompetenzerwerb
übernehmen Kalküle und Algorithmen	Mithilfe eines GTR oder CAS können Nullstellen und Extremstellen fast aller Funktionen bestimmt werden.	Aufgaben mit authentischem Datenmaterial können in den Unterricht einbezogen werden, sodass das Spektrum an Aufgaben zum *Modellieren* erweitert wird.
visualisieren	Mithilfe einer DGS können dynamisch veränderbare Figuren konstruiert werden.	Die Dynamik eröffnet neue Möglichkeiten zum *Argumentieren* und *Beweisen* („visuell-dynamisches Beweisen").
ermöglichen den Wechsel der Darstellungsebenen	Mithilfe eines GTR kann nach Eingabe des Funktionsterms die tabellarische Darstellung der Funktion angezeigt werden.	Beim *Problemlösen* stehen schnell Zahlenbeispiele bereit, anhand derer Vermutungen überprüft werden können.
ermöglichen Erfahrungen	Mithilfe eines Tabellenkalkulationsprogramms oder der Stochastiksoftware Fathom kann eine hohe Anzahl von Münzwürfen durchgeführt und ausgewertet werden.	Die Computersimulationen stellen eine Erfahrungsbasis bereit, die *Begriffsbildungen* anregt.
erzeugen vielfältige Beispiele	Mithilfe eines Funktionenplotters können Funktionsterme leicht abgewandelt und die Auswirkungen auf den Funktionsgraphen beobachtet werden.	Neue Funktionsklassen können selbstständig erkundet werden. *Begriffsbildungen* werden erleichtert.

Tab. 2: Vorteile digitaler Werkzeuge (nach Barzel/Hußmann/Leuders 2005, S. 38 f.)

5.2.3 Methoden

 AUFGABE

a) Erstellen Sie in einem Brainstorming eine Liste aller Methoden für den Mathematikunterricht, die Ihnen spontan einfallen.

b) Markieren Sie in Ihrer Liste aus a) mit drei unterschiedlichen Farben Methoden, die Sie in Ihrem Unterricht regelmäßig (i), gelegentlich (ii), nie (iii) einsetzen oder – wenn Sie sich in der 1. Phase der Ausbildung befinden – einsetzen würden.

c) Diskutieren Sie Gründe, warum Sie die verschiedenen Methoden unterschiedlich stark einsetzen. Stellen Sie einen Bezug zum Abschnitt „Unterrichtsmethodische Präferenzen" des Fragebogens zu Überzeugungen aus Kapitel 2 her.

Das Drei-Ebenen-Modell der Methodik

Um sich darüber zu verständigen, was man unter Methoden versteht, ist das Drei-Ebenen-Modell von Meyer (2004, S. 74 f) hilfreich.

Auf der Ebene der *Makromethodik* wird darüber entschieden, in welcher Form der Unterricht über *Wochen und Monate* hinweg festgelegt wird, etwa als traditioneller Lehrgang, Projektarbeit oder Freiarbeit. Entscheidungen im Bereich der Makromethodik werden in der Regel von einer Schule getroffen, etwa durch die Festlegung des Zeitraums für eine Projektwoche.

Die Ebene der *Mesomethodik* legt Handlungen im Unterricht fest, die *Minuten bis Stunden* dauern können. Meyer untergliedert diese Ebene in drei Dimensionen, zu denen Lehrerinnen und Lehrer Entscheidungen treffen:

1. Sozialformen
2. Handlungsmuster
3. Verlaufsformen/Unterrichtsphasen

Es gibt nur vier grundsätzliche Sozialformen: Einzelarbeit, Partnerarbeit, Gruppenarbeit und Plenumsunterricht. Handlungsmuster sind feste Unterrichtsformen mit klar definierter Rollenverteilung und klar erkennbarem Anfang und Abschluss. In Methodiksammlungen werden diese Handlungsmuster zumeist als Methoden im engeren Sinn beschrieben, z.B. Lehrervortrag, Diskussion, Gruppenpuzzle, Schüler-Experiment, Spiel. Wenn man einzelne Varianten unterscheidet, gibt es sicherlich mehrere hundert solcher Handlungsmuster. Verlaufsformen bzw. Unterrichtsphasen regeln den zeitlichen Ablauf des Unterrichts. Dabei gibt es ebenfalls verschiedene Muster, die sich zumeist auf den Grundrhythmus Einstieg-Erarbeitung-Ergebnissicherung zurückführen lassen.

Manchmal werden auch die Sozialformen als Methoden bezeichnet. Dies kann jedoch irreführend sein, insbesondere im Hinblick auf den Plenumsunterricht. Mit „Plenum" ist zunächst nur gemeint, dass sich alle in einem Raum befindlichen Personen, das heißt die Lehrkraft und alle Schülerinnen und Schüler, zeitgleich auf einen Inhalt konzentrieren. Durch verschiedene Handlungsmuster kann der Plenumsunterricht aber ganz unterschiedliche Formen annehmen:

▸ Lehrervortrag (Schülerinnen und Schüler hören zu),
▸ Diskussion (Lehrkraft nimmt nur die Rolle des Moderators wahr),
▸ Schülervortrag (Schülerinnen und Schüler präsentieren Ergebnisse),
▸ weit geführter fragend-entwickelnder Unterricht mit offen gestellten Fragen der Lehrkraft oder anderen offenen Lehrerimpulsen (Foto, Tafelskizze, …),
▸ eng geführter fragend-entwickelnder Unterricht mit geschlossenen Fragen der Lehrkraft, die wenig Antwortspielraum lassen („Frontalunterricht").

Da der Begriff „Frontalunterricht" negativ besetzt ist, sollte er nach Ansicht des Autors nur für die zuletzt genannte Form des Plenumsunterrichts verwendet werden. Ein eng geführter fragend-entwickelnder Unterricht mit geschlossenen Fragen der Lehrkraft ist in der Tat problematisch, vor allem wenn er den Unterricht über lange Strecken hinweg dominiert. Schülerinnen und Schüler können dann kaum selbstgesteuerte Tätigkeiten durchführen, die zum Erwerb von Kompetenzen notwendig sind. Demgegenüber ist es unproblematisch, wenn die Lehrkraft in einer Unterrichtsstunde *kurzfristig* zum Mittel der eng geführten Fragen greift, etwa wenn eine begriffliche Verwirrung entstanden ist, die sich nicht mehr mit anderen Mitteln auflösen lässt.

Die *Mikromethodik* als dritte Ebene der Methodik umfasst Inszenierungstechniken, die zum Teil *nur wenige Sekunden* dauern, z. B. mit der Hand auf etwas zeigen, Verlangsamen/Beschleunigen des Sprechtempos, Pause nach einer Frage, Ausblenden/Einblenden von Inhalten (Umklappen der Tafel).

Meyer geht auch der alten Frage nach, ob es bessere oder schlechtere Unterrichtsmethoden gibt, insbesondere ob „Direkte Instruktion" oder „Offener Unterricht" erfolgreicher ist (ebd., S. 81). Dabei werden unter „Direkte Instruktion" stärker lehrergesteuerte Methoden verstanden (Lehrervortrag, Bearbeitung vorgegebener Übungsaufgaben etc.) und unter „Offener Unterricht" Methoden, die stärker von den Schülerinnen und Schülern gesteuert werden (Gruppenunterricht, Stationenlernen, Projektarbeit etc.). Meyer wertet Forschungsergebnisse der letzten Jahrzehnte aus und kommt zunächst zu einem nüchternen Fazit: „Direkte Instruktion ist ein wenig erfolgreicher im Blick auf die Wissensaneignung und fachliches Lernen. Offener Unterricht ist ein wenig erfolgreicher im Blick auf die Vermittlung von Methoden- und Sozialkompetenz." Dieses Ergebnis betrifft die Gesamtheit der offenen Unterrichtsformen im Vergleich mit Formen der direkten Instruktion. Gleichzeitig gelangt Meyer in der Auswertung der Forschungsergebnisse zum Schluss, dass kooperative Lernformen wie Partner- oder Gruppenarbeit den traditionellen Unterrichtsmethoden überlegen sind, sofern bestimmte Bedingungen erfüllt sind: Es arbeiten zwei bis höchstens fünf Lernende zusammen, die gleichberechtigt interagieren, keine direkte Beaufsichtigung durch die Lehrerin oder den Lehrer erfahren und mithilfe vorbereiteter Materialien nach präzise abgesprochenen Regeln selbstständig arbeiten (ebd., S. 82). Diese positiven Forschungsergebnisse zu kooperativen Arbeitsformen unter effektiven Bedingungen stehen im Widerspruch zu den subjektiven Überzeugungen von Lehramtsstudierenden und praktizierenden Lehrern (vgl. Kapitel 2.4). Vielfältige Anregungen zur Gestaltung kooperativer Arbeitsformen im Mathematikunterricht findet man in Bruder/Leuders/Büchter (2008), Kapitel 6, sowie im Themenheft „MaTEAMatik" von Holzäpfel und Leuders (2010).

Da der Kompetenzbegriff sowohl Sachwissen als auch Handlungswissen und Einstellungen umfasst (vgl. Kapitel 1.1), sind Lehrerinnen und Lehrer gut beraten, nach einer Methodenmischung zu suchen, die in optimaler Weise instruktive und konstruktive (offene) Methoden verbindet. Dies belegen auch Forschungsergebnisse von Reinmann-Rothmeier und Mandl (2001). In ihren grundsätzlichen Überlegungen zu Kompetenzen und Methoden betonen Elschenbroich und Heintz (2008, S. 3) ebenfalls diesen Zusammenhang: „Dass Lernen als ein individueller Konstruktionsprozess verstanden wird, bedeutet [...] nicht, dass Instruktion überflüssig wäre." Insbesondere sollte gute Instruktion den Rahmen für konstruktive Schülertätigkeiten schaffen.

Wie wählt man die „richtige" Methode?

Zusammen mit den Darstellungsebenen und Medien entscheidet vor allem die Wahl der Methoden darüber, welche Handlungen die Schülerinnen und Schüler im Unterricht durchführen können, und damit letztlich über den Erfolg des Unterrichts. Um eine Orientierungshilfe für die Auswahl von Methoden zu geben, unterscheiden Barzel, Büchter und Leuders (2007, S. 245) typische mathematikbezogene und fächerübergreifende **Tätigkeiten**, die hier in einer etwas abgewandelten Form aufgeführt werden sollen:

▸ Kenntnisse und Fertigkeiten erarbeiten oder vertiefen
▸ Begriffe bilden
▸ Regeln und Verfahren lernen

⎫ inhaltsbezogene Tätigkeiten

▸ Argumentieren
▸ Problemlösen/Modellieren
▸ Mathematik darstellen und präsentieren
▸ Mathematik kommunizieren

⎫ prozessbezogene Tätigkeiten

▸ Eigenverantwortlich arbeiten
▸ Kooperieren
▸ Recherchieren/Lesen
▸ Schreiben
▸ Reflektieren

⎫ übergreifende Tätigkeiten

Eine weitere Orientierungshilfe besteht in der Unterscheidung von immer wiederkehrenden **Unterrichtsphasen**, die im zeitlichen Ablauf des Unterrichtsgeschehens unterschiedliche Funktionen erfüllen. Die folgende Tabelle lehnt sich an die Phasen von Barzel, Büchter und Leuders (2007, S. 252) an.

Welche Funktion?	Worum geht es?
Einsteigen, Problematisieren, Motivieren	Zugang zu neuen Themen finden Fragen, Problemstellungen und Vermutungen formulieren Motivation entwickeln
Erkunden, Entdecken, Erfinden	Erarbeiten neuer Begriffe oder Entdecken von Zusammenhängen Aushandeln von Begriffen oder Austauschen von Entdeckungen Entwickeln kreativer Ideen
Systematisieren, Absichern, Darstellen	Systematisieren von Begriffen und Begriffsnetzen Prüfen von Ergebnissen Darstellen von Ideen und Zusammenhängen
Üben, Vertiefen, Anwenden	Üben von Kenntnissen und Fertigkeiten Festigen von Begriffen Anwenden des Gelernten in neuen Kontexten Reflektieren von Begriffen und Verfahren
Diagnostizieren und Überprüfen	Leistungen differenziert sichtbar werden lassen für die (Selbst-)Diagnose Leistungen für die Bewertung darstellen

Tab 3: Typische Unterrichtsphasen im Mathematikunterricht (nach Barzel/Büchter/Leuders 2007, S. 252)

Im traditionellen Mathematikunterricht ist der Lehreranteil in der Phase **Einsteigen, Problematisieren, Motivieren** meist sehr hoch. Obwohl es sicherlich gute, eher lehrerbezogene Unterrichtseinstiege gibt, lassen sich auch für diese Phase gerade durch eine bewusste Methodenwahl Formen finden, die die Schülerinnen und Schüler stärker in die Problem- und Aufgabenformulierung einbinden. Deshalb sollte auch der Unterrichtseinstieg als eine Phase der Schülertätigkeit betrachtet werden. Je mehr dies geschieht, umso größer ist die Chance, dass die Schülerinnen und Schüler zu einer selbstgesteuerten Motivation gelangen und nicht einseitig von der Lehrkraft motiviert werden.

 AUFGABE

a) Welche der von Ihnen eingangs im Brainstorming notierten Methoden eignet sich besonders gut
  ▸ für typische **Tätigkeiten** inhaltsbezogener, prozessbezogener oder übergreifender Art,
  ▸ für eine bestimmte **Unterrichtsphase**?

b) Vergleichen Sie Ihre Zuordnung mit den Vorschlägen von Barzel/Büchter/Leuders (2007, S. 252).

Kommentar

Exemplarisch seien hier einige Methoden aufgeführt, die sich in besonderer Weise zur Förderung des *Argumentierens* eignen:

▸ Gruppenarbeit
▸ Gruppenpuzzle
▸ Ich - Du - Wir
▸ Schreibgespräch
▸ Kugellager
▸ „Was bin ich?" (Steckbrief)
▸ schriftliches Blitzlicht
▸ Lerntagebuch
▸ Gutachten

Für die Unterrichtsphase **Einsteigen, Problematisieren, Motivieren** eignen sich:

▸ Lehrervortrag
▸ Präsentation eines mathematischen Objekts oder eines realen Gegenstandes
▸ Darstellung einer realen, mathematikhaltigen Situation
▸ Bildimpuls
▸ Frage
▸ Provokation
▸ Fantasiereise
▸ eine vorbereitende Hausaufgabe

und

▸ Redekette
▸ Diskussion
▸ Sammlung von Fragen oder Vermutungen
▸ individuelles/gemeinsames Brainstorming

Im Kasten unten finden Sie grundsätzliche Kriterien, anhand derer die Eignung von Darstellungsebenen, Medien und Methoden beurteilt werden kann:

Kriterien zum Einsatz von Darstellungsebenen, Medien und Methoden

▸ Inwieweit sind die Schülerinnen und Schüler mit den Darstellungsebenen, Medien und Methoden, die im Unterricht eingesetzt werden sollen, bereits vertraut? (Berücksichtigung der Bedingungsanalyse)
▸ Sind die Darstellungsebenen, Medien und Methoden dazu geeignet **Tätigkeiten** anzuregen, mit denen die Schülerinnen und Schüler die Kompetenzen erwerben können, die in den Zielsetzungen formuliert wurden? (Berücksichtigung der didaktischen Analyse)
▸ Erfüllt das Medium die ihm zugedachte **Funktion** im Unterrichtsprozess?
▸ Passt die Methode zu der jeweiligen **Unterrichtsphase**?
▸ Ist durch die Wahl der Medien und Methoden eine **individuelle Anregung** sichergestellt?
▸ Erlauben Medien und Methoden eine **Differenzierung** nach Leistungsständen oder Lerntypen?
▸ Welche **Schwierigkeiten** sind beim Einsatz des Mediums bzw. bei der Durchführung der Methode zu erwarten?

Im Planungsschema im Abschnitt 5.1 ist ein etwas dünnerer gestrichelter Pfeil ein-gezeichnet, der vom Bereich der Unterrichtsgestaltung zurück auf die Zielsetzungen zeigt. Nach der klassischen Vorstellung von Unterrichtsplanung, die dem „Primat der Didaktik vor der Methodik" verpflichtet ist, dürfte es diesen Pfeil nicht geben. Letzt-lich muss Unterrichtsplanung aber als ein ganzheitlicher Prozess betrachtet werden, sodass Entscheidungen im Bereich der Darstellungsebenen, Medien und Methoden durchaus Rückwirkungen auf die Zielsetzungen haben können. Barzel/Büchter/Leu-ders (2007, S. 241) stellen in diesem Sinne fest: „Oft erlebt man, dass zum Beispiel die Wahl der jeweiligen Methode Rückwirkungen auf die Ziele hat. Man erkennt bei-spielsweise, dass ein gewähltes Thema in besonderem Maße geeignet ist für die För-derung von Problemlösekompetenzen [...] Hier wird man seine Zielentscheidungen ergänzen oder sogar neue Schwerpunkte setzen [...]"

 AUFGABE

Diese Aufgabe möchte Sie dazu anregen, Ihr Methodenrepertoire systematisch zu er-weitern. Wählen Sie eine Methode aus (zum Beispiel aus Barzel/Büchter/Leuders (2007) oder Mattes (2004)), die Sie interessant finden, aber bisher nie oder nur sehr selten eingesetzt haben. Planen Sie für das kommende Halbjahr für eine Ihrer Lerngrup-pen eine Unterrichtssequenz, in der Sie die Methode erstmalig einführen und erproben. Diese Einführung sollte auch eine erste kurze Rückmeldung der Schülerinnen und Schü-ler zur Methode umfassen, zum Beispiel durch eine kurze Bewertung im Plenum oder einen kleinen Fragebogen. Planen Sie darüber hinaus mindestens zwei weitere Sequen-zen, in denen Ihre Schülerinnen und Schüler wiederum mit der Methode arbeiten und Ihnen eine weitere Rückmeldung zur Methode geben. Eine solche Fortsetzung ist zur Einschätzung einer neuen Methode sehr wichtig, da eventuell „Kinderkrankheiten" bei der Durchführung überwunden werden müssen: Sowohl Sie als auch Ihre Schülerinnen und Schüler müssen mit der Methode ja erst vertraut werden!

5.3 Planung einer Folgestunde

Im Kapitel 4 haben Sie diagnostiziert, welche Kompetenzen und Entwicklungsmög-lichkeiten der Schülerinnen bzw. Schüler bei der Bearbeitung der Zoo-Aufgabe sicht-bar werden. Im Folgenden werden Sie dazu aufgefordert, eine Unterrichtsstunde zu planen, die sich unmittelbar an die Bearbeitung der Zoo-Aufgabe anschließt. Dabei sollen Sie vereinfachend davon ausgehen, dass die beiden Gruppen für die gesamte Klasse repräsentativ sind, das heißt, dass in der ganzen Klasse nur diese beiden Lösun-gen gefunden wurden und vergleichbare Schwierigkeiten aufgetreten sind. Im Sinne des obigen Schemas stellt die Diagnose aus Kapitel 4 dann eine **Bedingungsanalyse** als 1. Planungsschritt dar. In einer wirklichen Unterrichtssituation verfügt die Lehrkraft natürlich über weitaus mehr diagnostische Informationen, die in die Planung einfließen können.

 **AUFGABE**

> Planen Sie eine Stunde oder Doppelstunde, die sich unmittelbar an die Bearbeitung der Zoo-Aufgabe anschließt und auf die Diagnose aus Kapitel 4 stützt. Beginnen Sie mit einer kurzen didaktischen Analyse und formulieren Sie die Zielsetzungen für die Folgestunde.

Lesen Sie den nächsten Abschnitt erst, wenn Sie die Aufgabe abgeschlossen haben. Vergleichen Sie die vorgestellten Überlegungen mit Ihrer eigenen Planung.

Überlegungen zur Folgestunde

In diesem Abschnitt werden Planungsüberlegungen zu einer Folgestunde (als Doppelstunde) vorgestellt, die sich am Planungsschema aus 5.1 orientieren. In der **didaktischen Analyse** (2. Planungsschritt) sollte begründet werden, warum die Zoo-Aufgabe ein für die Schülerinnen und Schüler bedeutsamer Unterrichtsinhalt ist. Ein wesentlicher Grund für die Auswahl einer solchen Modellierungsaufgabe besteht darin, dass normative Modellierungen viele gesellschaftliche Situationen regeln: Eintrittspreise, Wahlverfahren, Steuertarife etc. Wenn Schülerinnen und Schüler im Mathematikunterricht entsprechende Aufgaben bearbeiten, wird für sie erfahrbar, dass es sich nicht um Abbildungen der Realität handelt, sondern um Situationen, die mit mathematischen Mitteln gestaltet werden. Eine Diskussion in der Gruppe oder der Klasse über Vor- und Nachteile unterschiedlicher Lösungen lässt sie erleben, dass es nicht eine eindeutig richtige Lösung gibt und die Entscheidung für eine bestimmte Lösung ausgehandelt werden muss. Dies erfordert ein demokratisches Vorgehen, das im Sinne von Winter (1995) zum Ziel beitragen kann, die Schülerinnen und Schüler zu „selbstständig denkenden Bürgern" werden zu lassen. Nach der grundsätzlichen Entscheidung für eine normative Modellierungsaufgabe kann eine Sach- und Kompetenzanalyse der Zoo-Aufgabe erfolgen.

Sachanalyse: Mit den bisherigen Eintrittspreisen liegt ein mathematisches Modell vor, das von den Schülerinnen und Schülern verändert werden soll. Die Rahmenbedingung, dass die Einnahmen auf insgesamt 600 000 Euro gesteigert werden sollen, stellt eine Vorgabe dar, die das neue Modell nicht eindeutig festlegt. Die möglichen Modelle bilden die Lösungsmenge der linearen Gleichung: $35\,000x + 15\,000y = 600\,000$. Dabei sind x bzw. y die neuen Eintrittspreise, die die Erwachsenen bzw. die Kinder zahlen müssen. Rein mathematisch betrachtet, besitzt die lineare Gleichung unendlich viele Lösungen. Innerhalb des Kontexts, in dem die Lösungen als Eintrittspreise gedeutet werden, gibt es aber nur endlich viele Lösungen, da als Eintrittspreise nur positive rationale Zahlenpaare in Betracht kommen, die höchstens zwei Nachkommastellen besitzen. Die Aufgabe, ein Zahlenpaar als neue Eintrittspreise auszuwählen und die Auswahl zu begründen, stellt eine normative Modellierung dar.

Kompetenzanalyse: Zur vollständigen Bearbeitung der Aufgabe müssen die Schülerinnen und Schüler über folgende Teilkompetenzen im *normativen Modellieren* verfügen (vgl. Marxer und Wittmann 2009):
1. Die Schülerinnen und Schüler verstehen die reale Situation.
2. Die Schülerinnen und Schüler entwickeln eine Grundidee für die Festlegung der neuen Preise.
3. Die Schülerinnen und Schüler begründen diese Grundidee vor dem Hintergrund der Frage: Was ist eine gerechte bzw. zweckmäßige Erhöhung?
4. Die Schülerinnen und Schüler mathematisieren ihre Grundidee und gelangen zu neuen Eintrittspreisen.
5. Die Schülerinnen und Schüler interpretieren und validieren ihre Festlegung der Preise in der realen Situation. (Erfüllen die neuen Preise die Rahmenbedingung? Sind die neuen Preise praktikabel? Warum ist diese Lösung gerecht bzw. anderen Lösungen vorzuziehen?)

Welche Vorbedingungen für die Folgestunde ergeben sich nun aufgrund der Diagnose der Bearbeitungen? Auffällig in den Videographien ist, dass es beiden Gruppen gelingt, eine Grundidee für die Festlegung der neuen Preise zu finden und diese zu mathematisieren, dass aber die Frage nach der Gerechtigkeit bzw. Zweckmäßigkeit der Festsetzung kaum thematisiert wird. Beide Gruppen versuchen, die bisherige Preisstruktur auf die neuen Preise zu übertragen, wobei die Struktur unterschiedlich gedeutet wird (die Preisdifferenz soll erhalten bleiben/das Verhältnis der bisherigen Preise soll erhalten bleiben). Keine der beiden Gruppen hinterfragt, ob die alten Eintrittspreise überhaupt gerecht waren bzw. wie zweckmäßige Eintrittspreise beschaffen sein sollten. Im Sinne der obigen Kompetenzanalyse fehlt damit die 3. Teilkompetenz, die einen ganz wesentlichen Bestandteil normativen Modellierens bildet. Auch die 5. Teilkompetenz, die Interpretation und Validierung der gefundenen Eintrittspreise, wird in den Gruppenarbeiten nicht voll entfaltet, weder die Gerechtigkeit noch die Praktikabilität der Preise werden von den Gruppen bewusst auf den Prüfstand gestellt. Dass sich diese prozessbezogenen Kompetenzen bei der Bearbeitung der Aufgabe nicht entfalten, ist in diesem Fall mit fachinhaltlichen Schwierigkeiten verbunden: Die Schülerinnen und Schüler vermuten zwar, dass die Aufgabe unendlich viele Lösungen zulässt, können dies aber nicht mathematisch formulieren, etwa indem sie für die Rahmenbedingung eine lineare Gleichung aufstellen.

Auf diese Weise kann die Verbindung von Bedingungsanalyse und didaktischer Analyse aufzeigen, welche **Zielsetzungen** die Folgestunde haben sollte. In diesem Fall bilden inhaltliche Kompetenzen die Voraussetzung dafür, dass die Schülerinnen und Schüler wirklich eine normative Modellierung durchführen können. Deshalb folgt die Formulierung der Zielsetzungen dem Modell 1, von den Fachinhalten zu den prozessbezogenen Kompetenzen (vgl. Kapitel 1.3).

Inhaltsbezogenes Lernziel: Die Schülerinnen und Schüler formulieren für die Rahmenbedingung eine lineare Gleichung und begründen, warum diese unendlich viele mathematische Lösungen besitzt.

Prozessbezogene Kompetenzen: Die Schülerinnen und Schüler erweitern ihre Kompetenzen im *normativen Modellieren*, indem sie
▸ begründen, warum für die reale Situation nur endlich viele Lösungen der linearen Gleichung in Betracht kommen;
▸ in die Diskussion Lösungen einbeziehen, bei denen die Differenz der Eintrittspreise verändert wird bzw. bei denen die Eintrittspreise nicht prozentual gleich erhöht werden;
▸ eine Entscheidung für eine bestimmte Lösung treffen und begründen, warum sie diese Festlegung der neuen Eintrittspreise als gerecht und praktikabel ansehen.

Bei diesen Zielsetzungen für eine Folgestunde wurden zunächst die Entwicklungsmöglichkeiten der Diagnose aus Kapitel 4 berücksichtigt, die sich unmittelbar auf die Zoo-Aufgabe beziehen. Es ist selbstverständlich denkbar, dass die Lehrkraft zu dem Schluss kommt, in einer Folgestunde anderen Aspekten den Vorrang zu geben. Da Schwierigkeiten im Bereich der Bruch- und Prozentrechnung deutlich geworden sind, könnten beispielsweise Elemente aus diesem Bereich wiederholt werden, damit die Lösung der Mädchengruppe von allen Schülerinnen und Schülern der Klasse sicher verstanden werden kann. Um eine solche Entscheidung treffen zu können, muss die Lehrkraft einschätzen, ob es sich um individuelle Schwierigkeiten einzelner Schülerinnen und Schüler handelt oder ob viele Schülerinnen und Schüler der Klasse in diesem Bereich Nachholbedarf haben.

Der folgende Verlaufsplan zeigt, welche **konkrete Ausgestaltung** (3. Planungsschritt) eine Folgestunde haben könnte, die sich an dem oben formulierten Lernziel und den prozessbezogenen Kompetenzen orientiert. Damit alle Schülerinnen und Schüler der Klasse die beiden unterschiedlichen Bearbeitungen der Zoo-Aufgabe kennenlernen, beginnt die Folgestunde mit der Präsentation der beiden Gruppen. Die Lehrkraft sollte sich in dieser Phase möglichst weitgehend zurücknehmen und nur intervenieren, wenn Verständnisschwierigkeiten auftreten, die von den präsentierenden Gruppen nicht alleine geklärt werden können. Generell sollte der Fluss einer Präsentation möglichst wenig von der Lehrkraft unterbrochen werden, damit die Schülerinnen und Schüler lernen können, ihre Überlegungen und Ergebnisse vor der Klasse verständlich darzulegen. Dies ist ein wichtiger Teilaspekt der Kompetenz *Kommunizieren*.

Im Anschluss an die Präsentation gibt die Lehrkraft den Auftrag, die beiden Lösungen in einer kurzen Murmelphase zu vergleichen. Durch eine solche Phase haben die

Schülerinnen und Schüler die Gelegenheit, sich in einem geschützten Raum mit ihren Nachbarn über die beiden Lösungen auszutauschen. In der anschließenden Zwischenauswertung beschreiben die Schülerinnen und Schüler die Unterschiede der Lösungen und die Grundideen der beiden Gruppen mit ihren Worten.

Der nächste Impuls der Lehrkraft *„Wieso kann es zwei unterschiedliche Lösungen geben?"* dient dazu, die Erarbeitung des inhaltsbezogenen Lernziels anzuregen. Es ist zu erwarten, dass die Schülerinnen und Schüler zunächst auf einer anschaulichen Ebene Begründungen formulieren, etwa: *„Weil die Preise nicht eindeutig festliegen."* oder *„Je mehr die Erwachsenen bezahlen, desto weniger brauchen die Kinder zu bezahlen."* Damit beschreiben die Schülerinnen und Schüler bereits den funktionalen Zusammenhang, der zwischen den Eintrittspreisen der Erwachsenen und der Kinder besteht. Die Lehrkraft kann dann gut dazu auffordern, eine mathematische Beschreibung zu verwenden: *„Wie kann man den Zusammenhang zwischen den neuen Eintrittspreisen mathematisch beschreiben?"* Falls es den Schülerinnen und Schülern schwer fällt, eine lineare Gleichung aufzustellen, kann die Lehrkraft weitere Hilfestellungen geben, etwa indem sie Variablen für die Eintrittspreise vorschlägt. Während der ersten Erarbeitungsphase nimmt die Lehrkraft durch die Impulse und Hilfestellungen eine eher *instruierende* Rolle ein. Die instruierenden Anteile sind an dieser Stelle angemessen, da die Schülerinnen und Schüler in der vorangegangenen Gruppenarbeitsphase den Abstraktionsschritt hin zu einer linearen Gleichung nicht selbstständig vollzogen haben. Die lineare Gleichung bildet aber die Voraussetzung dafür, dass die Schülerinnen und Schüler das Modellierungsproblem überhaupt weiter erkunden können. Demgegenüber sollen sie in der zweiten Erarbeitungsphase wieder stärker *konstruktiv* und selbstständig arbeiten (vgl. die Überlegungen zur Balance von Instruktion und Konstruktion in Kapitel 2).

Für die zweite Erarbeitungsphase erhalten die Schülerinnen und Schüler ein Arbeitsblatt (siehe Abb. 4), das in Gruppen bearbeitet werden soll. Durch seinen Aufbau legt das Arbeitsblatt die Arbeitsschritte recht genau fest, fordert die Schülerinnen und Schüler aber zu anspruchsvollen Tätigkeiten auf und lässt in der Durchführung Raum für unterschiedliche Lösungen und Bearbeitungswege. Im Aufgabenteil a) sollen die Schülerinnen und Schüler eine Tabelle für die neuen Eintrittspreise anlegen. Ein mögliches Ergebnis zeigt Abb. 5. Zur Berechnung der Eintrittspreise der Kinder müssen die Schülerinnen und Schüler die lineare Gleichung verwenden, etwa indem sie diese nach der Variablen *y* auflösen. Eine tabellarische Darstellung ist aufgrund der Deutung als Eintrittspreise deutlich günstiger als eine graphische Darstellung, da die Schülerinnen und Schüler in der Tabelle mögliche Zahlenpaare direkt ablesen und vergleichen können. Die Aufgabenstellung a) verlangt von den Schülerinnen und Schülern Kompetenzen im Bereich *Mathematische Darstellungen verwenden*. Insbesondere sind sie dazu aufgefordert, für die Tabelle einen sinnvollen Bereich und eine sinnvolle Schrittweite auszuwählen. Obwohl die Tabelle für die weitere Bearbeitung entscheidend ist, sollen die Eintrittspreise in einem zweiten Schritt (Aufgabenteil b)) graphisch dargestellt werden, damit die Schülerinnen und Schüler den Zusammenhang zum Themengebiet *Lineare Funktionen* herstellen können. Die Aufgabenteile a) und b) helfen ihnen, die innermathematische Struktur des Problems zu erfassen. Darauf aufbauend fordern die Aufgabenteile c), d) und e) zu den eigentlichen *Modellierungstätigkeiten* auf, die in den obigen Zielsetzungen als prozessbezogene Kompetenzen formuliert wurden. In Aufgabenteil c) muss das mathematische Ergebnis, dass die lineare Gleichung unendlich viele mathematische Lösungen besitzt, im realen Kontext interpretiert werden. Dabei müssen die Schülerinnen und Schüler begründen, warum als Eintrittspreise nur endlich viele Zahlenpaare in Frage kommen. Aufgabenteil d) verlangt von ihnen zu entscheiden und zu begründen, wie sie die neuen Eintrittspreise festlegen wollen. Dabei soll sowohl die Frage nach der Gerechtigkeit als auch der Praktikabilität der neuen Preise berücksichtigt werden. Es ist gut möglich, dass sich einige Gruppen dafür entscheiden, eine „krumme" Lösung nach oben oder unten hin zu runden, damit die neuen Preise für die Handhabung an der Zookasse, etwa zur Herausgabe von Wechselgeld geeignet sind. So beinhaltet die Lösung, die die Mädchengruppe auf Folie notiert hat, eine Abrundung (vgl. Kapitel 4.2.). Schließlich wäre es in einer realen Situation ausreichend, wenn die Rahmenbedingung einer Erhöhung auf 600 000 Euro Einnahmen näherungsweise erfüllt ist. Insgesamt zielt Arbeitsschritt d) wesentlich auf die Förderung des *Argumentierens* und *Kommunizierens*. Diese Zielsetzung wird durch die Wahl der Methode der Podiumsdiskussion (Aufgabenteil e)), in der jeweils eine Schülerin oder ein Schüler die Festlegung vertreten soll, noch unterstrichen.

Um den konstruktiven Charakter der zweiten Erarbeitungsphase zu wahren und die Gruppen selbstständig Lösungen erarbeiten zu lassen, sollte sich die Lehrkraft in dieser Phase nicht in die eigentliche Diskussion der Gruppen und die Entwicklung von Begründungen einmischen. Ihre Rolle kann sich darauf beschränken, bei technischen Problemen (Umgang mit Termen etc.) zur Verfügung zu stehen.

In der Auswertung der Gruppenarbeit soll zunächst die Frage aus Aufgabenteil c) aufgegriffen werden: Warum kommen in der realen Situation nur endlich viele praktikable Lösungen in Betracht, obwohl die lineare Gleichung unendlich viele mathematische Lösungen besitzt? Insbesondere sollen die Begründungen der verschiedenen Gruppen auf ihre Stichhaltigkeit hin verglichen werden.

Als Abschluss dient eine Podiumsdiskussion, in der je ein Gruppenmitglied die neuen Preise, die von seiner Gruppe festgelegt wurden, vertritt. In der Moderation dieser Podiumsdiskussion sollte darauf geachtet werden, dass es nicht das Ziel ist, zu einer einheitlichen Festlegung der Preise zu gelangen, sondern dass verschiedenen Standpunkte gleichberechtigt nebeneinander stehen können. Dadurch kann den Schülerinnen und Schülern bewusst werden, dass ein normatives Modell auf subjektiven Entscheidungen beruht.

Geplanter Stundenverlauf

Phase	Unterrichtsgeschehen	Sozialform	Medien
Präsentation	Beide Gruppen präsentieren ihre Lösung der Zoo-Aufgabe.	SV	OH-Folien
Kurze Murmelphase	L gibt Arbeitsauftrag: *„Vergleicht die beiden Lösungen."*	PA	OH-Folien
Zwischenauswertung	SuS nennen Unterschiede und beschreiben die unterschiedlichen Grundideen.	Plenum	
Erarbeitung I	‣ L fragt: *„Wieso kann es zwei unterschiedliche Lösungen geben?"* Erwartete Schülerantworten: *„Weil die Preise nicht eindeutig festliegen."* oder *„Je mehr die Erwachsenen bezahlen, desto weniger brauchen die Kinder zu bezahlen."* ‣ L fragt: *„Wie kann man den Zusammenhang zwischen den neuen Eintrittspreisen mathematisch beschreiben?"* ‣ SuS entwickeln die lineare Gleichung: $35\,000x + 15\,000y = 600\,000$, wobei x bzw. y die neuen Eintrittspreise sind, die die Erwachsenen bzw. die Kinder zahlen müssen. L gibt, falls nötig, Hilfestellungen.	Plenum	Tafel
Erarbeitung II	SuS bearbeiten AB in Gruppen. L steht bei „technischen" Problemen zur Verfügung.	GA	AB
Auswertung	‣ SuS begründen, warum die lineare Gleichung unendlich viele mathematische, aber in der realen Situation nur endlich viele praktikable Lösungen besitzt. ‣ In einer Podiumsdiskussion vertritt ein Teilnehmer jeder Gruppe die Festlegung der neuen Preise durch seine Gruppe.	UG Diskussion	

UG = Unterrichtsgespräch; GA = Gruppenarbeit; PA = Partnerarbeit; SV = Schülervortrag; AB = Arbeitsblatt; OH-Folien = Overheadfolien; L = Lehrkraft; SuS = Schülerinnen und Schüler

Tab. 4: Geplanter Stundenverlauf der Folgestunde

Aufgabe

a) Legt eine Tabelle für die möglichen neuen Eintrittspreise an. Überlegt euch, welchen Bereich und welche Schrittweite ihr für die Tabelle wählen wollt.

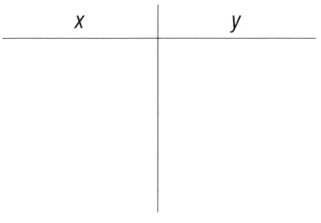

b) Stellt die Eintrittspreise graphisch als Zahlenpaare im Koordinatensystem dar. Was fällt euch auf?

c) Begründet, ob es unendlich viele oder endlich viele Möglichkeiten gibt, die neuen Eintrittspreise festzulegen.

d) Diskutiert, wie die neuen Eintrittspreise festgelegt werden sollen, wenn sie gerecht bzw. alltagstauglich sein sollen. Einigt euch auf eine Festlegung und notiert die Argumente, die für diese neuen Eintrittspreise sprechen.

e) Wählt ein Mitglied eurer Gruppe aus, das eure neuen Eintrittspreise in einer Podiumsdiskussion vertreten wird.

Abb. 4: Arbeitsblatt für die Gruppenarbeit

x	y
12	12,00
12,5	10,83
13	9,67
13,5	8,50
14	7,33
14,5	6,17
15	5,00
15,5	3,83
16	2,67
16,5	1,50
17	0,33
17,5	-0,83
18	-2,00

Abb. 5: Eine mögliche Tabelle für die neuen Eintrittspreise

 Eintrittspreise.pdf

6 Beispiele gelungener Unterrichtsentwürfe

Die beiden folgenden Unterrichtsentwürfe stammen von Frau Iris Goldbeck und von Frau Susanne Müller. Sie wurden vom Autor anonymisiert und in manchen Teilen stark überarbeitet. Der erste Entwurf folgt dem Planungsmodell 1, von den Inhalten zu den Kompetenzen, während sich der zweite Entwurf am Planungsmodell 2, von den Kompetenzen zu den Inhalten, orientiert (vgl. Kapitel 1.3). Weitere Beispiele überzeugender Entwürfe finden Sie in der Sammlung „Erfolgreiche Unterrichtsentwürfe" von Engel (2010).

Beide Entwürfe berücksichtigen die Kompetenzorientierung und sind nach Ansicht des Autors insgesamt sehr gelungen. Dennoch gibt es sicherlich an manchen Stellen Ergänzungs- oder Verbesserungsmöglichkeiten.

 AUFGABE

a) Diskutieren Sie, in welcher Form in den beiden folgenden Entwürfen die Planungsschritte 1, 2 und 3 des Planungsschemas aus Kapitel 5 dargelegt wurden.
b) Welche Aspekte des jeweiligen Entwurfs sind Ihrer Ansicht nach besonders gelungen?
c) Wo sehen Sie Ergänzungs- oder Verbesserungsmöglichkeiten? Entwickeln Sie gegebenenfalls Alternativen zu den didaktischen oder methodischen Überlegungen.

6.1 Iris Goldbeck: Einführung in proportionale und antiproportionale Zuordnungen

1. Bedingungsanalyse

1.1 Äußere Rahmenbedingungen

Seit Beginn des Schuljahres unterrichte ich die Schülerinnen und Schüler der Klasse 7X eigenverantwortlich im Fach Mathematik. In der Jahrgangsstufe 7 umfasst der Mathematikunterricht vier Wochenstunden, die montags in der ersten, mittwochs in der fünften und sechsten und donnerstags in der ersten Stunde stattfinden. Da die heutige Stunde lernpsychologisch günstig liegt, erwarte ich auch von den impulsiveren Schülerinnen und Schülern[1] ein konzentriertes Arbeiten in den dezentralen Phasen (Erarbeitung I und II). Die im Klassenraum der 7X reihenförmige Sitzordnung erschwert zwar bewegungsreiche Unterrichtsaktivitäten, dennoch wird es in der heutigen Stunde allen Schülerpaaren möglich sein, die Lösungsblätter in der Erarbeitungsphase am Pult abzuholen.

---

[1] Siehe Bild der Lerngruppe

1.2 Bild der Lerngruppe

Die Lerngruppe setzt sich aus zehn Mädchen und 19 Jungen zusammen und hat zu mir ein von Offenheit und gegenseitigem Respekt geprägtes Verhältnis entwickelt. Das Mathematisieren alltäglicher Phänomene im Rahmen der Einheit *Zuordnungen* stößt bei den Schülerinnen und Schülern auf großes Interesse, was zu einer engagierten Arbeitshaltung und einer regen Beteiligung am Unterrichtsgeschehen führt.

Im Unterricht herrscht eine angstfreie und angenehme Lernatmosphäre. Die Schülerinnen und Schüler, welche insgesamt als sehr lebhaft einzustufen sind, fragen ohne Scheu, wenn sie etwas nicht verstanden haben. Auf der anderen Seite machen sich Lebhaftigkeit und das pubertäre Alter aber auch gelegentlich in Unruhe und Unterrichtsstörungen bemerkbar. Einigen Schülerinnen und Schülern fällt es manchmal schwer, ihre Impulsivität zu unterdrücken, sodass sie ihre Vorschläge und Lösungen unaufgefordert in den Unterricht einwerfen. Pietro, Cora, Christoph und Marvin äußern gelegentlich unpassende Kommentare während des Unterrichts, sind unkonzentriert und neigen zu Nebentätigkeiten. Der regelmäßige Phasen- und Sozialformenwechsel in dieser Stunde soll dem entgegenwirken und sie zu einer aktiven Teilnahme am Unterricht bewegen. Zudem soll die in die Erarbeitungsphase I integrierte Bewegungsaktivität[2] ihre motorische Unruhe kanalisieren.

Das Leistungsgefälle der 7X erstreckt sich von sehr guten bis zu mangelhaften Leistungen. Zu den Leistungsspitzen der Klasse zählen Kai, Christoph und Gesa. Sie zeichnen sich durch inhaltliche Treffsicherheit und Ideenreichtum aus, erschließen schnell neue Lerninhalte und werfen im Unterrichtsgespräch weiterführende Fragestellungen auf. In der hier beschriebenen Stunde könnte dies dazu führen, dass sie frühzeitig die zugrunde liegende Gesetzmäßigkeit entdecken und das weiterführende Differenzierungsangebot in Anspruch nehmen. Darüber hinaus rechne ich insbesondere im sichernden Unterrichtsgespräch aufgrund ihrer mathematisch präzisen Ausdrucksfähigkeit mit positiven Impulsen ihrerseits. Ähnlich leistungsstark zeigen sich Lea, Anna und Richard, die wie die oben genannten Schülerinnen und Schüler ihr mathematisches Potential unterstützend beim kooperativen Arbeiten einsetzen können.

Pauline, Nadine, Xenia, Naima, Pietro und Viktor zählen dagegen zu den schwächeren Schülerinnen und Schülern. Während die Mädchen überaus bemüht sind, jedoch häufig mehr Zeit benötigen und sich stark verunsichert zeigen, arbeiten Naima, Pietro und Viktor unkonzentriert und oberflächlich. Der partnerschaftliche Austausch in beiden Erarbeitungsphasen[3] erfordert von den Jungen durch die individuelle Verantwortungsübernahme eine gewissenhafte Vermittlung. Er verleiht darüber hinaus den Mädchen Sicherheit und ermöglicht ihnen gleichzeitig eine aktive Beteiligung am Unterricht, welche auch den zurückhaltenden Schülerinnen und Schülern wie Sara, Max und Ina zugute kommt. Zuletzt Genannte bringen sich in kooperativen Phasen engagiert ein und gelangen auf diese Weise zu reflektierten Gedankengängen.

Mit ihren durchschnittlich zwölf Jahren befinden sich die Schülerinnen und Schüler mittlerweile in der Pubertät, einem Alter, das ihnen aufgrund von zahlreichen psychologischen Ver-

---

[2] Siehe Methodische Überlegungen
[3] Siehe Methodische Überlegungen

änderungen vielfältige Bewältigungsleistungen abverlangt.[4] Es zeichnet sich ein zunehmend abstrakteres Denkvermögen bei den Schülerinnen und Schülern ab, das in der heutigen Stunde durch eine innermathematische Betrachtung lebensweltlicher Problemstellungen angeregt wird.[5] Ihrem Bedürfnis nach Selbstbestimmung komme ich entgegen, indem ich den Schülerinnen und Schülern zunehmend Verantwortung für ihren Lernprozess und den ihrer Mitschülerinnen und -schüler übertrage.[6] Die für das Alter typische Hinwendung zu Gleichaltrigen wird in dieser Stunde durch die Partnerarbeitsphasen während der Erarbeitung auch beim Lernen berücksichtigt,[7] wobei sich die sehr ungleiche Jungen- und Mädchenverteilung in der Klasse als unproblematisch erweist. Deshalb gehe ich davon aus, dass auch heute die Zusammenarbeit über die bestehenden Freundschaften hinaus produktiv verläuft.

1.3 Stand der Lerngruppe

Die Schülerinnen und Schüler befassen sich seit zweieinhalb Wochen mit dem Thema *Zuordnungen*. Nach einer ausgiebigen Erkundung alltäglicher Phänomene, denen ein funktionaler Zusammenhang innewohnt, wurden der Zuordnungsbegriff und seine mathematische Beschreibung entwickelt. Die Schülerinnen und Schüler haben Zuordnungen aus verschiedenen Lebenskontexten mithilfe von Tabellen, Diagrammen, Pfeilen und Texten dargestellt, aus diesen Informationen entnommen und im Zuge dessen die Vorteile der jeweiligen Darstellungsformen kennengelernt. Darüber hinaus sind die Schülerinnen und Schüler mit der graphischen Darstellung von Zuordnungen im Koordinatensystem vertraut, können eigenständig und sicher Graphen zeichnen und Situationsbeschreibungen in Funktionsgraphen übersetzen (Beispiel: Zeit → Füllhöhe bei unterschiedlichen Gefäßformen). Sie wissen, dass der Graph einer Zuordnung je nach Kontext eine Linie sein kann oder nur aus einzelnen Punkten besteht. Umgekehrt können die Schülerinnen und Schüler prinzipiell Graphen lesen, diese beschreiben und interpretieren. Allerdings ist diese Fähigkeit bei leistungsschwächeren Schülerinnen und Schülern der Klasse noch nicht gut ausgeprägt und hängt sehr von der Komplexität des Graphen ab (*Mathematische Darstellungen verwenden*).

Die Schülerinnen und Schüler beherrschen in der Regel den fachgerechten Umgang mit den Begriffen Wertetabelle, Graph und Zuordnungsvorschrift und sind in der Lage, gegebene Zuordnungsvorschriften mithilfe einer Wertetabelle und eines Graphen zu veranschaulichen. Es wurde gleichwohl deutlich, dass das Ableiten einer Zuordnungsvorschrift aus der Tabelle eine weitaus größere Hürde für sie darstellt (*Wechsel zwischen mathematischen Darstellungen*). Behandelt wurden zu diesem Zweck lineare, quadratische und kubische Zuordnungen, ohne dass diese oder ihre Graphen mathematisch benannt wurden. Nur die aus der Jahrgangsstufe 5 bekannten Begriffe Gerade und Halbgerade fanden Berücksichtigung.

Insgesamt ist die Klasse diskussionsfreudig. Während eines Unterrichtsgesprächs, in Arbeitsphasen oder in Phasen der Ergebnissicherung scheuen sich nur wenige davor, ihre ei-

---

4 Vgl. Kircher 2001, S. 22–23
5 Siehe Didaktische Überlegungen zur Einheit und zur Stunde
6 Siehe Methodische Überlegungen
7 Vgl. Pinquart u. a. 2004, S. 36 sowie Kircher 2001, S. 23–24

genen Ideen zu äußern oder Ergebnisse zu präsentieren. Allerdings haben sehr viele Schülerinnen und Schüler der Klasse Schwierigkeiten, mathematische Sachverhalte präzise zu verbalisieren oder zu verschriftlichen. Aufgaben, die eine komplexere Argumentation verlangen, werden häufig nur unzureichend bearbeitet. Hinzu kommt, dass die adäquate Verwendung des mathematischen Fachvokabulars einigen Schülerinnen und Schülern sowohl mündlich als auch schriftlich Schwierigkeiten bereitet (*Mathematisch Kommunizieren*).

Die Schülerinnen und Schüler sind mit dem Wechsel zwischen dezentralen Sozialformen (Partnerarbeit/Gruppenarbeit) zur Erarbeitung eines neuen Lerninhalts und Unterrichtsgesprächen zu dessen Sicherung vertraut. Allerdings haben sie erst im Zuge der jetzigen Unterrichtseinheit zu *Zuordnungen* die Methode des *Partnerpuzzles* kennengelernt.[8] Die in der Methode implizierte selbstständige Lösungskontrolle sowie die Verantwortungsübernahme als Vermittler sind bei den Schülerinnen und Schülern besonders beliebt.

2. Didaktische Analyse

Der Lehrplan Mathematik für den gymnasialen Bildungsgang der Jahrgangsstufen 5G bis 12G (HKM 2008) sieht den Einstieg in das Gebiet der Funktionen/Algebra in Jahrgangsstufe 7 vor. Neben einer reinen Beschreibung und Strukturierung von Sachzusammenhängen aus lebensnahen Anwendungssituationen erfolgt eine grundlegende Hinführung zum Funktionsbegriff über das Sachgebiet der Zuordnungen im Allgemeinen und speziell über proportionale und antiproportionale Zuordnungen.[9] Gleichwohl soll im Sinne des Spiralcurriculums die wichtige Verknüpfung zwischen der in Jahrgangsstufe 6 thematisierten Prozentrechnung und den proportionalen/antiproportionalen Zuordnungen herausgestellt und mit der Behandlung der Zinsrechnung weitergeführt werden.

Perspektivisch betrachtet zeichnet sich der Umgang mit Zuordnungen durch seinen fundamentalen Charakter für das Erfassen und Darstellen von Funktionen in späteren Jahrgangsstufen aus. Während der Aufbau des Funktionsbegriffs in Klasse 8 anhand linearer Funktionen weiter gefestigt wird, stehen in Jahrgangsstufe 9 neben Potenz- und Wurzelfunktionen, trigonometrische und vor allem quadratische Funktionen als wichtige Klasse nichtlinearer Funktionen im Mittelpunkt. In der Oberstufe werden die Funktionsklassen komplettiert und bis zum Abitur mittels Differenzial- und Integralrechnung untersucht. Neben der Abiturrelevanz unterstreicht die Reichweite funktionaler Zusammenhänge in andere Teilgebiete der Mathematik (z.B. Wahrscheinlichkeitsfunktionen, Abbildungen in der ebenen Geometrie) ihre innermathematische Bedeutung.

Außerhalb der Mathematik sind Zuordnungen so allgegenwärtig, dass Schülerinnen und Schüler ganz selbstverständlich mit ihnen umgehen, lange bevor sie in der Schule unter dem Begriff *Zuordnungen* thematisiert und kategorisiert werden. Dem aktuellen Alter eines Kindes wird seine gemessene Körpergröße zugeordnet, bei der Fahrt in den Urlaub ordnet man der

---

[8] Siehe Methodische Überlegungen
[9] Vgl. HKM 2008, S. 15

verstrichenen Reisezeit die zurückgelegte Entfernung,[10] den Urlaubstagen eine Temperatur und den Preisen in ausländischer Währung den Wert in Euro zu. Im späteren Leben gilt es häufig, Ergebnisse von Zuordnungen zu überschlagen, wenn es um den Preis eines Produktes, den Lohn einer Arbeitsstunde, die Arbeitszeit bei Arbeitsteilung oder den Mietpreis einer Wohnfläche geht. Einige der aufgezählten inhaltlichen Abhängigkeiten folgen einer Gesetzmäßigkeit, andere nicht. Das fundierte Verständnis von funktionalen Zusammenhängen trägt demnach in Anlehnung an die drei Grunderfahrungen nach Heinrich Winter in besonderem Maße dazu bei, Erscheinungen der Welt um uns aus Natur, Gesellschaft und Kultur wahrzunehmen und zu verstehen.[11]

Allerdings birgt eine isolierte Betrachtung der verschiedenen Zuordnungstypen die Gefahr, dass die algebraische und technische Arbeit mit Zuordnungen dominiert und die Ausbildung adäquater Grundvorstellungen von Zuordnungen zu kurz kommt. Deshalb möchte ich eine direkte Gegenüberstellung und die damit einhergehende Abgrenzung der verschiedenen Zuordnungen, insbesondere der proportionalen und antiproportionalen, vorziehen (didaktische Perspektive).[12]

Diesem fachdidaktischen Ansatz folgend geht es in der heutigen Stunde um die Einführung proportionaler und antiproportionaler Zuordnungen, deren Anwendung in Form des Dreisatzes den Schülerinnen und Schülern in zukünftigen Stunden die Bewältigung zahlreicher Alltagssituationen ermöglichen wird. Das hierfür eingesetzte Material ist zweigeteilt.[13] Bei der Auswahl beider Aufgaben habe ich auf überschaubares Zahlenmaterial und leicht verständliche, altersangemessene[14] Kontexte geachtet. Ein weiteres Kriterium war, dass die Punkte beider Graphen verbunden werden können, um die Fehlvorstellung bei den Schülerinnen und Schülern zu vermeiden, dies sei ein Unterscheidungsmerkmal zwischen proportionalen und antiproportionalen Zuordnungen.

Der Zugang zu proportionalen Zuordnungen erfolgt über eine Preisliste von Süßigkeiten mit unterschiedlichem Gewicht – je größer das Gewicht, desto höher der Preis. Dem Verständnis von antiproportionalen Zuordnungen nähern sich die Schülerinnen und Schüler über Fahrtzeiten bei unterschiedlichen Durchschnittsgeschwindigkeiten – je schneller sie im Durchschnitt mit dem Fahrrad fahren, desto weniger Zeit benötigen sie, um in die Schule zu kommen.[15] Die Bewältigung der Aufgaben gliedert sich in vier Aspekte: Eine intuitive Anwendung der Eigenschaften proportionaler sowie antiproportionaler Zuordnungen durch das Vervollständigen der jeweiligen Tabelle (Preisliste/Fahrtzeiten), das Zeichnen des Graphen, die Beschreibung seines Verlaufs bzw. das Ableiten einer Regel aus der Tabelle und das Gegenüberstellen der Erkenntnisse aus diesem Schritt. Büchter betont, dass das Ko-Variati-

---

[10] Vgl. Büchter 2008, S. 5

[11] Vgl. Winter 1995, S. 1

[12] Richter/Schäfer 2008, S. 24

[13] Siehe Methodische Überlegungen

[14] Siehe Bild der Lerngruppe

[15] Um bei dieser Aufgabe einen ausreichend großen Ausschnitt des Graphen zu erlangen, habe ich x-Werte bis zu 24 km/h gewählt. Die letzten Werte erfordern in der abschließenden Plenumsrunde die Frage danach, wie realistisch solche Durchschnittsgeschwindigkeiten mit dem Fahrrad sind.

onsverhalten eines Funktionstyps am besten erfahrbar wird, wenn es von dem anderer Funktionstypen abgegrenzt werde.[16]

Zwar bleibt der Rückbezug zur Realität erhalten, doch verlagert sich das Schwergewicht der Aufgaben mit der graphischen Darstellungsform auf eine innermathematische Ebene. Baireuther merkt an dieser Stelle an, dass die schnell gezogene Gerade einen großen Abstraktionsschritt von den Schülerinnen und Schülern verlange.[17] Deshalb ist nach der Regelfindung mittels Tabelle ein Rückbezug zur graphischen Darstellung unbedingt erforderlich um sicherzustellen, dass die Schülerinnen und Schüler die Regel auch in dem Graphenverlauf bestätigt sehen. Außerdem impliziert die Konfrontation mit dem Wechsel zwischen den Darstellungsformen eine Förderung der prozessbezogenen Kompetenz *Mathematische Darstellungen verwenden*.

Die schriftliche Fixierung der zugrunde liegenden Regel und der Beschreibung des Graphenverlaufs unter Verwendung mathematischer Fachbegriffe leisten insbesondere einen Beitrag dazu, die Kompetenz des *Mathematischen Kommunizierens* weiter auszubauen.[18]

Um die Schülerinnen und Schüler nicht zu überfordern, werde ich die Summenregel bei proportionalen Zuordnungen außer Acht lassen und nur dann thematisieren, wenn sie von ihnen selbst aufgegriffen wird. Des Weiteren sehe ich davon ab, Proportionalitätsfaktor, Produktgleichheit und Zuordnungsvorschriften zu behandeln (didaktische Reduktion). Der Übergang zur symbolischen Darstellungsform sollte laut Göckel[19] ohnehin nicht zu früh vollzogen werden, da ohne gefestigte Grundvorstellungen formale Verfahren für die Schülerinnen und Schüler sinnentleert blieben. Hiervon ausgeschlossen ist das vertiefende Zusatzmaterial zur Binnendifferenzierung, das sich im Sinne einer Progression im Anforderungsniveau an leistungsstärkere Schülerinnen und Schüler[20] richtet, die dazu imstande sind, diesen Abstraktionsschritt zu leisten. Die Zusatzaufgaben bieten somit einen Anknüpfungspunkt für die Weiterarbeit in folgenden Stunden, in denen es nach der Gegenüberstellung der Eigenschaften von proportionalen und antiproportionalen Zuordnungen um eine vertiefte Behandlung der einzelnen Zuordnungstypen gehen wird.[21]

3. Lernziele und Kompetenzen

- Hauptlernziel: Die Schülerinnen und Schüler erläutern anhand von Wertetabellen und Graphenverläufen die Eigenschaften proportionaler und antiproportionaler Zuordnungen (Vielfachenregeln) und die Unterschiede der beiden Zuordnungstypen (Leitidee: Funktionaler Zusammenhang).

---

[16] Vgl. Büchter 2008, S. 9
[17] Vgl. Baireuther 2003, S. 9
[18] Siehe Lernziele und Kompetenzen
[19] Vgl. Göckel 2003, S. 49
[20] Siehe Bild der Lerngruppe
[21] Vgl. Richter/Schäfer 2008, S. 24

- Die Schülerinnen und Schüler verwenden die Begriffe *proportional* und *antiproportional* richtig.
- Die Kompetenz *Mathematische Darstellungen verwenden* wird dadurch gefördert, dass die Schülerinnen und Schüler mathematische Sachverhalte mithilfe von Tabellen und Graphen darstellen, zwischen den Darstellungsformen Wertetabelle und Graph wechseln sowie Beziehungen zwischen diesen Darstellungsformen formulieren.
- Die Schülerinnen und Schüler erweitern die Kompetenz des *mathematischen Kommunizierens*, indem sie die Graphenverläufe und die von ihnen herausgefundenen Regeln mit ihren Worten beschreiben. Das Kommunizieren wird insbesondere dadurch gefördert, dass sie ihren Mitschülerinnen und -schülern ihre Erkenntnisse verständlich und präzise darlegen, deren Äußerungen im Gespräch aufnehmen und schließlich ein gemeinsames Resultat für eine Präsentation formulieren.

4. Methodische Überlegungen

Zu Beginn der Stunde werde ich über das Ziel der heutigen Stunde informieren, damit die Schülerinnen und Schüler die einzelnen Schritte der Stunde einordnen können.[22] Der Einstieg wird durch ein Plakat unterstützt, das die relevanten Informationen zum Stundenverlauf bzw. zur eingesetzten Methode des *Partnerpuzzles*[23] und zum Stundenziel für alle sichtbar während der gesamten Stunde präsentiert. Der informierende Einstieg ergibt sich aus der didaktischen Perspektive, die beiden Zuordnungstypen (proportional und antiproportional) gleichzeitig einzuführen und voneinander abzugrenzen.[24]

Die Erarbeitung des Stundenziels erfolgt in Form eines *Partnerpuzzles*. Jedem Schülerpaar wird mittels eines Arbeitsblattes einer der beiden Zuordnungstypen zugeteilt, dessen Bearbeitung es zu Experten macht. Die unterschiedlichen Schwierigkeitsgrade der Zuordnungstypen rechtfertigen die Aufgabenzuweisung durch die Lehrperson. Ich lasse den stärkeren Schülerinnen und Schülern[25] die antiproportionale Zuordnung zukommen, da diese höhere Ansprüche an das strukturelle Erfassen und die zeichnerische Umsetzung stellt.

Die Aufgabe der Schülerpaare besteht nun darin, ihren Zuordnungstyp tabellarisch und graphisch darzustellen. Beide Darstellungsformen sind notwendig, damit die Schülerinnen und Schüler auf möglichst vielfältige Weise Eigenschaften der Zuordnungen entdecken und Beziehungen zwischen den Darstellungen formulieren können (*Mathematische Darstellungen verwenden*). Die Expertenphase wird mit der selbstständigen Kontrolle der Ergebnisse abgeschlossen. Die dazu am Pult ausliegenden Lösungszettel sollen von einer Schülerin bzw. einem Schüler eines Schülerpaars abgeholt werden und verleihen vor allem schwächeren Schülerinnen und Schülern[26] Sicherheit für den zweiten Schritt des *Partnerpuzzles*. Für den

---

[22] Vgl. Barzel/Büchter/Leuders 2007, S. 98
[23] Vgl. Brüning/Saum 2008, S. 5
[24] Vgl. Didaktische Analyse
[25] Siehe Bild der Lerngruppe
[26] Siehe Bild der Lerngruppe

Fall, dass die Schülerpaare in der vorgesehenen Zeit unterschiedlich schnell fertig sind, gibt es auf dem Lösungszettel eine Zusatzaufgabe, mit der sich die schnelleren Paare bis zum Phasenwechsel befassen sollen.

Anschließend werden neue Paarkonstellationen gebildet, sodass beide Zuordnungstypen durch eine Expertin bzw. einen Experten vertreten sind. Da es sich um 29 Schülerinnen und Schüler handelt, wird es eine Dreiergruppe mit einer Doppelexpertin geben. Unter den schwächeren Schülerinnen und Schülern habe ich mich für Pauline als Doppelexpertin entschieden, da ich sie durch die alleinige Verantwortung nicht überfordern möchte. Naima, Pietro und Viktor habe ich trotz ihrer schwachen Leistungen bewusst nicht als Doppelexperten ausgewählt, da sie sehr oberflächlich arbeiten und ich die Gefahr sehe, dass sie sich zu stark auf ihren Partner bzw. ihre Partnerin verlassen würden. Eine OH-Folie mit Pfeilmarkierungen ermöglicht, dass die neue Paarzusammensetzung organisatorisch übersichtlich verläuft.

In den „gemischten" Paarkonstellationen kommt es nicht nur darauf an, die Aufgaben und Ergebnisse nachvollziehbar vorzustellen, sondern zu einer gemeinsamen Synthese zu gelangen.[27] Die Schülerinnen und Schüler haben deshalb die übergeordnete Aufgabe, die formalen und graphischen Eigenschaften proportionaler und antiproportionaler Zuordnungen in Abgrenzung zu der jeweils anderen herauszuarbeiten. Dabei sollen sie ihre Erkenntnisse zunächst mit Bleistift in einer Tabelle auf dem Arbeitsblatt festhalten, um ggf. Korrekturen, die sich während oder nach der Präsentationsphase ergeben, zu ermöglichen. Das schriftliche Formulieren der Überlegungen bewirkt eine intensive Auseinandersetzung mit beiden Zuordnungstypen und führt den Schülerinnen und Schülern Unklarheiten deutlich vor Augen, die wiederum in der Partnerinteraktion oder spätestens im Unterrichtsgespräch ausgeräumt werden können.

Bezüglich der Regelfindung rechne ich damit, dass die Schülerinnen und Schüler die Vielfachenregel nur für steigende und nicht für fallende x-Werte formulieren, da sich letztere Betrachtung nicht unmittelbar aus den Aufgabenstellungen ergibt. In diesem Fall verbleibt dieser Teil der Regelerarbeitung für die abschließende Plenumsphase.[28] Sollten die Paare im gemeinsamen Austausch keine Regel entdecken können, stehen ihnen Tippzettel zur Verfügung, die sie bei Bedarf am Pult holen können. Auch schnellere Schülerinnen und Schüler können in dieser Phase auf ein Differenzierungsangebot zurückgreifen, welches ebenfalls am Pult für sie bereit liegt.

Alternativ zur Methode des *Partnerpuzzles* wäre eine arbeitsgleiche Gruppenarbeit denkbar, in der die Eigenschaften proportionaler und antiproportionaler Zuordnungen gemeinsam von den Schülerinnen und Schülern erarbeitet werden. Diese bietet wie das *Partnerpuzzle* den Vorteil, im geschützten Raum die eigenen Fähigkeiten einsetzen zu können und Fehler machen zu dürfen. Allerdings ist hierbei der individuelle Aktivierungsgrad geringer, da die Möglichkeit besteht, dass sich einzelne Schülerinnen und Schüler dem Erarbeitungsprozess entziehen. Der strukturierte Ablauf des *Partnerpuzzles* mit genauen Arbeitsaufträgen für die

---

[27] Vgl. Barzel/Büchter/Leuders 2007, S. 98
[28] Hierbei werde ich auf die Schülerinnen und Schüler zurückgreifen, die in der Erarbeitungsphase I die Zusatzaufgabe bearbeitet haben, da bei dieser die Regel für fallende x-Werte angewendet werden musste.

jeweiligen Phasen erfordert hingegen, dass alle Schülerinnen und Schüler während des gesamten Ablaufs handelnd aktiv sein müssen. Der Vorteil des *Partnerpuzzles* liegt zudem vor allem in den Aspekten Förderung und Forderung. Vor allem schwächere Schülerinnen und Schüler werden in der anfänglichen Expertenphase durch das gemeinsame Erarbeiten gefördert und erleben in der Vermittlungsphase durch die positive gegenseitige Abhängigkeit eine Stärkung ihres Selbstvertrauens. Forderung hingegen ist durch die individuelle Verantwortungsübernahme für die Erarbeitung und Weitergabe von Erkenntnissen gegeben.[29] Die Schülerinnen und Schüler sind dazu aufgefordert, die Thematik so zu durchdringen, dass sie sie anderen erklären können, was den Aspekt des „Lernens durch Lehren" deutlich hervorhebt und die *fachlich-kommunikativen* Kompetenzen der Schülerinnen und Schüler enorm fördert.[30]

Eines der Schülerpaare, das früh fertig ist, soll auf einer OH-Folie seine Erkenntnisse festhalten, um diese anschließend der Klasse präsentieren zu können. Da die Schülerinnen und Schüler in der Experten- sowie in der Vermittlungsphase weitestgehend selbstständig agieren sollen, erhalten sie bis zum Beenden des *Partnerpuzzles* fast keine Rückmeldung. Diese wird durch die Präsentation in einer abschließenden Plenumsphase vorgenommen, wobei ich eine moderierende Funktion einnehmen werde (Sicherung).[31] Abweichungen der Mitschülerinnen und -schüler bei der Regelformulierung oder der Graphenbeschreibung sollen hierbei Grundlage für eine fruchtbare Diskussion bilden und den Lernzuwachs vorantreiben. Im Anschluss an die Präsentation werde ich Verbesserungen und Ergänzungen, die sich ergeben könnten, auf der Folie vermerken und die Begriffe *proportional* und *antiproportional* einführen. Falls an dieser Stelle noch Zeit verbleiben sollte, können die Schülerinnen und Schüler ihre eigenen Aufzeichnungen mithilfe der Präsentationsfolie verbessern und ergänzen. Andernfalls verlagert sich dieser Schritt in die folgende Stunde, in der ich die Folie erneut auflegen werde.

5. Literatur

1. Baireuther, Peter: Strukturgleiche Skalen. Eine Hilfe zur Vorstellung proportionaler Zusammenhänge. In: mathematik lehren 2003, Heft 118, S. 9 – 12.
2. Barzel, Bärbel/Büchter, Andreas/Leuders, Timo: Mathematik Methodik, Handbuch für die Sekundarstufe I und II. Berlin, 2007.
3. Brüning, Ludger/Saum, Tobias: Kooperatives Lernen. Methoden für den Unterricht. In: Friedrich Jahresheft: Individuell lernen – Kooperativ arbeiten, 2008, Extraheft.
4. Büchter, Andreas: Funktionale Zusammenhänge. In: mathematik lehren 2008, Heft 148, S. 4 – 10.
5. Göckel, Dorothee: Zuordnungen greifbar machen. In: mathematik lehren 2003, Heft 118, S. 49 – 51.

---

[29] Vgl. Leuders 2003, S. 275

[30] Vgl. Barzel/Büchter/Leuders 2007, S. 101 und siehe „Lernziele und Kompetenzen"

[31] Sollte das präsentierende Schülerpaar zur Visualisierung seiner Ausführungen auf die Tabellen und Graphenverläufe zurückgreifen wollen, habe ich diese auf DIN-A3-Blättern abgedruckt, welche an einer Stellwand aufgehängt sind.

6. Hermeling, Monika: Wie lernen Kinder den Umgang mit Geld, einsehbar unter: http://vorsor-gen-sparen.suite101.de/article.cfm/wie_lernen_kinder_den_umgang_mit_geld

7. Beschlüsse der Kultusministerkonferenz (2003): Bildungsstandards im Fach Mathematik für den Mittleren Schulabschluss (Beschluss der Kultusministerkonferenz vom 4.12.2003)

8. Hessisches Kultusministerium (Hrsg.): Lehrplan Mathematik, Gymnasialer Bildungsgang, Jahrgangsstufen 5–12. Wiesbaden, 2008.

9. Kircher, Irene (2001): Cool – und doch verletzbar. In: Pädagogik 7–8 (2001), 22–26.

10. Leuders, Timo (Hrsg.): Mathematik Didaktik. Praxishandbuch für die Sekundarstufe I und II. Cornelsen. Berlin, 2003.

11. Pinquart, Martin/Weichhold, Karina/Silbereisen, Rainer K.: Veränderungen und Kontinuitäten. Entwicklungen bei 11- bis 15-Jährigen. In: Schüler, Themenheft Aufwachsen, 2004, S. 36–39.

12. Richter, Kathrin/Schäfer, Anja: Weil nicht alles proportional ist …. In: mathematik lehren 2008, Heft 148, S. 24–26 und S. 43–45.

13. Winter, Heinrich: Mathematikunterricht und Allgemeinbildung, Mitteilung der Gesellschaft für Didaktik der Mathematik 61, 1995.

Anregungen für das Übungsmaterial wurden entnommen aus:

14. Griesel, Heinz u.a. (Hrsg.): Mathematik heute. Hessen. Braunschweig, 2002.

15. Griesel, Heinz u.a. (Hrsg.): Elemente der Mathematik 7. Braunschweig, 2007.

6. Verlaufsplan

Phase	Unterrichtsgeschehen	Arbeits- und Sozialformen	Medien
Einstieg	• L informiert SuS über das Ziel und den Ablauf der Stunde	LV	Tafel, Plakate
Erarbeitung I	• SuS bearbeiten ihre jeweilige Aufgabe zu proportionalen bzw. antiproportionalen Zuordnungen: SuS erstellen eine Tabelle und zeichnen den zugehörigen Graphen • SuS kontrollieren ihre Lösung selbstständig mithilfe der Lösungszettel – Binnendifferenzierend: SuS bearbeiten eine weitere Zusatzaufgabe • L unterstützt nach dem Prinzip der minimalen Hilfe	PA	AB 1 Lösungszettel
Vermittlung/ Erarbeitung II	• SuS präsentieren ihren Mit-SuS ihre jeweilige Aufgabe und ihre Lösung • Die zusammengesetzten SuS-Paare beschreiben den Verlauf der Graphen, notieren die zugrunde liegenden Regeln und diskutieren über die Gemeinsamkeiten und Unterschiede ihrer Zuordnungen • L unterstützt nach dem Prinzip der minimalen Hilfe	PA	AB 1 + 2
Sicherung	• SuS-Paar präsentiert seine Erkenntnisse • Mit-SuS fügen Ergänzungen an, berichtigen und stellen Fragen, L moderiert • L berichtigt ggf. die SuS-Aufzeichnungen auf der Folie • L führt die Begriffe *proportional* und *antiproportional* ein	UG	OH-Folien
Alternatives Stundenende			
Vertiefung	• SuS ergänzen bzw. berichtigen ihre eigenen Aufzeichnungen • SuS bearbeiten Übungsmaterial zu proportionalen und antiproportionalen Zuordnungen	EA EA/PA	AB 1 + 2

L = Lehrerin; SuS = Schülerinnen und Schüler; UG = Unterrichtsgespräch; EA = Einzelarbeit;

PA = Partnerarbeit; LV = Lehrervortrag; AB = Arbeitsblatt; OH-Folien = Overheadfolien

7. Anhang

7.1 Einstiegsplakate

Ziele der heutigen Stunde

- Eigenschaften von zwei verschiedenen
  Zuordnungen entdecken und diese
  gegenüberstellen

- Gemeinsamkeiten und Unterschiede
  der beiden Zuordnungen erarbeiten

Methode: Partnerpuzzle

(1) Expertenpaare für jeweils eine
    Zuordnung (AB 1)
    → 10 min

(2) Gemischte Paare zum Vergleich der
    Zuordnungen (AB 2)
    → 15 min

(3) Präsentation

Hinweis: Die unter 7.2–7.4 folgenden Arbeitsblätter, Tippzettel und Zusatzaufgaben finden Sie auch auf der DVD zum Ausdrucken (Propantiprop.pdf).

7.2 Arbeitsblätter

Arbeitsblatt 1: Proportionale Zuordnungen

Aufgabe 1

Im Süßwarenladen „Im Bärenland" könnt ihr euch Mischungen aus sauren Schnüren, Lakritzschnecken, Gummibärchen und Brausestangen zusammenstellen. 50 g kosten 0,75 €. Legt eine Preisliste in Form einer Wertetabelle an, in der ihr die Preise für 50 g, 100 g, 200 g, 250 g, 400 g und 500 g auflistet. (Es gibt keinen Rabatt!)

Zeichnet den Graphen zu der Wertetabelle. Wält dazu eine geeignete Beschriftung der Achsen!

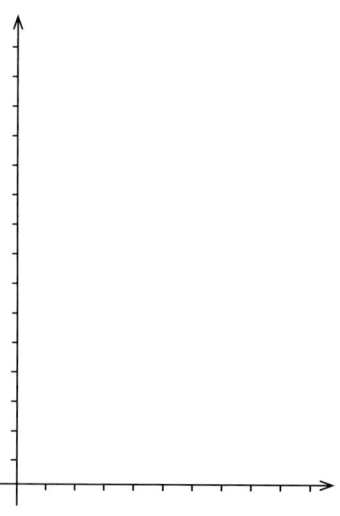

Kontrolliert nun eure Lösungen! Dazu holt *eine/r* von euch vorne am Pult einen Lösungszettel!

Arbeitsblatt 1: Antiproportionale Zuordnungen

Aufgabe 2

Stellt euch vor: Ihr fahrt jeden Morgen gemeinsam mit dem Fahrrad zur Schule. Gestern seid ihr so oft an Schaufenstern stehen geblieben und habt so lange getrödelt, dass ihr 60 Minuten zur Schule gebraucht habt und viel zu spät kamt. Der Fahrradtacho hat eine Duchschnittsgeschwindigkeit von nur 4 $\frac{km}{h}$ ange-zeigt!!!

Ihr beschließt, von nun an weniger zu trödeln und schneller zu fahren, um pünktlich in der Schule anzukommen. Dazu legt ihr euch eine Wertetabelle an, aus der hervorgeht, wie lange ihr bei einer Durchschnittsgeschwindigkeit von 4 $\frac{km}{h}$, 8 $\frac{km}{h}$, 12 $\frac{km}{h}$, 16 $\frac{km}{h}$, 20 $\frac{km}{h}$, 24 $\frac{km}{h}$ in die Schule bräuchtet.

Zeichnet den Graphen zu der Wertetabelle. Wählt dazu eine geeignete Beschriftung der Achsen!

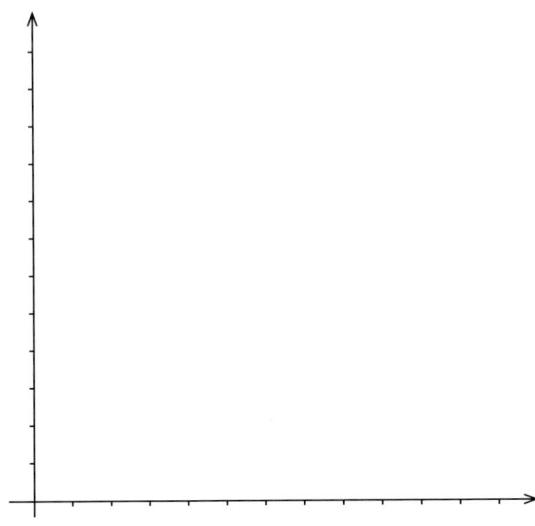

Kontrolliert nun eure Lösungen! Dazu holt *eine/r* von euch vorne am Pult einen Lösungszettel!

Arbeitsblatt 2: Vergleich der Zuordnungen

1. Erkläre deinem Mitschüler/deiner Mitschülerin deine Aufgabe und deine Ergebnisse.
2. Vergleicht den Verlauf eurer Graphen! Was stellt ihr fest? Notiert eure Beobachtungen mit Bleistift in der Tabelle (links die Beschreibung des einen und rechts die Beschreibung des anderen Graphen).
3. Nach welchen Regeln seid ihr beim Ausfüllen der Tabellen vorgegangen? Notiert eure Regeln mit Bleistift in der Tabelle (links die eine und rechts die andere) und vergleicht diese. Was stellt ihr fest? Könnt ihr eure Regeln anhand der Graphenverläufe bestätigen?

Benötigt ihr einen Tipp?
Dann liegen vorne am Pult Tippkärtchen für euch bereit.

Seid ihr schon fertig?
Dann liegt vorne am Pult eine Zusatzaufgabe für euch bereit.

(Lasst die oberste schwarze Linie bitte frei!)

7.3 Tipp

Tipp

Wie verändert sich der Preis (die Fahrzeit), wenn sich das Gewicht
(die Durchschnittsgeschwindigkeit) verdoppelt?

Wie unterscheiden sich die beiden Regeln voneinander?

7.4 Zusatzaufgaben

Zusatz

Bearbeitet die Aufgaben in eurem Hefter. Ihr seid dann in der nächsten Stunde die Experten/
Expertinnen.
1. Überlegt euch, ob und wie die Graphen weiter verlaufen würden und warum das so ist. Notiert
   eure Überlegungen.
2. Gebt jeweils eine Zuordnungsvorschrift an, mit der ihr eure Ergebnisse direkt berechnen könnt.
3. Wie viel würden 114 g Süßigkeiten kosten?
4. Wie lange braucht ihr zur Schule, wenn ihr mit einer Durchschnittsgeschwindigkeit
   von 11,5 $\frac{km}{h}$ fahrt?

6.2 Susanne Müller: Modellierung der Flugkurve eines Autos

1. Bedingungsanalyse

1.1 Bild der Lerngruppe

Der Grundkurs Mathematik der Jahrgangsstufe 11 besteht aus 18 Schülerinnen und 10 Schülern. Ich kenne den Kurs aus meinem eigenverantwortlichen Einsatz im Fach Mathematik seit Beginn dieses Halbjahres. Ich bezeichne den Kontakt zur Lerngruppe als gut und persönlich. Etliche Schülerinnen und Schüler zeigen allerdings noch pubertäre Verhaltensweisen, beispielsweise führen sie häufig Nebengespräche, lassen sich leicht ablenken oder sind unkonzentriert.

Generell ist Motivation nicht nur abhängig von physiologischen Bedürfnissen und Emotionen, sondern auch von drei angeborenen psychologischen Bedürfnissen: dem Streben nach Autonomie, dem Bedürfnis nach sozialer Eingebundenheit und dem Streben nach Kompetenz[1]. In meiner Lerngruppe ist durch das Kurssystem in Klasse 11 das Streben nach sozialer Eingebundenheit besonders ausgeprägt, da einige der Schülerinnen und Schüler nur in diesem Mathematikkurs zusammen sind. Indikatoren für die gute Sozialkompetenz meiner Lerngruppe sind die hohe Bereitschaft, sich gegenseitig zu unterstützen, und die Fähigkeit, sich selbst in Gruppen einteilen zu können. Das Autonomiebestreben der Schülerinnen und Schüler ist daran zu erkennen, dass sie während Gruppenarbeitsphasen zunehmend selbstständig arbeiten und meine Hilfe nur noch in „Notfällen" einfordern.

Die Lerngruppe teilt sich bezüglich der mathematischen Kompetenzen in vier unterschiedliche Leistungsniveaus. An der Spitze befinden sich zwei Schülerinnen, die sehr gute Leistungen zeigen. Die Gruppe, die gute Leistungen zeigt, besteht aus vier Schülerinnen und Schülern, gefolgt von einer fünfköpfigen Gruppe im mittleren Leistungsbereich. 16 Schülerinnen und Schüler haben in der Klausur mit 6 Punkten oder weniger abgeschnitten, fünf von ihnen liegen im nicht ausreichenden Bereich. Anhand eines Diagnosetests zu Beginn des Schuljahres habe ich festgestellt, dass ein Großteil der Lerngruppe erhebliche Lücken im Basiswissen der Sekundarstufe I (bezüglich der Anforderung des Übergangsprofils von Klasse 10) besitzt. Aus diesem Grund zeigen viele Schülerinnen und Schüler wenig Interesse am Fach Mathematik und ein schwach ausgeprägtes Arbeitsverhalten. Nach mehreren Schüler- und Elterngesprächen stellte sich heraus, dass nicht alle Schülerinnen und Schüler meiner Lerngruppe das Abitur anstreben. Ihre Motivation erhöht sich aber, wenn ich anwendungsbezogene Aufgabenstellungen oder Modellierungsaufgaben aus ihrem Schüleralltag anbiete.

---

[1] Vgl. Deci/Ryan 1993, S. 229

1.2 Stand der Lerngruppe

Prozessbezogene Kompetenzen

Die Modellierungskompetenzen der Lerngruppe wurden von mir seit Beginn des Schuljahres sukzessive gefördert. Der Einstieg ins Modellieren erfolgte anhand von Fermi-Aufgaben[2] und überbestimmten Aufgaben aus dem Bereich lineare Funktionen. Um auch die Kompetenz des Kommunizierens zu schulen, wählte ich als Unterrichtsform in der Regel die Gruppenarbeit, die auch für die Erarbeitungsphase der heutige Stunde vorgesehen ist. Dabei ließ ich die Schülerinnen und Schüler sich selbst in Neigungsgruppen einteilen, um dem Streben nach sozialer Eingebundenheit entgegenzukommen (vgl. Bild der Lerngruppe). In der jetzigen Zusammensetzung arbeiten die Gruppen seit ca. drei Wochen. Jede Gruppe hat eine Teammappe angelegt, in der die Schülerinnen und Schüler wichtige Ergebnisse ihrer Gruppenarbeit sichern. Die Teammappe enthält auch ein Blatt, auf dem die Schülerinnen und Schüler mathematische Fachbegriffe und Zusammenhänge mit ihren eigenen Worten erläutern. Im Unterricht nennen wir diese Gegenüberstellung „Mathevokabeln". Meiner Beobachtung nach unterstützt eine solche Gegenüberstellung die Entwicklung der Teilkompetenz des *Mathematisierens*, da die Schülerinnen und Schüler Übersetzungen vornehmen und Mathematisierungsmuster beschreiben.

Die verschiedenen Teilkompetenzen des Modellierens sind in dieser Lerngruppe unterschiedlich stark ausgeprägt. Fast alle Schülerinnen und Schüler können vertraute und direkt erkennbare Standardmodelle für Aufgaben nutzen, die sich im Sinne von Blum (Blum u. a. 2006, S. 41) im Anforderungsbereich I befinden. Bezüglich der Teilkompetenz *Vereinfachen und Strukturieren* geht ihre Kompetenz aber über den Anforderungsbereich des Reproduzierens hinaus. Insbesondere können die Schülerinnen und Schüler bei Aufgaben aus ihrer Lebenswelt schnell wichtige von unwichtigen Informationen trennen. Deutlich wurde dies bei einer Klausuraufgabe über den Alkoholabbau im Blut, die Informationen und Zahlenangaben enthielt, die nicht in die Modellierung einfließen (zum Beispiel die Körpergröße). Diese Aufgabe wurde überdurchschnittlich gut bearbeitet und auch von leistungsschwachen Schülerinnen und Schülern gelöst. Außerdem können die Schülerinnen und Schüler sinnvolle Annahmen treffen. Dies belegt ihr gutes Abschneiden bei einer Klausuraufgabe, in der sie Annahmen zur Höhe und Abbrenngeschwindigkeit von Kerzen treffen mussten. Die Teilkompetenz des *Mathematisierens* haben die Schülerinnen und Schüler innerhalb des Analysisunterrichts durch die Wahl von Funktionen und das Aufstellen von Gleichungen zu verschiedenen realen Situationen geübt. Allerdings sind bei ungewohnten Kontexten wiederholt große Schwierigkeiten aufgetreten. Deshalb habe ich bei einigen Aufgaben den Funktionstyp bzw. die Lage des Koordinatensystems vorgegeben, da gerade dieser Aspekt des Mathematisierens der Lerngruppe noch sehr schwer fällt. Aus dem Physikunterricht wissen die Schülerinnen und Schüler, dass für gerade bzw. schiefe Würfe das mathematische Modell der Parabel herangezogen wird. Beim *Arbeiten im mathematischen Modell* unterlaufen den Schülerinnen und Schülern häufig Fehler[3].

---

[2] Z.B.: „Wie lang könnte ein Streifen aus einer handelsüblichen Zahnpastatube werden, wenn man diese ganz ausdrückt?"

[3] Vgl. 1.1 Defizite im Bereich des Basiswissens

Aufgrund der Art und Weise, wie mit Ergebnissen und Fehlern umgegangen wird, schätze ich, dass sich etwa die Hälfte der Schülerinnen und Schüler bezüglich der Teilkompetenzen des *Interpretierens* und *Validierens* im Anforderungsbereich II befindet. Beispielsweise haben Schülerinnen und Schüler bei einem unrealistischen Ergebnis in der Klausur den Modellierungskreislauf ein zweites Mal durchlaufen. Außerdem werden im Unterricht Ergebnisse oft in sehr lebendigen Diskussionen auf ihren Realitätsgehalt hinterfragt. Allerdings können die Schülerinnen und Schüler Kontrollverfahren (z. B. Fehlerabschätzungen, Vergleich mit den Annahmen) noch nicht sicher handhaben. Bezüglich der Teilkompetenz des *Realisierens* haben sie fast keine Erfahrung.

Die Schülerinnen und Schüler kennen das Schema eines einfachen vierschrittigen Modellierungskreislaufs und können die verschiedenen Schritte mit ihren Worten im Wesentlichen richtig beschreiben.

Inhaltsbezogene Kompetenzen

Ein großer Teil der Lerngruppe ist in der Lage, ganzrationale Funktionen 2. Grades zu bestimmen, wenn die Koordinaten von Punkten bzw. Steigungen an Punkten vorgegeben sind. Beim Lösen von Gleichungssystemen haben die Schülerinnen und Schüler teilweise noch größere Schwierigkeiten[4]. Sie kennen den trigonometrischen Zusammenhang zwischen dem Steigungswinkel und der Steigung einer Gerade. Mit den Verfahren zur Bestimmung von Nullstellen und Hoch- und Tiefpunkten einer Funktion ist die Lerngruppe prinzipiell vertraut. Die leistungsschwächeren Schülerinnen und Schüler können diese Verfahren aber aufgrund technischer Schwierigkeiten oft nicht erfolgreich zu Ende führen.

2. Didaktische Analyse

„Internationale Vergleichsstudien wie TIMSS und PISA haben gezeigt, dass deutsche Schülerinnen und Schüler relativ gut Rechenroutinen anwenden können und über Faktenwissen verfügen, aber Defizite im Bereich des mathematischen Verständnisses haben. Deutsche Schülerinnen und Schüler zeigten international unterdurchschnittliche Leistungen bei komplexen, realitätsbezogenen und kognitiv anspruchsvollen Aufgaben oder bei länger zurückliegenden Lerninhalten."[5]. Aus dieser Analyse ergibt sich insbesondere die Forderung, realitätsbezogene Aufgaben stärker als bisher im Mathematikunterricht zu verankern. Entsprechend beschreiben auch die Bildungsstandards Mathematik die Kompetenz *Modellieren* als eine zentrale mathematische Kompetenz[6]. Für meine Lerngruppe sind Modellierungsaufgaben besonders geeignet, da sich die Schülerinnen und Schüler durch anwendungsbezogene Aufgabenstellungen besser motivieren lassen als durch innermathematische Aufgaben (vgl. Bild der Lerngruppe). Dass es sich um eine insgesamt schwächere Lerngruppe handelt, ist dafür kein Hinderungsgrund. Auch leistungsschwächere Schülerinnen und Schüler können gute Ergebnisse

---

[4] Vgl. 1.1 Defizite im Bereich des Basiswissens
[5] Leiß, Drüke-Noe 2004, S.11
[6] Vgl. Beschluss der Kultusministerkonferenz vom 04.12.03

bei Modellierungsaufgaben erzielen, wenn Modellierungstätigkeiten im Unterricht nach und nach aufgebaut werden und die einzelnen Teilschritte einer Modellierungsaufgabe nicht zu anspruchsvoll sind (vgl. Blum 2007).

Thema der heutigen Stunde ist die Untersuchung eines spektakulären Unfalls, der sich in diesem Jahr ereignete und der den Schülerinnen und Schülern mithilfe eines Zeitungsartikels vorgestellt wird[7]. Ein Auto landete nach dem Verlassen der Böschung und einem „Flug" im Dach einer Kirche. Das Thema Autofahren ist für die Lerngruppe im Moment von großem Interesse, da viele Schülerinnen und Schüler im Begriff sind, die Führerscheinprüfung abzulegen. Dieses Interesse zeigte sich schon, als die unterschiedlichen Methoden der Radarmessung in Deutschland (Messung der momentanen Geschwindigkeit) und Österreich (section control) verglichen wurden. Deshalb erwarte ich, dass sich die Lerngruppe auch durch die heutige Problemstellung aus dem Themenbereich Auto und Verkehr motiviert fühlen wird.

Die Schülerinnen und Schüler sollen selbst Fragen zum genauen Unfallhergang formulieren und diese anschließend klären. Dabei können sie einerseits ihre Fähigkeiten im Bereich der Funktionsbestimmung und -untersuchung festigen, indem sie die Flugkurve des Autos mithilfe einer ganzrationalen Funktion 2. Grades modellieren und Flughöhe und Flugweite berechnen. Andererseits eignet sich die Aufgabe besonders, um die Teilkompetenzen *Vereinfachen/Strukturieren, Mathematisieren* und *Validieren* zu erweitern. Die Kompetenzen im *Vereinfachen* und *Strukturieren* werden geschult, da für das Modell Informationen aus der Zeitungsmeldung interpretiert werden müssen (Was bedeutet es, dass das Auto „35 Meter durch die Luft flog"?) und fehlende Informationen durch eine weitere Annahme ergänzt werden müssen (Welcher Böschungswinkel könnte realistisch sein?). Das *Mathematisieren* wird dadurch gefördert, dass die Aufgabe die Wahl einer Funktion als Modell sowie die Einführung eines geeigneten Koordinatensystems verlangt. Da viele Schülerinnen und Schüler der Lerngruppe Lücken im Basiswissen aufweisen (vgl. Bild der Lerngruppe), soll das *mathematische Arbeiten* im Modell auf einem reproduzierenden Anforderungsniveau stattfinden, damit die Aufgabe insgesamt bewältigt werden kann. Bisher haben die Schülerinnen und Schüler vorwiegend mit linearen Funktionen modelliert. Im Sinne vom Leichten zum Schweren ist das mathematische Modell für das heutige Problem keine Gerade, sondern eine Parabel. Für die Modellierung müssen die Schülerinnen und Schüler die Begriffe Steigung in einem Punkt, Ableitung, Hochpunkt und Tiefpunkt, Nullstellen sowie Steigungswinkel einer Geraden in einem realen Kontext verwenden. Beim Lösen des mathematischen Problems werden das Lösen eines Gleichungssystems und die Funktionsbestimmung geübt. Außerdem müssen die Schülerinnen und Schüler ihre Lösungen interpretieren, indem sie untersuchen, ob sie mit den Angaben zum tatsächlichen Unfallhergang übereinstimmen bzw. inwieweit sie insgesamt realistisch erscheinen. Dies schult die Teilkompetenzen des *Interpretierens* und *Validierens*.

---

[7] Siehe Anhang. Die Problemstellung orientiert sich an einer Aufgabe von Wennekers (2009).

3. Kompetenzen und Lernziele

Prozessbezogene Kompetenzen:
Die Schülerinnen und Schüler erweitern ihre Modellierungskompetenzen, indem sie

- wichtige und unwichtige Informationen im Zeitungsartikel unterscheiden, Informationen interpretieren sowie durch eine weitere Annahme eine fehlende Information ergänzen (*Vereinfachen und Strukturieren*);
- ein geeignetes Koordinatensystem wählen, die Angaben im Zeitungsartikel in Punkte des Koordinatensystems umsetzen und die Flugkurve des Autos mithilfe einer Parabel annähern (*Mathematisieren*);
- ihre Ergebnisse interpretieren und mit den tatsächlichen Angaben im Zeitungsartikel vergleichen (*Interpretieren* und *Validieren*).

Inhaltsbezogene Kompetenzen:
Die Schülerinnen und Schüler festigen Grundfähigkeiten im Bereich der Funktionsbestimmung und -untersuchung, indem sie

- für die Flugparabel die Gleichung einer ganzrationalen Funktion 2. Grades ermitteln;
- zur Bestimmung von Flugweite und -höhe des Autos die Nullstellen und den Hochpunkt der Funktion berechnen.

4. Methodische Überlegungen

Als Einstiegsimpuls für die Stunde wähle ich den Zeitungsausschnitt mit der Meldung des Unfalls und einem Bild von der Unglücksstelle[8], das ich mithilfe von PC und Beamer präsentieren werde. Nach den ersten spontanen Reaktionen möchte ich die Schülerinnen und Schüler bitten, Fragen zum Unfallhergang zu stellen. Durch die selbstständige Formulierung der Fragen erhöht sich meines Erachtens die Motivation, diese zu beantworten. Die Fragen sichere ich auf einer Overheadfolie, die für die Schülerinnen und Schüler neben dem Bild der Unglücksstelle sichtbar sein wird. Ich rechne mit Fragen zur Geschwindigkeit des Autos, die für die polizeiliche Beurteilung des Unfalls entscheidend ist, aber auch der Höhe bzw. der Weite der Flugbahn, wenn die Kirche nicht „im Weg" gestanden hätte. Um an den Modellierungskreislauf und an heuristische Strategien zu erinnern, werde ich die Schülerinnen und Schüler anschließend bitten, kurz darzustellen, wie sie in der Vergangenheit Modellierungsaufgaben gelöst haben. Dadurch soll ihnen auf einer metakognitiven Ebene bewusst werden, welche Schritte im Sinne des Modellierungskreislaufs erforderlich sind und welche Mathematisierungsmuster und heuristischen Fragen sie zur Lösung verwenden können (zum Beispiel: *„Kann ich eine Skizze der Situation anfertigen?"*, *„Habe ich schon mal eine Bewegung modelliert?"*). Mithilfe der Schülerantworten werde ich den Modellierungskreislauf als optische Stütze für die Gruppenarbeit an der Tafel notieren.

---

[8] Vgl. die Zeitungsmeldung im Anhang

Die von den Schülerinnen und Schülern formulierten Fragen gebe ich nun als Arbeitsauftrag an die Gruppen, wobei ich die Gruppen die Fragen selbst wählen lassen möchte, um sie in ihrem Autonomiebestreben zu unterstützen (vgl. Bild der Lerngruppe). Das anschließende selbstständige Arbeiten in den bestehenden Gruppen ermöglicht mir die Rolle der Beraterin und Impulsgeberin. Durch die Umsetzung von Textinformationen in mathematische Zusammenhänge sollen die Teilkompetenzen des *Vereinfachens/Strukturierens* und des *Mathematisierens* geschult werden. Dabei können die Gruppen ihr selbst erarbeitetes „Mathevokabelblatt" zu Hilfe nehmen. Zur Binnendifferenzierung stelle ich in Anlehnung an ein Konzept der Forschergruppe Kassel (2006) gestufte Hilfekärtchen in Briefumschlägen zur Verfügung. Diese enthalten im Wesentlichen weitere Fragen[9], deren Antworten helfen, zu einer Mathematisierung zu kommen, das heißt, als Ansatz eine ganzrationale Funktion zweiten Grades zu wählen und eine geschickte Koordinatisierung vorzunehmen. Insbesondere müssen die Schülerinnen und Schüler die Aussage des Zeitungsartikels deuten, dass das Auto „35 Meter durch die Luft flog". Diese Information kann (1) als Länge der Bahnkurve, (2) als Abstand zwischen Böschung und Auftreffpunkt im Kirchendach oder aber (3) als Abstand zwischen Böschung und Fußpunkt zum Auftreffpunkt gedeutet werden. Alle drei Lesarten sind möglich und führen jeweils zu unterschiedlichen Modellen. Für die Auswertungsphase können diese Unterschiede sehr produktiv sein, da sie die Abhängigkeit der Modelle von den getroffenen Annahmen zeigen. Deshalb werde ich die Gruppen ermutigen, ihre jeweilige Deutung konsequent zu verfolgen. Außerdem wird den Gruppen vermutlich schnell auffallen, dass zwei Punkte (Abflugpunkt und Auftreffpunkt) noch nicht ausreichen, um eine Parabel zu bestimmen. Hier soll jede Gruppe eine weitere Annahme treffen, die ihr realistisch erscheint. Naheliegend sind Annahmen zum Böschungswinkel, unter dem das Auto die Straße verlässt. Unter Umständen trifft eine Gruppe aber auch eine andere Annahme, etwa dass das Auto im Moment des Auftreffens auf das Kirchendach gerade seinen höchsten Punkt erreicht hatte. In der Auswertung möchte ich eine Diskussion anregen, inwieweit die jeweiligen Annahmen sinnvoll sind. In einer der nächsten Stunden soll die Abhängigkeit der Parabel vom Böschungswinkel mithilfe einer Geogebra-Datei untersucht werden, in der der Böschungswinkel über einen Schieberegler veränderbar ist (siehe Anhang).

Bei der Frage, welche Geschwindigkeit das Auto nach Verlassen der Böschung hatte, habe ich mich dagegen für starke inhaltliche Hilfen entschieden, da dieses Problem ein größeres physikalisches Hintergrundwissen verlangt, über das meine Lerngruppe nicht unmittelbar verfügt.

Obwohl viele Schülerinnen und Schüler des Kurses Defizite im Hinblick auf mathematisches Basiswissen haben (vgl. Bild der Lerngruppe), erwarte ich, dass ihnen als Gruppe aufgrund der Möglichkeit zur gegenseitigen Unterstützung das *Arbeiten im mathematischen Modell* gelingt. Allerdings werden wahrscheinlich bei der *Validierung* Schwierigkeiten auftreten, weil die Schülerinnen und Schüler Kontrollverfahren noch nicht sicher handhaben können. Falsche Ergebnisse können zum einen dadurch zustande kommen, dass während des mathematischen Arbeitens Rechenfehler aufgetreten sind. Wenn die Schülerinnen und Schüler

---

[9] Mit Fragen bleiben die Schülerinnen und Schüler weiterhin aktiv, Antworten können sie schnell inaktiv machen.

falsche Ergebnisse nicht selbst erkennen, werde ich ihnen den Hinweis geben, zu überprüfen, ob die von ihnen gefundene Parabel tatsächlich die geforderten Eigenschaften besitzt. Zum anderen kann ein unrealistisches Modell entstehen, wenn Fehler im *Strukturieren* oder *Mathematisieren* gemacht werden. Beispielsweise kann es geschehen, dass die Informationen des Zeitungsartikels nicht richtig in Koordinaten umgesetzt wurden. In diesem Fall müssen die Schülerinnen und Schüler prüfen, ob sie den Modellierungskreislauf noch einmal ganz oder teilweise durchlaufen müssen.

Zur Vorbereitung der Präsentationsphase stelle ich den Gruppen Folien zur Verfügung, damit sie ihre Ergebnisse notieren können. Während der Gruppenarbeit beobachte ich die Gruppen und überlege, in welcher Reihenfolge sie präsentieren sollen. Dabei achte ich auf unterschiedliche Lösungswege und werde in der Präsentationsphase schwächere Gruppen an den Anfang stellen, um Misserfolgserlebnisse zu vermeiden.

In der Reflexionsphase am Ende möchte ich die Schülerinnen und Schüler nach ihren Strategien und Schwierigkeiten fragen. Dadurch soll ihnen insbesondere bewusst werden, welches Vorgehen in diesem Fall erfolgreich war.

5. Literatur

1. Beschlüsse der Kultusministerkonferenz: Bildungsstandards im Fach Mathematik für den Mittleren Schulabschluss (Beschluss der Kultusministerkonferenz vom 04.12.2003) http://www.kmk.org/fileadmin/veroeffentlichungen_beschluesse/2003/2003_12_04-Bildungsstandards-Mathe-Mittleren-SA.pdf (Zugriff am 30.05.09)
2. Blum, W., Drüke-Noe, C., Hartung, R., Köller, O. (Hrsg.): Bildungsstandards Mathematik: konkret. Cornelsen, Berlin 2006
3. Blum, W.: Mathematisches Modellieren – zu schwer für Schüler und Lehrer? In: Beiträge zum Mathematikunterricht, S. 3–12. Franzbecker Verlag, Hildesheim 2007
4. Büchter, A., Leuders, T.: Mathematikaufgaben selbst entwickeln. Cornelsen, Berlin 2005
5. Deci, E. L., Ryan, R. M.: Die Selbstbestimmungstheorie der Motivation und ihre Bedeutung für die Pädagogik. In: Zeitschrift für Pädagogik, S. 223–238. Beltz, Weinheim und Basel 1993
6. Forschergruppe Kassel: Archimedes und die Sache mit der Badewanne, gestufte Hilfen im naturwissenschaftlichen Unterricht. In: Jahresheft Diagnostizieren und Fördern. Friedrich Verlag, Seelze-Velber 2006
7. Leiß, D. und Drüke-Noe, C.: Standard-Mathematik von der Basis bis zur Spitze – Grundbildungsorientierte Aufgaben für den Mathematikunterricht. Frankfurt am Main, 2004
8. Wennekers, U.: „Kommt ein Auto geflogen", Cornelsen teach web: http://www.cornelsen.de/teachweb/1.c.1644586.de (Zugriff am 07.03.09)
9. Zeitungsmeldung nach: http://www.bild.de/BILD/news/vermischtes/2009/01/26/auto-unfall/mann-landet-im-kirchdach.html (Zugriff am 30.05.09)

6. Anhang

Geplanter Stundenverlauf

Phase	Lehrerhandeln	erwartetes Schülerhandeln	Sozialform	Medien
Einstieg	L präsentiert die Zeitungsmeldung	SuS äußern sich spontan	UG	Zeitungsmeldung, Beamer, PC
Erarbeitung 1	L fordert auf, Fragen zu stellen und notiert diese auf Folie	SuS stellen Fragen zum Unfallhergang	UG	OH-Folien
	L fragt: „Wie seid ihr bisher bei Modellierungs-aufgaben vorgegangen?" L skizziert Model-lierungskreislauf an der Tafel	SuS beschreiben mit ihren Worten die Schritte des Modellierungskreislaufs und nennen heuristische Strategien	UG	Tafel
Erarbeitung 2	L organisiert die Gruppenarbeit und unterstützt den Lösungsprozess	SuS erarbeiten Antworten zu ihren Fragen, indem sie die Flugkurve modellieren	GA	Hilfekarten, OH-Folien, Zeitungsmeldung als AB
Präsentation	I fordert die Gruppen auf zu präsentieren; L fragt: „Wie haben sich unterschiedliche Annahmen ausgewirkt?"	SuS präsentieren ihre Modellierung und beantwor-ten ihre Fragen zum Unfallhergang	SV	OH-Folien
Reflexion	L fragt nach Strategien und Schwierigkeiten	SuS stellen Strategien und Schwierigkeiten dar	UG	

UG = Unterrichtsgespräch; GA = Gruppenarbeit; SV = Schülervortrag; AB = Arbeitsblatt;

OH-Folien = Overheadfolien; L = Lehrerin; SuS = Schülerinnen und Schüler

Zeitungsartikel

Auto im Kirchendach

Im Januar 2009 ist ein 23-Jähriger im sächsischen Limbach-Oberfrohna bei einem spektakulären Unfall mit seinem Auto in einem Kirchendach gelandet. Der Autofahrer kam vermutlich wegen überhöhter Geschwindigkeit von der Straße ab, durchbrach ein Absperrgitter und raste eine Böschung hinauf, teilte die Polizeidirektion Chemnitz-Erzgebirge mit. Die Böschung habe offenbar wie eine Sprungschanze gewirkt, sodass das Auto 35 Meter durch die Luft flog und in das Kirchendach stürzte. Der Fahrer musste mit Spezialgerät aus etwa sieben Metern Höhe gerettet werden.

Zeitungsmeldung.pdf

Hilfekarten

Hilfekarten Flugkurve:

Hilfe 1:
Fertigen Sie eine Zeichnung der Flugkurve des Autos an.

Hilfe 2:
Welcher Art von Graphen ähnelt die Flugkurve?

Hilfe 3:
Wie lautet die Funktionsgleichung einer Funktion, deren Graph eine Parabel ist?

Hilfekarten Koordinatensystem:

Hilfe 1:
Wohin könnte man den Ursprung des Koordinatensystems legen? Was wäre geschickt?

Hilfe 2:
Welche Koordinaten hat der Punkt A, an dem das Auto auf das Kirchendach auftrifft?

Hilfekarten Böschungswinkel:

Hilfe 1:
Welchen Winkel hat die Böschung an der Stelle, an der das Auto abhebt? Treffen Sie eine realistische Annahme.

Hilfe 2:
Welcher Zusammenhang besteht zwischen Böschungswinkel und Steigung der Kurve in dem Punkt, an dem das Auto abhebt? Tipp: Schauen Sie in das Mathevokabelblatt ihrer Gruppe.

Hilfekarten Geschwindigkeit:

Hilfe 1:
Die Gleichung für die Bahnkurve bei einem schiefen Wurf lautet: $y = -\dfrac{g}{2v^2(\cos\alpha)^2} \cdot x^2 + \tan\alpha \cdot x$

Hierbei bezeichnet v die Abwurfgeschwindigkeit in $\frac{m}{s}$, g die Erdbeschleunigung von 9,81 $\frac{m}{s^2}$ und α den Abwurfwinkel.

 Hilfekarten.pdf

Hilfe 2:

Vergleichen Sie die von ihnen gefundene Funktionsgleichung für die Flugkurve des Autos mit der Gleichung des schiefen Wurfes. Welche Analogien sehen Sie?

Hilfe 3:

Vergleichen Sie den Parameter vor x^2 aus der Bahnkurve beim schiefen Wurf mit ihrer Funktionsgleichung der Flugkurve des Autos $f(x) = ax^2 + bx + c$.

Setzen Sie $a = -\dfrac{g}{2v^2(\cos \alpha)^2}$ und lösen Sie dann die Gleichung nach v auf.

Geogebra-Datei

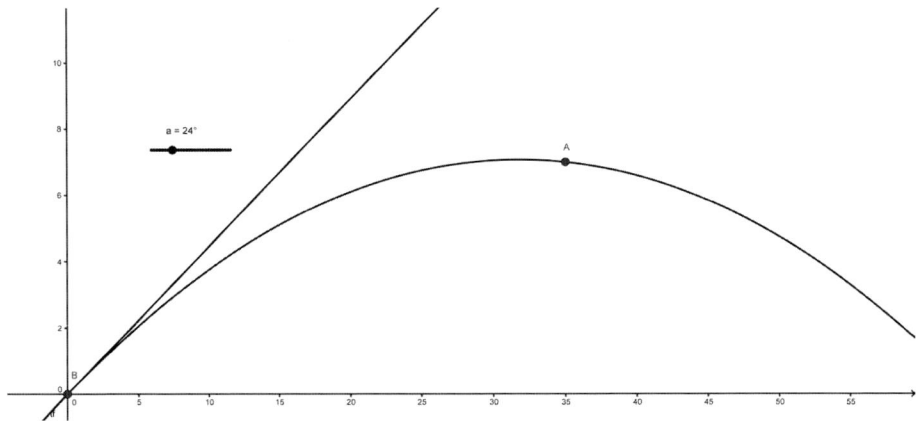

Eine Untersuchung der Flugkurve mit einer Geogebra-Datei als Experimentierumgebung zeigt, dass der Böschungswinkel mindestens 12 Grad betragen haben muss, da ansonsten der Punkt $(35\,|\,7)$ im Kirchendach nicht mit einer nach unten geöffneten Parabel erreichbar ist. In Geogebra lässt sich auch die Geschwindigkeit in Abhängigkeit vom Böschungswinkel angeben und experimentell die minimal mögliche Geschwindigkeit ermitteln. Diese minimale Geschwindigkeit beträgt ca. 74 km/h bei einem Winkel von 51 Grad. Damit hatte der Fahrer im Rahmen dieser Modellierung in jedem Fall eine überhöhte Geschwindigkeit.

🔵 Flugkurve.ggb

Ausblick

Mit diesem Buch habe ich den Versuch unternommen, Anregungen für eine kompetenzorientierte Gestaltung von Mathematikunterricht zu geben. Es sollte jedoch nicht übersehen werden, dass sich die Kompetenzorientierung als zentrales neues Element der Bildungsstandards in mehreren Spannungsfeldern bewegt:

1. Die KMK-Bildungsstandards (2003) stellen die politische Reaktion auf die Ergebnisse der PISA-Studie 2001 dar, bei der das Abschneiden der deutschen Schülerinnen und Schüler als enttäuschend empfunden wurde. Sie folgen in vielen, aber nicht allen Teilen einer Expertise im Auftrag des Bundesbildungsministeriums (Klieme u.a. 2003) und sind als *Leistungsstandards* konzipiert, das heißt, sie legen fest, welche Leistungsziele und welches Kompetenzniveau Schülerinnen und Schüler zu einem bestimmten Zeitpunkt erreicht haben sollen. Damit schafft das Bildungssystem Transparenz, wohin die Entwicklung von Kindern abschließend zielen soll. Die Bildungsstandards selbst zeigen aber nicht unmittelbar den Weg auf, auf dem die Schülerinnen und Schüler die Ziele und Kompetenzen erreichen können. Außerdem werden in den Standards viele Kompetenzen in erster Linie verbal beschrieben. Dies lässt Raum für Interpretationen, was mit einer Kompetenz im Einzelnen wirklich gemeint ist und bedarf der Ergänzung durch Beispielaufgaben, Unterrichtsplanungen und Reflexionen von tatsächlichem Unterricht. Deshalb lässt sich noch nicht abschließend beurteilen, inwieweit durch die „Outputorientierung" die Qualität von Unterricht tatsächlich verbessert werden kann. „Bildungsstandards werden sich am konkreten Nutzen für die Entwicklung von Schule und Unterricht beweisen müssen." (Criblez u.a. 2009, S. 166)

2. In den deutschen KMK-Bildungsstandards wurde ein Kompetenzmodell ausgewählt, das sicherlich in hohem Maße konsensfähig ist (vgl. Kapitel 1.2). Es sind aber durchaus auch *anders strukturierte Kompetenzmodelle* möglich. Dies zeigen die Kompetenzmodelle, die den Bildungsstandards in Österreich und der Schweiz zugrunde liegen. So beschreibt das österreichische Kompetenzmodell für die 8. Schulstufe die prozessbezogenen Kompetenzen als Handlungsbereiche von Mathematikunterricht und unterscheidet: Darstellen und Modellbilden, Rechnen und Operieren, Interpretieren sowie Argumentieren und Begründen (Österreichische Bildungsstandards 2009). Anders als im KMK-Modell wird jeder Handlungsbereich dabei unmittelbar mit den verschiedenen Inhaltsbereichen verbunden. Ein weiterer größerer Unterschied zum KMK-Modell besteht darin, dass die Kompetenz Problemlösen nicht explizit aufgeführt, sondern nur indirekt in den beschriebenen Tätigkeiten sichtbar wird.

   Das Schweizer Kompetenzmodell des HarmoS-Konkordats unterscheidet deutlich mehr Tätigkeitsbereiche als das KMK-Modell: Wissen, Erkennen und Beschreiben, Operieren und Berechnen, Instrumente und Werkzeuge verwenden, Darstellen und Formulieren, Mathematisieren und Modellieren, Argumentieren und Begründen, Interpretieren und Reflektieren sowie Erforschen und Explorieren (Lindauer/Linneweber-Lammerskitten 2008 zitiert nach Criblez u.a. 2009, S. 94). Trotz der großen Überschneidungen mit dem deutschen Kompetenzmodell führen die anderen Strukturen doch zu einer etwas anders akzentuierten Wahrnehmung von Mathematikunterricht. Darüber hinaus folgt die Schweiz der Empfehlung der Klieme-Expertise und hat Mindeststandards eingeführt, während sich Deutschland und Österreich für Regelstandards entschieden haben (vgl. Kapitel 1.2).

3. Die Einführung der Bildungsstandards in den deutschsprachigen Ländern wird von der Bildungspolitik mit zentralen Kompetenztests begleitet. Dies ist grundsätzlich legitim, da „öffentliche Schulen in demokratischen Staaten […] der Öffentlichkeit rechenschaftspflichtig" sind (Criblez u. a. 2009, S. 169). Allerdings besteht dabei die Gefahr eines *Teaching to the Test*, das heißt eines Unterrichts, der die Schülerinnen und Schüler kurzfristig auf die Anforderungen von Tests vorbereitet, dabei aber den langfristigen Kompetenzaufbau gerade vernachlässigt. Ein solcher Unterricht würde der mit den Bildungsstandards verbundenen Absicht der Qualitätssicherung gerade zuwiderlaufen. Ob sich die Unkultur eines *Teaching to the Test* ausbildet, hängt insbesondere davon ab, wie zentrale Tests ausgestaltet und bildungspolitisch gehandhabt werden, ob sie etwa den Lehrerinnen und Lehrern bzw. den Schülerinnen und Schülern Daten für eine eigene Auseinandersetzung mit dem jeweiligen Lernstand zur Verfügung stellen oder ob ihnen die Funktion einer Selektion, etwa bei Abschlussprüfungen, zukommt (vgl. Kapitel 4.1). Gerade wenn in zentralen Abschlussprüfungen bestimmte Aufgabenformate regelmäßig in ähnlicher Form wiederkehren, orientieren sich Lehrerinnen und Lehrer in ihrem Unterricht fast automatisch an diesen Inhalten. Es kommt dann leicht zu einem schnellen „Abhandeln" aller Aufgabenformate, bei dem einseitig instruktive Methoden eingesetzt werden. Häufig empfinden Lehrerinnen und Lehrer dies selbst als Verengung, fühlen sich aber gezwungen, auf diese Weise zu unterrichten, damit ihre Schülerinnen und Schüler die Abschlussprüfungen möglichst erfolgreich bestehen. Damit zentrale Prüfungen den Unterricht nicht einseitig verengen, sollten sich die zentralen Curricula deshalb auf Kernbereiche beschränken. Eine sehr gute Möglichkeit, sowohl die zentrale Qualitätssicherung zu gewährleisten als auch Freiräume zu eröffnen, besteht darin, Abschlussprüfungen zu unterteilen: Neben dem zentralen Teil gibt es einen Teil, der von den jeweiligen Lehrerinnen und Lehrern individuell gestaltet wird. Dadurch können für den Unterricht Freiräume für individuelle Schwerpunktsetzungen und Vertiefungen entstehen, die den Interessen der jeweiligen Lerngruppe und der Lehrkräfte gerecht werden.

Meiner Ansicht nach zeigen all diese Spannungsfelder, dass die Deutung der Bildungsstandards und der Kompetenzorientierung nicht „sakrosankt" sein sollte, sondern immer wieder unter Einbeziehung aller Beteiligten in der Bildungspolitik und in den Schulen neu ausgehandelt werden muss. Nur so kann die Kompetenzorientierung tatsächlich Eingang in die Unterrichtskultur finden und dabei helfen, sinnvolle Lehr- und Lernbedingungen zu schaffen. Die große Chance der Bildungsstandards sehe ich darin, dass die prozessbezogenen Kompetenzen durch die Standards einen deutlich höheren Stellenwert erhalten als in traditionellen Lehrplänen. Dadurch kann bei der Planung und Durchführung des Unterrichts bewusster in den Blick genommen werden, dass Schülerinnen und Schüler neben Sachwissen auch Handlungswissen und Einstellungen erwerben sollen. Es gibt aber sehr vielfältige Wege, Mathematikunterricht kompetenzorientiert auszugestalten. Welchen Weg Sie wählen, wird immer von Ihren persönlichen Vorlieben und Überzeugungen abhängen. Dies muss auch so sein, denn Unterricht lebt letztlich davon, dass wir Lehrerinnen und Lehrer authentisch sind. Es ist aber hilfreich, die eigenen Überzeugungen immer wieder kritisch auf den Prüfstand zu stellen. In diesem Sinne möchte ich Sie abschließend dazu ermutigen, Unterricht als eine spannende Möglichkeit zum Experimentieren zu begreifen – auch wir Lehrerinnen und Lehrer können ja ständig davon lernen, wie unsere Lernangebote von den Schülerinnen und Schülern angenommen werden. Und wenn Sie mir von Ihren Erfahrungen aus dem Unterricht oder mit diesem Buch berichten wollen, freue ich mich.

Henrik Kratz

Oberursel, im Juni 2011

Anhang 1: Inhalte der DVD

Kapitel 1
Modellierungsaufgaben:
Speicherkapazität.pdf
Nachthimmel.pdf
Haferkeimlinge.pdf
Aktienkurse.pdf
Käuferverhalten.pdf

Kapitel 2
Fragebogen_zu_Überzeugungen.pdf

Kapitel 3
Videographie 1:
V1_Arbeitsauftrag.mpg
V1_Arbeitsphase_1.mpg
V1_Arbeitsphase_2.mpg
V1_Präsentationsphase.mpg

Videographie 2:
V2_Partnerarbeit_1.mpg
V2_Partnerarbeit_2.mpg
V2_Unterrichtsgespräch.mpg

Geogebra-Datei:
Tangentensteigung.ggb

Videographie 3:
V3_Arbeitsauftrag.mpg

Arbeitsblätter für das Gruppenpuzzle „Wendestellen":
Wendestellen.pdf

Kapitel 4
Videographien V4 und V5:
V4_Gruppenarbeit_1.mpg
V5_Gruppenarbeit_2.mpg

Kapitel 5
Arbeitsblatt zur Fortsetzung der Zoo-Aufgabe:
Eintrittspreise.pdf

Kapitel 6

Arbeitsblätter, Tippzettel und Zusatzaufgaben zur Einführung proportionaler und antiproportionaler Zuordnungen:
Propantiprop.pdf

Arbeitsblätter zur Aufgabe Flugkurve:
Zeitungsmeldung.pdf
Hilfekarten.pdf

Geogebra-Datei:
Flugkurve.ggb

Anhang 2: Quellenverzeichnis

Literaturverzeichnis

Ament, C./Heinzel, A./Meckel, J./Schifrin, A./Zindel, S. (2004): Photobiologische Untersuchungen an Haferkeimlingen. Ergebnisbericht des Jugend-forscht-Projekts

Barzel, B./Büchter, A./Leuders, T. (2007): Mathematik Methodik, Handbuch für die Sekundarstufe I und II. Cornelsen Scriptor, Berlin

Barzel, B./Holzäpfel, L. (2010): Leitfragen zur Unterrichtsplanung. In: mathematik lehren, Heft 158, S. 4–9

Barzel, B./ Holzäpfel, L./Leuders, T./Streit, C. (2011): Mathematik unterrichten: Planen, durchführen, reflektieren. Cornelsen Scriptor, Berlin

Barzel, B./Hußmann, S./Leuders, T. (Hrsg.) (2005): Computer, Internet & Co. im Mathematikunterricht. Cornelsen Scriptor, Berlin

Barzel, B./Weigand, H.-G. (2008): Medien vernetzen. In: mathematik lehren, Heft 146, S. 4–10

Bauch, W. (2008): Kompetenzorientierte Unterrichtseinheiten planen und durchführen. unter: www.sinus-hessen.de/foerderkreislauf.htm (29.03.2011)

Baumert, J./Kunter, M./Brunner, M./Krauss, St./Blum, W./Neubrand, M. (2004): Mathematikunterricht aus Sicht der PISA-Schülerinnen und -Schüler und ihrer Lehrkräfte. In: Prenzel, M./ Baumert, J./Blum, W./Lehmann, R./Leutner, D./Neubrand, M. et al. (Hrsg.): PISA 2003. Der Bildungsstand der Jugendlichen in Deutschland – Ergebnisse des zweiten internationalen Vergleichs, S. 314–354. Waxmann, Münster

Blömeke, S./Kaiser, G./Lehmann, R. (Hrsg.) (2008): Professionelle Kompetenz angehender Lehrerinnen und Lehrer. Waxmann, Münster

Blum, W. (2006): Modellierungsaufgaben im Mathematikunterricht – Herausforderung für Schüler und Lehrer. In: Festschrift für Hans-Wolfgang Henn zum 60. Geburtstag. Franzbecker, Hildesheim

Blum, W./Biermann, M. (2001): Eine ganz normale Mathe-Stunde?. In: mathematik lehren, Heft 108, S. 52–54

Blum, W./Drüke-Noe, C./Hartung, R./Köller, O. (Hrsg.) (2006): Bildungsstandards Mathematik: konkret. Cornelsen Scriptor, Berlin

Bonsen, E./Hey, G. (2008): Kompetenzorientierung – eine neue Perspektive für das Lernen in der Schule. Veröffentlichung des IPTS-Regionalseminars

Borromeo-Ferri, R. (2010): On the Influence of Mathematical Thinking Styles on Learners' Modeling Behavior. In: Journal für Mathematik Didaktik, Band 31, Heft 1, S. 99–118

Bruder, R. (2002): Lernen, geeignete Fragen zu stellen. In: mathematik lehren, Heft 115, S. 8

Bruder, R. (2009): Verpackungsoptimierung – ein Thema für einen langfristigen Kompetenzaufbau im mathematischen Modellieren, unter: www.math-learning.com (im Archiv) (29.03.2011)

Bruder, R. (2010): Mindmaps & Co., Planungshilfen für viele Gelegenheiten. In: mathematik lehren, Heft 158, S. 57–59

Bruder, R./Collet, C. (2011): Problemlösen lernen im Mathematikunterricht. Cornelsen Scriptor, Berlin

Bruder, R./Komorek, E. (2007): Die Lernzeit nutzen. In: mathematik lehren, Heft 140, S. 7

Bruder, R./Leuders, T./Büchter, A. (2008): Mathematikunterricht entwickeln. Bausteine für ein kompetenzorientiertes Unterrichten. Cornelsen Scriptor, Berlin

Bruner, J. (1974): Entwurf einer Unterrichtstheorie. Berlin-Verlag, Berlin

Büchter, A./Herget, W./Leuders, T./Müller, J. H. (2007): Die Fermi-Box. Für die Klassen 5–7. Friedrich Verlag, Seelze-Velber

Büchter, A./Leuders, T. (2005): Mathematikaufgaben selbst entwickeln. Cornelsen Scriptor, Berlin

Carmesin, H.-O. (2004): Das Nash-Gleichgewicht. In: MNU-Zeitschrift, Jahrgang 57, S. 410–413

Criblez, L./Oelkers, J./Reusser, K./Berner, E./Halbheer, U./Huber, C. (2009): Bildungsstandards. Klett-Kallmeyer, Seelze-Velber

Danckwerts, R./Vogel, D. (2006): Analysis verständlich unterrichten. Mathematik Primar- und Sekundarstufe. Spektrum Akademischer Verlag, Heidelberg

Distel, M. (2010): Dialogischer Unterricht – Neue Wege im Unterricht und in der Ausbildung von Lehrkräften. In: Kröll, D (2010): Gender und MINT – Schlussfolgerungen für Unterricht, Schule und Studium, S. 91–107. Kassel

Drieschner, E. (2009): Bildungsstandards praktisch. Perspektiven kompetenzorientierten Lehrens und Lernens. VS Verlag für Sozialwissenschaften, Wiesbaden

Elschenbroich, H. J./Heintz, G. (Hrsg.) (2008): Medien – Methoden – Kompetenzen. Der Mathematikunterricht, Jg. 54, Heft 6, Friedrich-Verlag, Seelze

Engel, M. (Hrsg.) (2010): Erfolgreiche Unterrichtsentwürfe Mathematik, Band 1. Freiburger Verlag, Freiburg

Esslinger-Hinz, I./Unseld, G./Reinhard-Hauck, P./Röbe, E./Fischer, H.-J./Kust, T./Däschler-Seiler, S. (2008): Guter Unterricht als Planungsaufgabe. Ein Studien- und Arbeitsbuch zur Grundlegung unterrichtlicher Basiskompetenzen. Klinkhardt, Bad Heilbrunn

Füchter, A./Zaugg, F. (2011): E-Mail-Gespräch zum Thema „Diagnostik und Förderung". In: Diagnostik und Förderung, Heft 3, 2. Jg. Schulpädagogik heute, S. 1–35. Prolog-Verlag, Immenhausen

Führer, L. (1997): Pädagogik des Mathematikunterrichts. Vieweg, Braunschweig und Wiesbaden

Führer, L. (2004): Fehler als Orientierungsmittel. In: mathematik lehren, Heft 125, S. 4–8

Gallin, P. (2006): Autographen als treibende Kraft im dialogischen Mathematikunterricht. In: Praxis der Mathematik, Heft 7, S. 7–13

Gallin, P./Ruf, U. (1998): Dialogisches Lernen in Sprache und Mathematik. Band 1: Austausch unter Ungleichen. Kallmeyer, Seelze

Grigutsch, S. (1996): Mathematische Weltbilder von Schülern, Struktur, Entwicklung, Einflussfaktoren. Dissertation, Gerhard-Mercator-Universität, Gesamthochschule Duisburg

Grigutsch, S./Raatz, U./Törner, G. (1998): Einstellungen gegenüber Mathematik bei Mathematiklehrern. In: Journal für Mathematik-Didaktik, 19, S. 3–45

Greefrath, G. (2006): Modellieren lernen. Aulis Verlag Deubner, Köln und Leipzig

Greefrath, G. (2010): Didaktik des Sachrechnens. Spektrum Akademischer Verlag, Heidelberg

Gründer, K.-F. u. a. (2009): Merkmale von kompetenzorientiertem Mathematikunterricht, Thesenpapier des LBF Mathematik in der Reinhardswaldschule 2009

Guin, D./Ruthven, K./Trouche, L. (2005): The Didactical Challenge of Symbolic Calculators. Springer, New York

Haas, A. (1998): Unterrichtsplanung im Alltag. Eine empirische Untersuchung zum Planungshandeln von Hauptschul-, Realschul- und Gymnasiallehrern. S. Roderer, Regensburg

Haas, A. (2005): Unterrichtsplanung im Alltag von Lehrerinnen und Lehrern. In: Huber, A. A. (Hrsg.): Vom Wissen zum Handeln, S. 5–19. Ingeborg Huber, Tübingen

Habermas, J. (1981): Theorie des kommunikativen Handelns. Suhrkamp, Frankfurt am Main

Hessisches Kultusministerium (Hrsg.) (2008): Fortbildungshandreichung zu den Bildungsstandards Mathematik, Sekundarstufe 1

Hinrichs, G. (2008): Modellierung im Mathematikunterricht. Spektrum Akademischer Verlag, Heidelberg

Holzäpfel, L./Leuders, T. (Hrsg.) (2010): MaTEAMatik, Gruppenarbeit & Co. In: Praxis der Mathematik, Heft 35

Hußmann, S. (2003): Mathematik entdecken und erforschen. Cornelsen Verlag, Berlin

Hußmann, S./Leuders, T./Prediger, S. (Hrsg.) (2007): Diagnose – Schülerleistungen verstehen. In: Praxis der Mathematik, Heft 15

Jaschke, T. (2010): Von der klassischen zur didaktischen Sachanalyse. In: mathematik lehren, Heft 158, S. 10–13

Kaiser, G./Maaß, K. (2006): Vorstellungen über Mathematik und ihre Bedeutung für die Behandlung von Realitätsbezügen. In: Festschrift für Hans-Wolfgang Henn zum 60. Geburtstag, S. 83–94. Franzbecker, Hildesheim

Klafki, W. (1985): Neue Studien zur Bildungstheorie und Didaktik. Beiträge zur kritisch-konstruktiven Didaktik. Beltz, Weinheim und Basel

Klein, F. (1924): Elementarmathematik vom höheren Standpunkte, Bd. 1. Springer, Berlin, Göttingen, Heidelberg

Kliemann, S. (2008): Diagnostizieren und Fördern in der Sekundarstufe I. Cornelsen Scriptor, Berlin

Klieme u. a. (2003): Zur Entwicklung nationaler Bildungsstandards. Eine Expertise. Berlin unter: www.bmbf.de/pub/zur_entwicklung_nationaler_bildungsstandards.pdf (29.03.2011)

Kratz, H. (2006a): Logistisches Wachstum bei der phototropen Reaktion von Haferkeimlingen. In: MNU-Zeitschrift, Jg. 59, Heft 6, S. 329 f.

Kratz, H. (2006b): Aktiengewinne ohne Risiko? In: mathematik lehren, Heft 138, S. 56–62

Kratz, H. (2009a): Welche Speicherkapazität haben Festplatten im Jahr 2013? In: Praxis der Mathematik, Heft 26, S. 43–45

Kratz, H. (2009b): Die Speicherkapazität von Festplatten – Wie stellt man eine rasante Entwicklung dar? In: ISTRON-Materialien für einen realitätsbezogenen Mathematikunterricht, Band 14, S. 49–53

Kratz, H. (2009c): Konstruktion drehsymmetrischer Figuren. In: Praxis der Mathematik, Heft 30, S. 40–43

Kratz, H. (2009d): Das Nash-Spiel. In: MNU-Zeitschrift, Jg. 62, Heft 2, S. 83–86

Kultusministerkonferenz (2003): Beschlüsse der Kultusministerkonferenz, Bildungsstandards im Fach Mathematik für den Mittleren Schulabschluss (Beschluss der Kultusministerkonferenz vom 4.12.2003) unter: www.kmk.org/fileadmin/veroeffentlichungen_beschluesse/2003/2003_12_04-Bildungsstandards-Mathe-Mittleren-SA.pdf (29.03.2011)

Kunter, M./Baumert, J./Blum, W./Klusmann, U./Krauss, St./Neubrand, M. (Hrsg.) (2011): Professionelle Kompetenz von Lehrkräften – Ergebnisse des Forschungsprogramms COACTIV. Waxmann, Münster

Leuders, T. (Hrsg.) (2003): Mathematik Didaktik, Praxishandbuch für die Sekundarstufe I und II. Cornelsen Scriptor, Berlin

Maaß, K. (2004): Mathematisches Modellieren im Unterricht. Ergebnisse einer empirischen Studie. Franzbecker, Hildesheim

Maaß, K. (2007): Mathematisches Modellieren. Cornelsen Scriptor, Berlin

Mager, R. (1971): Lernziele und programmierter Unterricht. Beltz, Weinheim und Basel

Marxer, M. (2005): Validieren lernen. In: Praxis der Mathematik, Heft 3, S. 25–31

Marxer, M./Wittmann G. (2009): Normative Modellierungen. In: mathematik lehren, Heft 153, S. 10–15

Mattes, W. (2002): Methoden für den Unterricht. Schöningh, Braunschweig, Paderborn, Darmstadt

Meyer, H. (2004): Was ist guter Unterricht? Cornelsen Scriptor, Berlin

Mutzeck, W. (1988): Von der Absicht zum Handeln. Deutscher Studien Verlag, Weinheim

Oldenburg, R. (2007): Experimentell zum Ableitungsbegriff. In: mathematik lehren, Heft 141, S. 52–56

Österreichische Bildungsstandards (2009): Anlage der Bildungsministerin zur Verordnung der Bildungsstandards
unter: www.bifie.at/gesetzliche-grundlagen-fuer-die-bildungsstandards (29.03.2011)

Pehkonen, E./Törner, G. (1996): Mathematical beliefs and different aspects of their meaning. In: Zentralblatt für Didaktik der Mathematik, 28, 4, S. 101–108

Reiff, R. (2008): Selbst- und Partnerkontrolle. In: mathematik lehren, Heft 150, S. 47–51

Reinmann-Rothmeier, G./Mandl, H. (2001): Unterrichten und Lernumgebungen gestalten. In: Krapp/Weidenmann: Pädagogische Psychologie, S. 601–646. Beltz, Weinheim und Basel

Reusser, K./Pauli, C./Krammer, K. (Hrsg.) (2004 und 2007): Unterrichtsvideos mit Begleitmaterialien für die Aus- und Weiterbildung von Lehrpersonen. Pädagogisches Institut der Universität Zürich

Richter, K. (2005): Wendestellen in Unterrichtsmethodik und Analysis. In: Praxis der Mathematik in der Schule, Heft 1, S. 20–28

Roth, N. (2002): Vorwärts – rückwärts – oder neu strukturieren? In: mathematik lehren, Heft 115, S. 14

Scheele, B./Groeben, N. (1988): Dialog-Konsens-Methoden zur Rekonstruktion Subjektiver Theorien. Francke, Tübingen

Scherer, P. (1999): Mathematiklernen bei Kindern mit Lernschwächen. Perspektiven für die Lehrerbildung. In: Selter, C./Walther, G. (Hrsg.): Mathematikdidaktik als design science. Festschrift für Erich Christian Wittmann. Klett

Schuljakow, S./Blum, W./Krämer, J. (2011): Förderung der Modellierungskompetenz durch selbständiges Arbeiten im Unterricht mit und ohne Lösungsplan. In: Praxis der Mathematik, Heft 38, S. 40–46

Stern, E.: Intelligentes Wissen als der Schlüssel zum Können. Ankündigung des Hauptvortrags der Jahrestagung der GDM 2009

Terhart, E. (1989): Lehr-Lern-Methoden. Juventa, Weinheim und München

von Martial, I./Ladenthin, V. (2005): Medien im Unterricht. Schneider Verlag Hohengehren

Wahl, D. (1991): Handeln unter Druck. Der weite Weg vom Wissen zum Handeln bei Lehrern, Hochschullehrern und Erwachsenenbildnern. Deutscher Studien Verlag, Weinheim

Wahl, D. (2006): Lernumgebungen erfolgreich gestalten. Vom trägen Wissen zum kompetenten Handeln, 2. Auflage mit Methodensammlung. Klinkhardt, Bad Heilbrunn

Weinert, F. E. (2001): Leistungsmessung in Schulen. Beltz, Weinheim und Basel

Winter, H. (1995): Mathematikunterricht und Allgemeinbildung. In: Mitteilungen der Gesellschaft für Didaktik der Mathematik 61, S. 37–46

Wittmann, E. Ch. (1981): Grundfragen des Mathematikunterrichts. Vieweg, Braunschweig und Wiesbaden

Wygotski, L. (1987): Ausgewählte Schriften. Band 2: Arbeiten zur psychischen Entwicklung der Persönlichkeit. [Wiss. Bearbeiter: Edgar Wiehler]. Pahl-Rugenstein, Köln

Zech, F. (1998): Grundkurs Mathematikdidaktik, 9. Auflage. Beltz, Weinheim und Basel

Ziener, G. (2008): Bildungsstandards in der Praxis. Klett-Kallmeyer, Seelze-Velber

Bildquellenverzeichnis

Die Abbildungen stammen, soweit nicht anders angegeben, vom Autor.

S. 17, Abb. 1: nach: Blum, W. u.a. (Hrsg.) (2010): Bildungsstandards Mathematik: konkret. Cornelsen Verlag Scriptor, Berlin, Abb. 1, S. 19

S. 22, Abb. 2: Bonsen, E./Hey, G. (2008): Kompetenzorientierung – eine neue Perspektive für das Lernen in der Schule. Veröffentlichung des IPTS-Regionalseminars

S. 26: © Jerome Dancette – Fotolia.com

S. 37, Abb. 10: nach: Blum, W. (2006): Modellierungsaufgaben im Mathematikunterricht – Herausforderung für Schüler und Lehrer. In: Festschrift für Hans-Wolfgang Henn zum 60. Geburtstag. Franzbecker, Hildesheim

S. 45, Abb. 11: Handschuh, Karl

Mit freundlicher Genehmigung von MITSUBISHI MOTORS Deutschland GmbH,

S. 50, Abb. 13: Blum, W. (2006): Modellierungsaufgaben im Mathematikunterricht – Herausforderung für Schüler und Lehrer. In: Festschrift für Hans-Wolfgang Henn zum 60. Geburtstag. Franzbecker, Hildesheim

S. 69–74, Tab. 1: In Anlehnung an: Blömeke, S./Kaiser, G./Lehmann, R. (Hrsg.) (2008): Professionelle Kompetenz angehender Lehrerinnen und Lehrer. Waxmann, Münster

S. 95, oben: © Massimiliano Serra - Fotolia.com

S. 95, unten: © Phoenixpix – Fotolia.com

S. 96: © Renate Friedrichsen, Böel

S. 136, Abb. 2: Zech, F. (1998): Grundkurs Mathematikdidaktik: Theoretische und praktische Anleitungen für das Lehren und Lernen von Mathematik, 9. Auflage. Beltz, Weinheim und Basel

S. 168: © Herby (Herbert) Me - Fotolia.com

S. 169: © jessicafiorini – Fotolia.com

S. 180: © REUTERS/Reuters TV